JN097705

新版数学シリーズ

新版線形代数

■

改訂版

■

岡本和夫［監修］

実教出版

新版線形代数を学ぶみなさんへ

新版数学シリーズの各書は，いろいろな分野で数学に接し，実際の場面で数学を積極的に使うことになる人たちを想定して編修されています。講義用の教科書として用いられるというだけでなく，みなさんが必要に応じて自学自習に用いるということも考えてていねいな記述を心がけました。

この本の最初のテーマはベクトルです。ベクトルは向きと大きさをもつ量で，速度や力などがその例です。ベクトルは有向線分で表すことも，数の組で表すこともできます。これにより平面や空間の中の図形を表現したり計量したりできることになります。今まで学んできた数式の表現や計算よりも簡潔になることに気づくことでしょう。

第 2 のテーマは行列です。行列は長方形状の数の配列ですが，数の組で表したベクトルを並べたものでもあります。ここでは行列が様々な見方，使い方のできることを学びます。まず考えるのは，連立 1 次方程式を行列で表現し解を調べる問題です。行列を用いると，順次未知数を減らし，解があるかどうか，解があるときにはそれがどんな形の解なのかを統一的に調べることができるのです。さらに，ただ一通りの解をもつ場合には行列式を用いて解の公式が導かれ，それを用いて解を表す方法も学びます。

一方，平面や空間の中での回転移動など，図形の移動についても行列で表現できることを学びます。行列を用いれば，いろいろな移動を引き続いて行うことも容易に表現できるのです。また，一見複雑な式で表された図形もより簡単な式で捉え直せることも分かるでしょう。ここで紹介したことも含めて行列の様々な意味を考えていくことになります。

本書の使い方

例 1　本文の理解を助けるための具体例，
およびび代表的な基本問題。

例題 2　学習した内容をより深く理解するための代表的な問題。
解・証明にはその問題の模範的な解答を示した。
なお，解答の最終結果は太字で示した。

練習 3　学習した内容を確実に身につけるための問題。
例・例題とほぼ同じ程度の問題を選んだ。

節末問題　その節で学んだ内容をひととおり復習するための問題，
およびやや程度の高い問題。

研究　本文の内容に関連して，興味・関心を深めるための補助教材。
余力のある場合に，学習を深めるための教材。

演習　研究で学習した内容を身につけるための問題。

COLUMN　本文の内容に関連する興味深い内容を取り上げた。

もくじ

1章　ベクトル

1節　平面ベクトル

2節　空間ベクトル

2章　行列と連立1次方程式

1節　行列

2節　連立1次方程式と行列

3章　行列式

1節　行列式の定義と性質

2節　行列式の応用

4章　行列の応用

1節　1次変換

2節　固有値と対角化

ギリシア文字

Α	α	アルファ
Β	β	ベータ
Γ	γ	ガンマ
Δ	δ	デルタ
Ε	ε	イプシロン
Ζ	ζ	ツェータ
Η	η	イータ
Θ	θ	シータ
Ι	ι	イオタ
Κ	κ	カッパ
Λ	λ	ラムダ
Μ	μ	ミュー
Ν	ν	ニュー
Ξ	ξ	クシイ
Ο	o	オミクロン
Π	π	パイ
Ρ	ρ	ロー
Σ	σ	シグマ
Τ	τ	タウ
Υ	υ	ウプシロン
Φ	φ	ファイ
Χ	χ	カイ
Ψ	ψ	プサイ
Ω	ω	オメガ

第1章

ベクトル

1 平面ベクトル

2 空間ベクトル

18世紀以後，天文学，物理学における力，速度，加速度を表すために向きと大きさをもった量として，ベクトルの概念が生まれた。19世紀になり，流体力学，電磁気学との関係を深めながら，ベクトルの概念は多くの数学者によって数学的に確立され，定式化されてきた。

この章ではまず，ベクトルの意味について考え，ベクトルの演算を学ぶ。その上で，ベクトルを用いて平面図形や空間図形の性質を明らかにしていくことになる。その過程でベクトルの有効性について理解を深めながら応用へとつなげる準備をする。

1 平面ベクトル

1 ベクトルの和・差・実数倍

1 有向線分とベクトル

平面上の図形の平行移動は，移動の向きを矢印で，移動の大きさを線分の長さで示して，向きを定めた線分 AB で表すことができる。このような，向きを定めた線分を **有向線分** といい，その長さを有向線分の **大きさ** という。

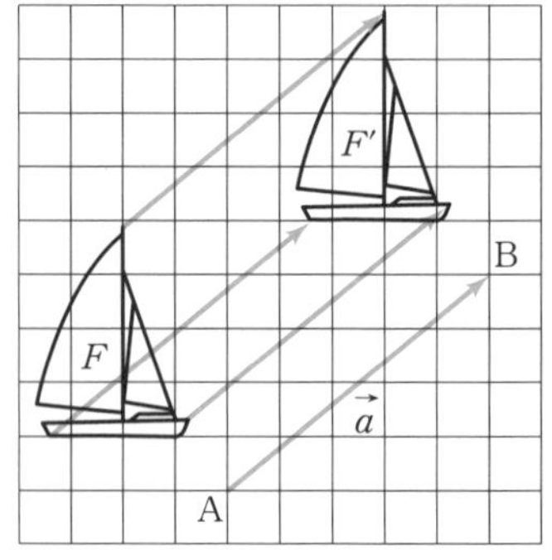

有向線分について，位置を問題にしないで，向きと大きさだけに着目したものを **ベクトル** という。

A を **始点**，B を **終点** とする有向線分 AB が表すベクトルを $\overrightarrow{\mathrm{AB}}$ と書く。また，これを $\vec{a}$ または $\boldsymbol{a}$ のように書くこともある。

注意　本書では，第 1，2 章では $\vec{a}$，$\vec{b}$，…を用い，第 3，4 章では $\boldsymbol{a}$，$\boldsymbol{b}$，…を用いる。

ベクトルの相等　2 つのベクトル $\overrightarrow{\mathrm{AB}}$ と $\overrightarrow{\mathrm{CD}}$ の向きが同じで大きさが等しいとき，$\overrightarrow{\mathrm{AB}}$ と $\overrightarrow{\mathrm{CD}}$ は **等しい** といい $\overrightarrow{\mathrm{AB}}=\overrightarrow{\mathrm{CD}}$ と表す。

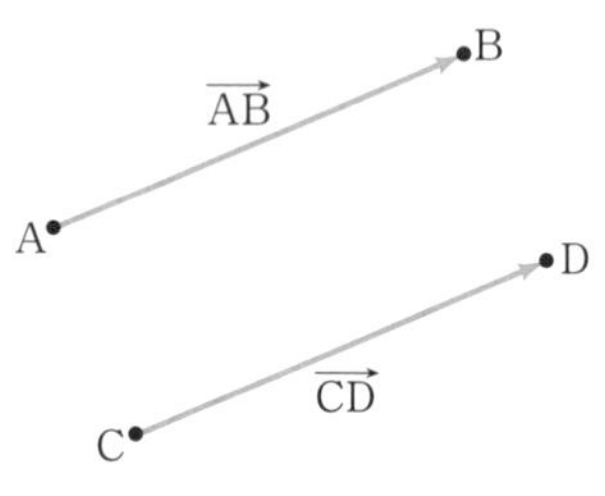

ベクトルの大きさ　ベクトル $\overrightarrow{\mathrm{AB}}$ や $\vec{a}$ の大きさをそれぞれ $|\overrightarrow{\mathrm{AB}}|$，$|\vec{a}|$ で表す。$|\overrightarrow{\mathrm{AB}}|$ は線分 AB の長さである。

単位ベクトル　大きさが 1 のベクトルのことをとくに単位ベクトルという。

例 1　右の図のような円 O に内接する正六角形 ABCDEF において

$$\overrightarrow{\mathrm{AB}}=\overrightarrow{\mathrm{FO}}=\overrightarrow{\mathrm{OC}}=\overrightarrow{\mathrm{ED}}$$

$$|\overrightarrow{\mathrm{OA}}|=|\overrightarrow{\mathrm{OB}}|=|\overrightarrow{\mathrm{OD}}|$$

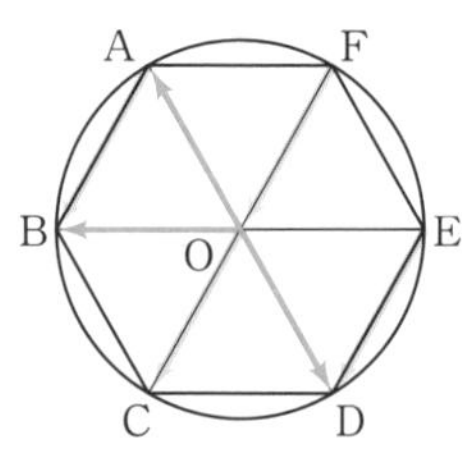

2 ベクトルの和・差

実数においては，実数どうしの演算として和，差，積，商が考えられたが，ベクトルにおいても同様な演算が考えられる。

ベクトルの和　2つのベクトル $\vec{a}$，$\vec{b}$ について，$\vec{a}=\overrightarrow{\mathrm{AB}}$ となる2点A，Bをとり，$\vec{b}=\overrightarrow{\mathrm{BC}}$ となる点Cをとる。このとき，$\overrightarrow{\mathrm{AC}}$ を $\vec{a}$ と $\vec{b}$ の **和** といい $\vec{a}+\vec{b}$ で表す。したがって△ABCにおいて次の式が成り立つ。

$$\overrightarrow{\mathrm{AB}}+\overrightarrow{\mathrm{BC}}=\overrightarrow{\mathrm{AC}}$$

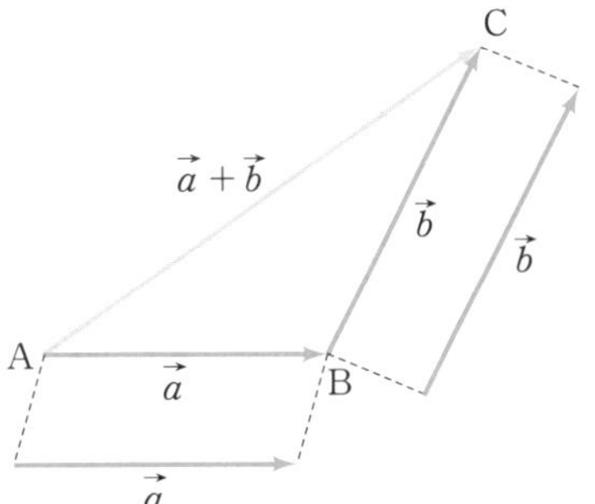

ベクトルの和については次の法則が成り立つ。

ベクトルの和 I

[1]　$\vec{a}+\vec{b}=\vec{b}+\vec{a}$　**交換法則**

[2]　$(\vec{a}+\vec{b})+\vec{c}=\vec{a}+(\vec{b}+\vec{c})$　**結合法則**

注意　結合法則により，$(\vec{a}+\vec{b})+\vec{c}$ は $\vec{a}+\vec{b}+\vec{c}$ と書くことができる。

[1]，[2]の成り立つことは次の図を用いて確かめられる。

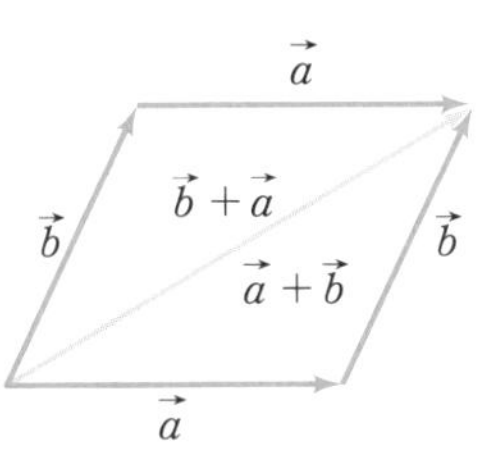

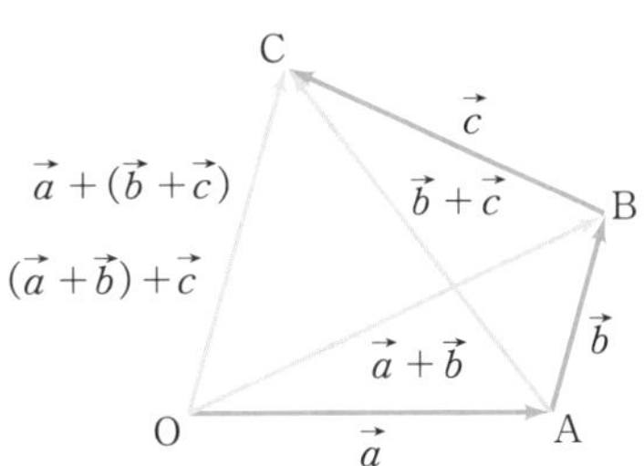

零(れい)**ベクトル**　ベクトル $\overrightarrow{\mathrm{AB}}$ において，始点Aと終点Bが一致するとき，すなわちベクトル $\overrightarrow{\mathrm{AA}}$ は，大きさが0のベクトルと考え，その向きは考えないものとする。このベクトルを零ベクトルといい $\vec{0}$ または $\mathbf{0}$ で表す。

逆ベクトル　$\vec{a}=\overrightarrow{\mathrm{AB}}$ に対して，$\overrightarrow{\mathrm{BA}}$ は大きさが等しく，向きが逆のベクトルである。このベクトルを $\vec{a}$ の逆ベクトルといい $-\vec{a}$ で表す。

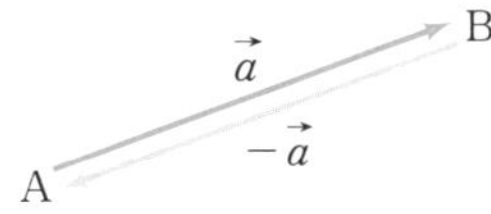

このとき，

$$\vec{a}+(-\vec{a})=\overrightarrow{AB}+\overrightarrow{BA}=\overrightarrow{AA}=\vec{0},$$
$$(-\vec{a})+\vec{a}=\overrightarrow{BA}+\overrightarrow{AB}=\overrightarrow{BB}=\vec{0},$$
$$\vec{a}+\vec{0}=\overrightarrow{AB}+\overrightarrow{BB}=\overrightarrow{AB}=\vec{a},$$
$$\vec{0}+\vec{a}=\overrightarrow{AA}+\overrightarrow{AB}=\overrightarrow{AB}=\vec{a}$$

よってベクトルの和については次の法則が成り立つ。

ベクトルの和 Ⅱ

[1] $\vec{a}+(-\vec{a})=(-\vec{a})+\vec{a}=\vec{0}$

[2] $\vec{a}+\vec{0}=\vec{0}+\vec{a}=\vec{a}$

ベクトルの差　2つのベクトル $\vec{a}$，$\vec{b}$ について $\vec{a}$ と $-\vec{b}$ の和 $\vec{a}+(-\vec{b})$ を，$\vec{a}$ から $\vec{b}$ を引いた**差**といい $\vec{a}-\vec{b}$ で表す。

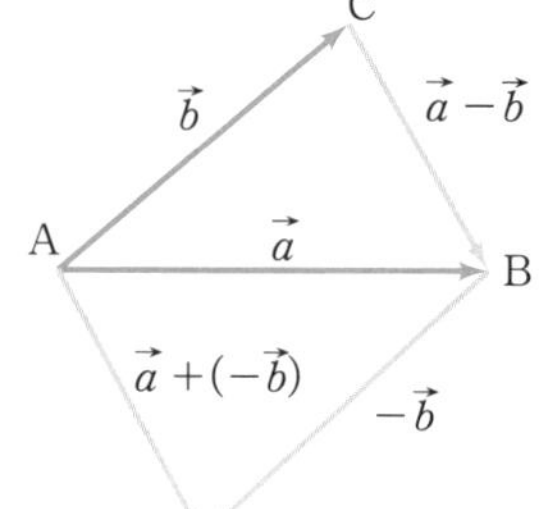

$\vec{a}=\overrightarrow{AB}$，$\vec{b}=\overrightarrow{AC}$ とすると

$$\vec{a}-\vec{b}=\vec{a}+(-\vec{b})=(-\vec{b})+\vec{a}$$
$$=\overrightarrow{CA}+\overrightarrow{AB}=\overrightarrow{CB}$$

よって △ABC について次の式が成り立つ。

$$\overrightarrow{AB}-\overrightarrow{AC}=\overrightarrow{CB}$$

ベクトルの差

$$\vec{a}-\vec{b}=\vec{a}+(-\vec{b})$$

例2　平行四辺形ABCDの対角線の交点をOとし，$\vec{a}=\overrightarrow{OA}$，$\vec{b}=\overrightarrow{OB}$ とする。このとき，$\overrightarrow{OC}$，$\overrightarrow{OD}$，$\overrightarrow{AB}$，$\overrightarrow{BC}$ はそれぞれ $\vec{a}$ と $\vec{b}$ で表すことができる。

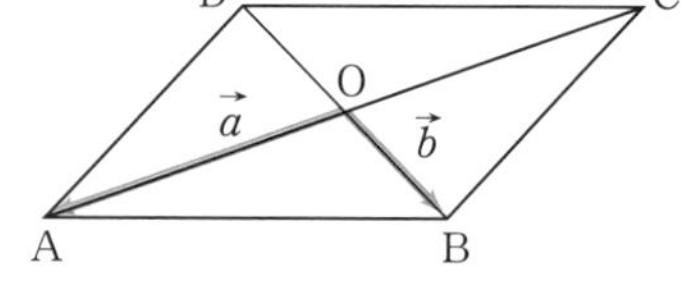

$$\overrightarrow{OC}=-\overrightarrow{OA}=-\vec{a}$$
$$\overrightarrow{OD}=-\overrightarrow{OB}=-\vec{b}$$
$$\overrightarrow{AB}=\overrightarrow{AO}+\overrightarrow{OB}=-\overrightarrow{OA}+\overrightarrow{OB}=-\vec{a}+\vec{b}$$
$$\overrightarrow{BC}=\overrightarrow{BO}+\overrightarrow{OC}=-\overrightarrow{OB}+\overrightarrow{OC}=-\vec{b}+(-\vec{a})=-\vec{b}-\vec{a}$$

3 ベクトルの実数倍

p. 9においては，ベクトルについての演算として，ベクトルどうしの和，差について考えたが，ここでは実数とベクトルの積について考えてみよう。

$\vec{0}$ でないベクトル $\vec{a}$ について $\vec{a}+\vec{a}+\vec{a}$ は $\vec{a}$ と同じ向きで，大きさが $|\vec{a}|$ の 3 倍のベクトルである。これを $3\vec{a}$ で表す。

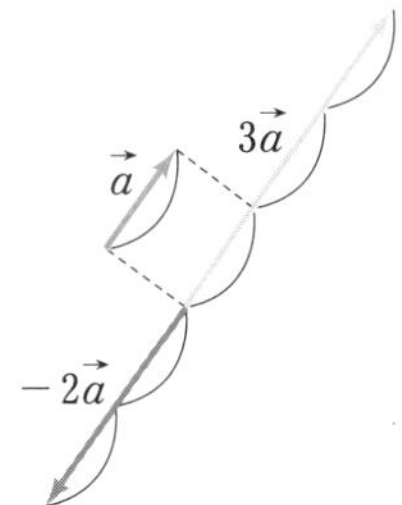

一方，$(-\vec{a})+(-\vec{a})$ は $\vec{a}$ と逆の向きで，大きさが $|\vec{a}|$ の 2 倍のベクトルである。これを $-2\vec{a}$ で表す。

ベクトルの実数倍　ベクトル $\vec{a}$ と実数 m について，ベクトル $\vec{a}$ と実数 m との積を以下のように定義し $m\vec{a}$ で表す。

1)　$\vec{a} \neq \vec{0}$ のとき

(i)　$m>0$ ならば，$m\vec{a}$ は $\vec{a}$ と同じ向きで大きさが $|\vec{a}|$ の m 倍であるベクトル。

とくに　$1\vec{a}=\vec{a}$

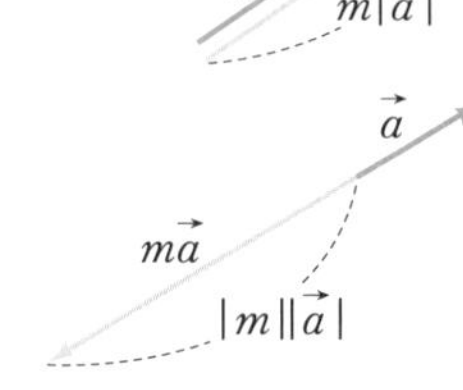

(ii)　$m<0$ ならば，$m\vec{a}$ は $\vec{a}$ と逆の向きで大きさが $|\vec{a}|$ の $|m|$ 倍であるベクトル。

とくに　$(-1)\vec{a}=-\vec{a}$

(iii)　$m=0$ ならば，$m\vec{a}$ は零ベクトル。

すなわち　$0\vec{a}=\vec{0}$

2)　$\vec{a}=\vec{0}$ のとき，任意の実数 m に対して，$m\vec{a}$ は零ベクトル。

すなわち　$m\vec{0}=\vec{0}$

例 3　与えられたベクトル $\vec{a}$，$\vec{b}$ についてベクトル $2\vec{a}+\vec{b}$ を図示すると右のようになる。

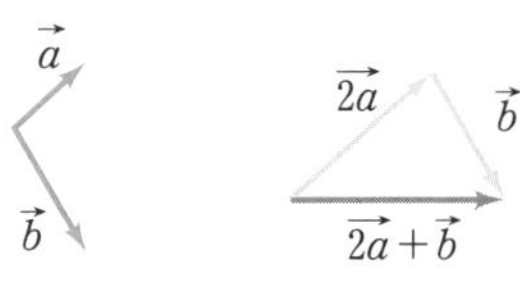

練習 1　右の図のベクトル $\vec{a}$，$\vec{b}$ について，次のベクトルを図示せよ。

(1)　$-\dfrac{1}{2}\vec{a}$　　(2)　$\vec{a}+2\vec{b}$　　(3)　$\dfrac{1}{2}\vec{a}-2\vec{b}$

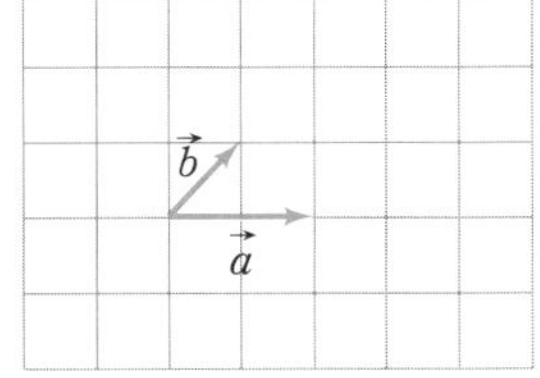

ベクトルの実数倍については，次の法則が成り立つ。

ベクトルの実数倍

m，n を実数とするとき

［1］ $(mn)\vec{a}=m(n\vec{a})$

［2］ $(m+n)\vec{a}=m\vec{a}+n\vec{a}$ **分配法則**

［3］ $m(\vec{a}+\vec{b})=m\vec{a}+m\vec{b}$ **分配法則**

［4］ $|m\vec{a}|=|m|\times|\vec{a}|$

注意 上の法則［1］より，$(mn)\vec{a}$ と $m(n\vec{a})$ は区別しないで，$mn\vec{a}$ と書くことができる。

上の法則［3］が成り立つことは，次の図により確かめられる。

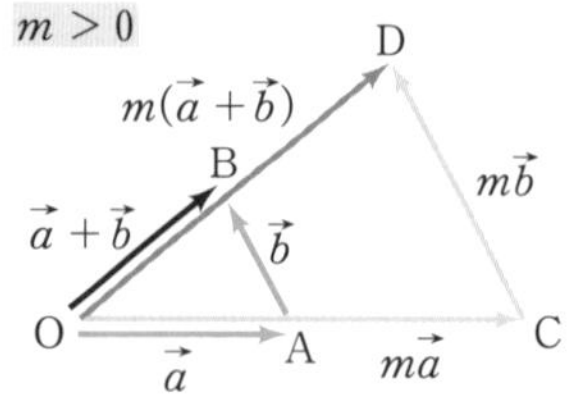

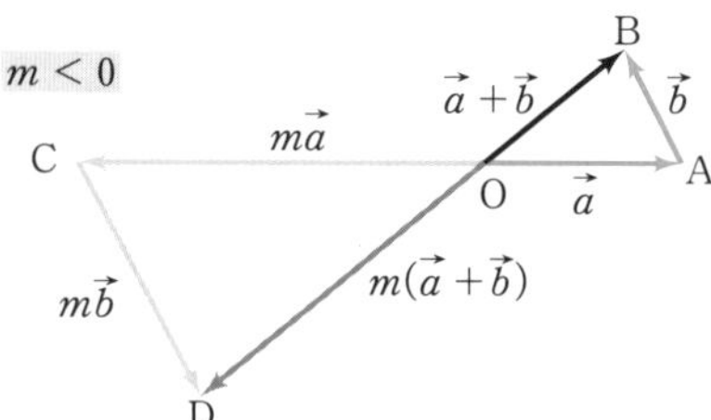

これまでのことから，ベクトルの和，差，実数倍についての計算は，整式の場合と同様に行うことができる。

例4

$$2(2\vec{a}+\vec{b})-3(\vec{a}-2\vec{b})=4\vec{a}+2\vec{b}-3\vec{a}+6\vec{b}$$ ← ベクトルの実数倍［3］

$$=4\vec{a}-3\vec{a}+2\vec{b}+6\vec{b}$$ ← ベクトルの和Ⅰ［1］

$$=(4-3)\vec{a}+(2+6)\vec{b}$$ ← ベクトルの実数倍［2］

$$=\vec{a}+8\vec{b}$$

練習2 次の計算をせよ。

(1) $2(\vec{a}-2\vec{b})-(3\vec{a}+\vec{b})$　　(2) $3(2\vec{a}-\vec{b})-2(\vec{a}+2\vec{b})$

練習3 次の等式を満たすベクトル $\vec{x}$ を $\vec{a}$，$\vec{b}$ で表せ。

(1) $\vec{x}-3\vec{a}=9\vec{b}-2\vec{x}$　　(2) $2(\vec{x}+2\vec{b})-3(\vec{x}+\vec{a})=\vec{0}$

4 ベクトルの平行と実数倍

$\vec{0}$ でないベクトル $\vec{a}$，$\vec{b}$ が同じ向きか，または逆の向きであるとき，$\vec{a}$ と $\vec{b}$ は **平行** であるといい $\vec{a} \mathbin{/\!/} \vec{b}$ と書く。

ベクトルの平行について，実数倍の定義から，次のことが成り立つ。

ベクトルの平行

$\vec{a} \neq \vec{0}$，$\vec{b} \neq \vec{0}$ のとき

$$\vec{a} \mathbin{/\!/} \vec{b} \iff \vec{b} = k\vec{a} \text{ となる実数 } k \text{ がある}$$

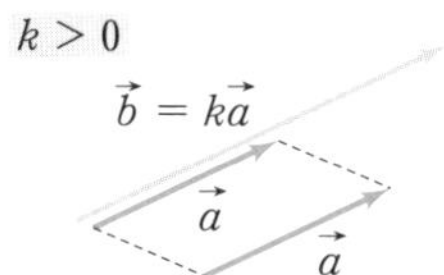

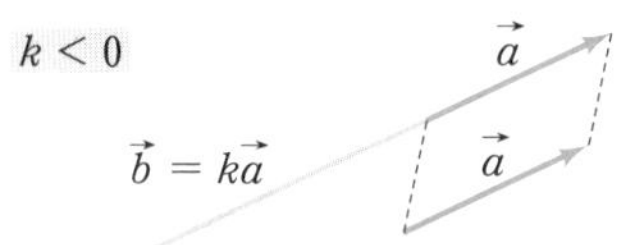

練習 4 右図のような正六角形 ABCDEF において，$\overrightarrow{AB} = \vec{a}$，$\overrightarrow{AF} = \vec{b}$ とする。次のベクトルを $\vec{a}$，$\vec{b}$ で表せ。

(1) $\overrightarrow{DE}$ (2) $\overrightarrow{BE}$ (3) $\overrightarrow{AD}$

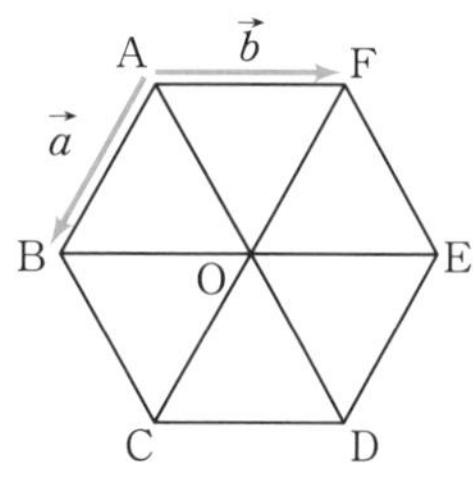

$\vec{a}$ と平行な単位ベクトル $|\vec{a}| = 2$ のとき，$\vec{a}$ と平行な単位ベクトルは $\dfrac{1}{2}\vec{a}$ と $-\dfrac{1}{2}\vec{a}$ である。なお，$\dfrac{1}{2}\vec{a}$ は $\dfrac{\vec{a}}{2}$ と書くこともある。

一般に，$\vec{a} \neq \vec{0}$ のとき，$\vec{a}$ と同じ向きの単位ベクトルは，$\vec{a}$ の大きさ $|\vec{a}|$ を用いて次のように表される。

$$\frac{1}{|\vec{a}|}\vec{a} \quad \text{または} \quad \frac{\vec{a}}{|\vec{a}|}$$

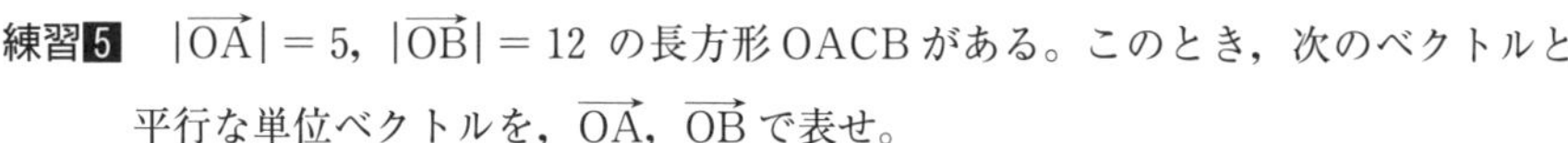
練習 5 $|\overrightarrow{OA}| = 5$，$|\overrightarrow{OB}| = 12$ の長方形 OACB がある。このとき，次のベクトルと平行な単位ベクトルを，$\overrightarrow{OA}$，$\overrightarrow{OB}$ で表せ。

(1) $\overrightarrow{OA}$ (2) $\overrightarrow{OC}$

2 ベクトルの成分表示

ベクトルを用いて具体的に計算，計量を行うためには，xy 平面上でベクトルを考えるのが自然である。その方法として，この項ではベクトルの成分表示とよばれる表現方法について考えてみよう。

1 ベクトルの成分表示

O を原点とする座標平面において，x 軸，y 軸の正の向きと同じ向きの単位ベクトルを **基本ベクトル** といい，それぞれ $\vec{e_1}$，$\vec{e_2}$ で表す。

ベクトル $\vec{a}$ に対して，$\vec{a}=\overrightarrow{\mathrm{OA}}$ となる点 A の座標を $(a_1,\ a_2)$ とする。点 A から x 軸，y 軸にそれぞれ垂線 $\mathrm{AP_1}$，$\mathrm{AP_2}$ を引くと　$\vec{a}=\overrightarrow{\mathrm{OA}}=\overrightarrow{\mathrm{OP_1}}+\overrightarrow{\mathrm{OP_2}}$　であり，

$$\overrightarrow{\mathrm{OP_1}}=a_1\vec{e_1},\quad \overrightarrow{\mathrm{OP_2}}=a_2\vec{e_2}$$

であるから次のように表せる。

$$\vec{a}=a_1\vec{e_1}+a_2\vec{e_2}$$

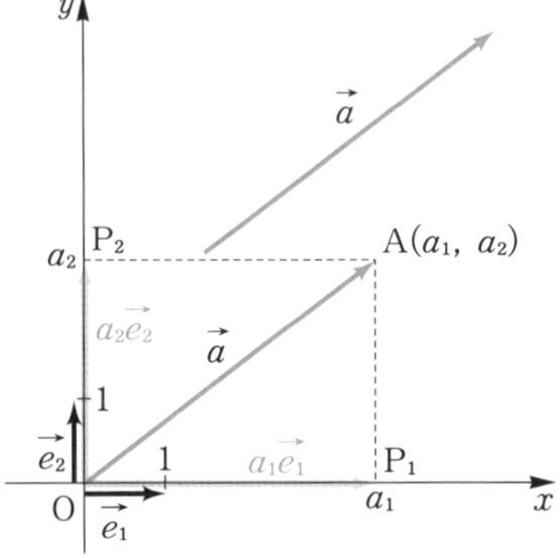

このとき，a_1，a_2 をそれぞれベクトル $\vec{a}$ の **x 成分，y 成分** という。

また，ベクトル $\vec{a}$ をその成分を用いて

$$\vec{a}=(a_1,\ a_2)$$

と表し，これを $\vec{a}$ の **成分表示** という。とくに，

$\vec{e_1}=(1,\ 0)$，$\vec{e_2}=(0,\ 1)$，$\vec{0}=(0,\ 0)$ である。

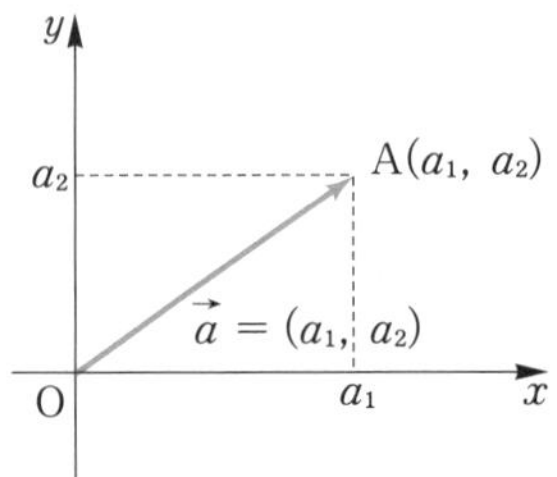

ベクトルの相等　　2つのベクトル $\vec{a}=(a_1,\ a_2)$，$\vec{b}=(b_1,\ b_2)$ が等しいとき，次が成り立つ。

$$\vec{a}=\vec{b} \iff a_1=b_1,\ a_2=b_2$$

ベクトルの大きさ　　$\vec{a}=(a_1,\ a_2)$ のとき，$\overrightarrow{\mathrm{OA}}=\vec{a}$ とすると，点 A の座標は $(a_1,\ a_2)$ であり，p. 8 より $\vec{a}$ の大きさは線分 OA の長さであるから，次が成り立つ。

$$|\vec{a}|=|\overrightarrow{\mathrm{OA}}|=\sqrt{a_1{}^2+a_2{}^2}$$

2 成分表示によるベクトルの和・差・実数倍

$\vec{a}=(a_1,\ a_2)$，$\vec{b}=(b_1,\ b_2)$ は基本ベクトル $\vec{e_1}$，$\vec{e_2}$ を用いて次のように表せる。

$$\vec{a}=a_1\vec{e_1}+a_2\vec{e_2},$$
$$\vec{b}=b_1\vec{e_1}+b_2\vec{e_2}$$

よってベクトルの和，差，実数倍は次のように計算される。

$$\vec{a}+\vec{b}=(a_1\vec{e_1}+a_2\vec{e_2})+(b_1\vec{e_1}+b_2\vec{e_2})$$
$$=(a_1+b_1)\vec{e_1}+(a_2+b_2)\vec{e_2}$$
$$\vec{a}-\vec{b}=(a_1-b_1)\vec{e_1}+(a_2-b_2)\vec{e_2}$$
$$m\vec{a}=ma_1\vec{e_1}+ma_2\vec{e_2}$$

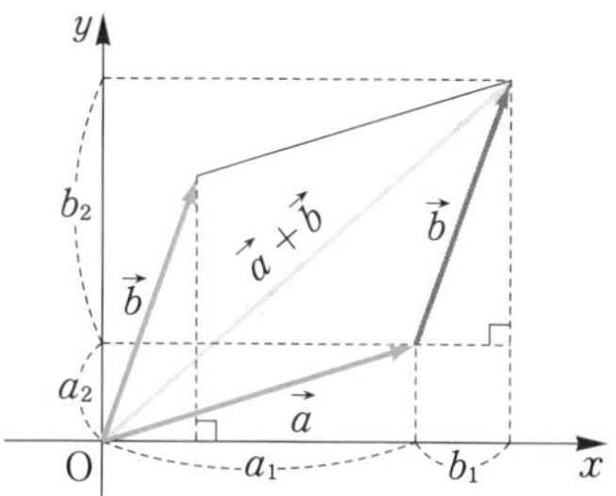

以上の計算結果を成分で表すと，次のようになる。

成分表示によるベクトルの和・差・実数倍

[1] $(a_1,\ a_2)+(b_1,\ b_2)=(a_1+b_1,\ a_2+b_2)$

[2] $(a_1,\ a_2)-(b_1,\ b_2)=(a_1-b_1,\ a_2-b_2)$

[3] $m(a_1,\ a_2)=(ma_1,\ ma_2)$ （m は実数）

例5 $\vec{a}=(1,\ -1)$，$\vec{b}=(-3,\ 4)$ のとき

$$5\vec{a}+2\vec{b}=5(1,\ -1)+2(-3,\ 4)$$
$$=(5,\ -5)+(-6,\ 8)$$
$$=(5-6,\ -5+8)$$
$$=(-1,\ 3)$$

また $|5\vec{a}+2\vec{b}|=\sqrt{(-1)^2+3^2}=\sqrt{10}$

練習6 $\vec{a}=(3,\ 1)$，$\vec{b}=(-2,\ 1)$ のとき，次のベクトルを成分で表せ。また，その大きさを求めよ。

(1) $\vec{a}+3\vec{b}$　(2) $2\vec{a}-\vec{b}$　(3) $5\vec{a}-2(-\vec{b}+3\vec{a})$

3 ベクトルの成分表示と大きさ

座標平面上の2点 $A(a_1,\ a_2)$, $B(b_1,\ b_2)$ について，$\overrightarrow{AB}$ の成分表示と大きさを求めてみよう。

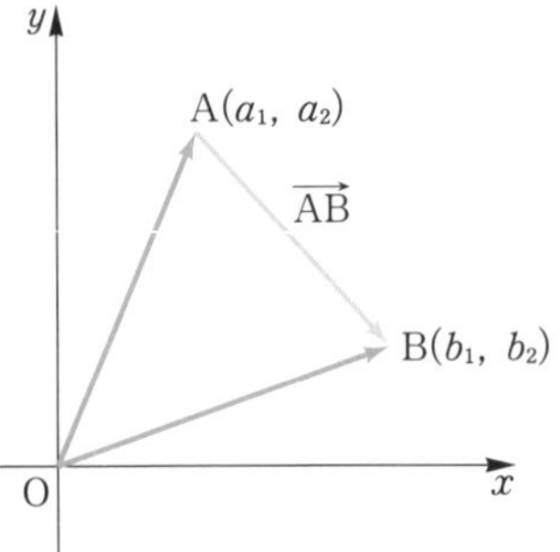

$$\overrightarrow{OA}=(a_1,\ a_2),\ \overrightarrow{OB}=(b_1,\ b_2)$$

であるから $\overrightarrow{AB}$ の成分表示は，次のようになる。

$$\begin{aligned}\overrightarrow{AB}&=\overrightarrow{OB}-\overrightarrow{OA}\\&=(b_1,\ b_2)-(a_1,\ a_2)\\&=(b_1-a_1,\ b_2-a_2)\end{aligned}$$

一方，$\overrightarrow{AB}$ の大きさは p. 8 より線分 AB の長さであるから，次のようになる。

$$|\overrightarrow{AB}|=AB=\sqrt{(b_1-a_1)^2+(b_2-a_2)^2}$$

ベクトルの成分表示と大きさ

2点 $A(a_1,\ a_2)$, $B(b_1,\ b_2)$ について

$$\overrightarrow{AB}=(b_1-a_1,\ b_2-a_2)$$

$$|\overrightarrow{AB}|=\sqrt{(b_1-a_1)^2+(b_2-a_2)^2}$$

注意　ベクトル $\overrightarrow{AB}$ の大きさは，2点 A，B 間の距離と等しい。

例6　2点 A(2, 5)，B(6, 3) について

$$\overrightarrow{AB}=(6-2,\ 3-5)=(4,\ -2)$$

$$|\overrightarrow{AB}|=\sqrt{4^2+(-2)^2}=\sqrt{20}=2\sqrt{5}$$

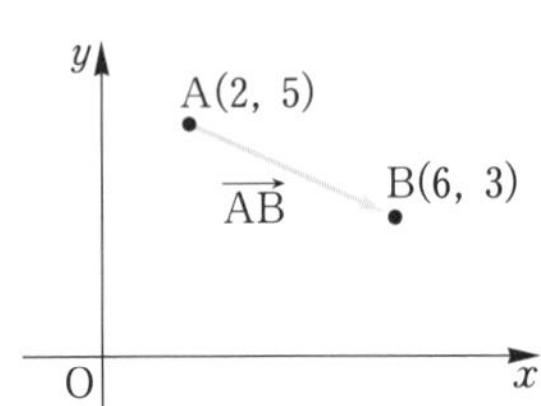

練習7　4点 O(0, 0)，A(3, 4)，B(1, −2)，C(−5, −4) について，次のベクトルを成分で表せ。また，その大きさを求めよ。

(1) $\overrightarrow{OA}$　(2) $\overrightarrow{AB}$　(3) $\overrightarrow{BC}$　(4) $\overrightarrow{CA}$

練習8　4点 A(2, 3)，B(x, 1)，C(−3, 4)，D(0, y) について，$\overrightarrow{AB}=\overrightarrow{CD}$ が成り立つとき，x，y の値を求めよ。

4 成分表示によるベクトルの平行と実数倍

ベクトルの平行と実数倍 (p. 13) については，$\vec{a}=(a_1,\ a_2)$，$\vec{b}=(b_1,\ b_2)$ のとき，次のように表せる。

$\vec{a}\neq\vec{0}$，$\vec{b}\neq\vec{0}$ のとき

$$\vec{a}\,/\!/\,\vec{b} \iff (b_1,\ b_2)=k(a_1,\ a_2) \text{ となる実数 } k \text{ がある}$$

例 7 $\vec{a}=(1,\ -2)$，$\vec{b}=(-1,\ 3)$，$\vec{c}=(4,\ -3)$ のとき，$\vec{p}=3\vec{a}+\vec{b}$，$\vec{q}=2\vec{b}-\vec{c}$ とすると $\vec{p}\,/\!/\,\vec{q}$ であることを確かめてみよう。

$$\vec{p}=3(1,\ -2)+(-1,\ 3)=(3-1,\ -6+3)=(2,\ -3)$$

$$\vec{q}=2(-1,\ 3)-(4,\ -3)=(-2-4,\ 6+3)=(-6,\ 9)$$

より　$\vec{q}=-3\vec{p}$　　よって，$\vec{p}\,/\!/\,\vec{q}$ である。

練習 9 $\vec{a}=(3,\ -1)$，$\vec{b}=(-1,\ 2)$，$\vec{c}=(7,\ 6)$ のとき，次の2つのベクトル $\vec{p}$，$\vec{q}$ について $\vec{p}\,/\!/\,\vec{q}$ が成り立つことを示せ。

(1) $\vec{p}=2\vec{a}+3\vec{b}$，$\vec{q}=\vec{b}+\vec{c}$　　(2) $\vec{p}=\vec{a}+\vec{c}$，$\vec{q}=2\vec{a}+2\vec{b}$

(3) $\vec{p}=6\vec{a}+8\vec{b}$，$\vec{q}=-\vec{a}-\vec{b}+\vec{c}$

例題 1 $\vec{a}=(3,\ 4)$，$\vec{b}=(1,\ -2)$，$\vec{c}=(-3,\ 1)$ のとき，$(\vec{a}+t\vec{b})\,/\!/\,\vec{c}$ となるように t の値を定めよ。

解 $\vec{a}+t\vec{b}=(3,\ 4)+t(1,\ -2)=(3+t,\ 4-2t)$

$\vec{a}+t\vec{b}\neq\vec{0}$，$\vec{c}\neq\vec{0}$ より，$(\vec{a}+t\vec{b})\,/\!/\,\vec{c}$ となるためには，

$\vec{a}+t\vec{b}=k\vec{c}$ を満たす実数 k が存在すればよい。

$(3+t,\ 4-2t)=k(-3,\ 1)$ より

$$\begin{cases} 3+t=-3k \\ 4-2t=k \end{cases}$$

これを解いて　$k=-2$，　$t=3$

よって，$t=3$ のとき $(\vec{a}+t\vec{b})\,/\!/\,\vec{c}$ となる。

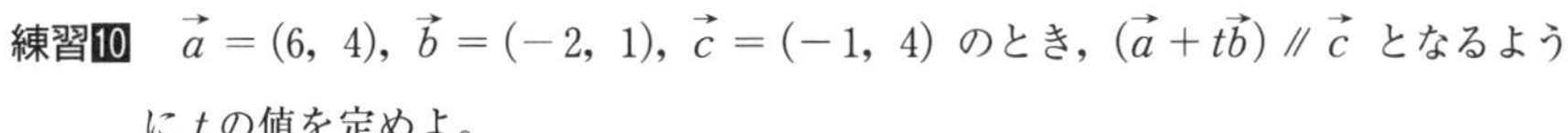

練習 10 $\vec{a}=(6,\ 4)$，$\vec{b}=(-2,\ 1)$，$\vec{c}=(-1,\ 4)$ のとき，$(\vec{a}+t\vec{b})\,/\!/\,\vec{c}$ となるように t の値を定めよ。

5 ベクトルの1次独立

座標平面上で基本ベクトル $\vec{e_1}$, $\vec{e_2}$ をとれば，任意のベクトル $\vec{p}$ は，実数 m, n とベクトル $\vec{e_1}$, $\vec{e_2}$ によって，$\vec{p}=m\vec{e_1}+n\vec{e_2}$ と表された。以下では一般に，平面上の任意のベクトル $\vec{p}$ をある2つのベクトル $\vec{a}$, $\vec{b}$ を用い

$$\vec{p}=m\vec{a}+n\vec{b} \quad \cdots\cdots①$$

の形で表すことを考えよう。ここで，①の右辺を，$\vec{a}$ と $\vec{b}$ の **1次結合** という。

例題 2 $\vec{a}=(3,\ -1)$, $\vec{b}=(-1,\ 2)$ のとき，ベクトル $\vec{p}=(3,\ 4)$ を $\vec{a}$ と $\vec{b}$ の1次結合，つまり，実数 m, n を用いて $m\vec{a}+n\vec{b}$ の形で表せ。

解

$$(3,\ 4)=m(3,\ -1)+n(-1,\ 2)$$
$$=(3m-n,\ -m+2n)$$

したがって $\begin{cases} 3m-n=3 \\ -m+2n=4 \end{cases}$

これを解いて　$m=2$, $n=3$

よって　$\vec{p}=2\vec{a}+3\vec{b}$

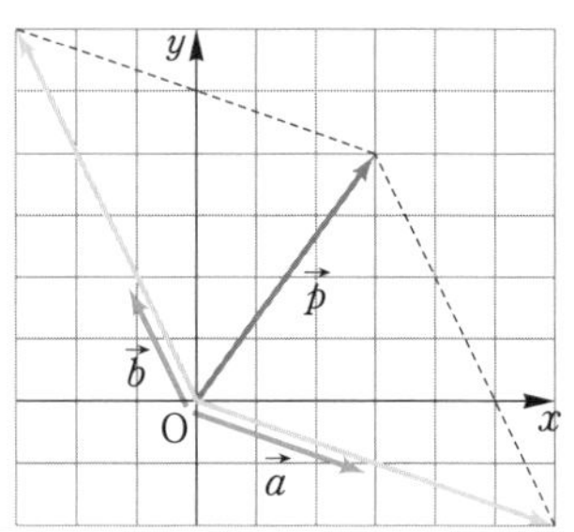

$\vec{p}=m\vec{a}+n\vec{b}$ の形で表すことを，$\vec{p}$ の $\vec{a}$ 方向，$\vec{b}$ 方向への **分解** という。

練習11 $\vec{a}=(2,\ 1)$, $\vec{b}=(1,\ -1)$ のとき，次のベクトルを $\vec{a}$ と $\vec{b}$ の1次結合で表せ。

(1) $\vec{c}=(4,\ -1)$　　(2) $\vec{d}=(0,\ 9)$

一般に，2つのベクトル $\vec{a}$, $\vec{b}$ が次の2つの条件(i)，(ii)を満たせば，平面上の任意のベクトル $\vec{p}$ は $\vec{a}$ と $\vec{b}$ の1次結合，すなわち①の形にただ一通りに表すことができる。

(i) $\vec{a}\neq\vec{0}$, $\vec{b}\neq\vec{0}$　　(ii) $\vec{a}\not\parallel\vec{b}$

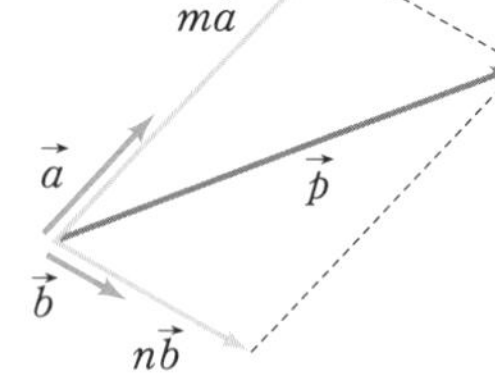

平面上の2つのベクトル $\vec{a}$, $\vec{b}$ が，上の条件(i)，(ii)を満たすとき，$\vec{a}$ と $\vec{b}$ は **1次独立** であるという。1次独立でないとき **1次従属** であるという。

注意　1次独立，1次従属はまた **線形独立，線形従属** ともよばれ，1次結合は **線形結合** ともよばれる。

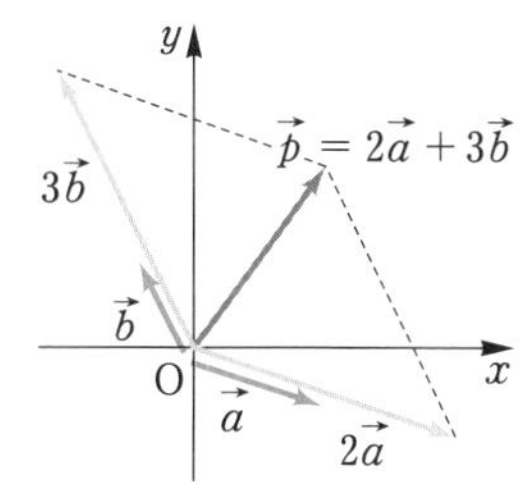

前ページの例題2は，1次独立である2つのベクトル $\vec{a}=(3,\ -1)$，$\vec{b}=(-1,\ 2)$ を用い，$\vec{p}=(3,\ 4)$ が $\vec{p}=2\vec{a}+3\vec{b}$ とただ一通りに表せることを示している。

一般に，2つのベクトル $\vec{a}$，$\vec{b}$ が1次独立であったとする。前ページで述べたように平面上の任意のベクトル $\vec{p}$ はこれらの1次結合でただ一通りに表せるので，実数 m，m'，n，n' について次のことが成り立つ。

$\vec{a}$ と $\vec{b}$ が1次独立であるとき

$m\vec{a}+n\vec{b}=m'\vec{a}+n'\vec{b} \iff m=m'$ かつ $n=n'$

とくに　$m\vec{a}+n\vec{b}=\vec{0} \iff m=n=0$

なお，一般の1次独立の定義は，第3章 p. 140 で扱う。

例8　2つのベクトル $\vec{a}$，$\vec{b}$ が1次独立であるとき

$$x\vec{a}+3\vec{b}=2\vec{a}-y\vec{b} \iff x=2,\ y=-3$$

練習12　2つのベクトル $\vec{a}$，$\vec{b}$ が1次独立であるとき，次の式が成り立つように x，y の値を定めよ。

(1)　$(x+2)\vec{a}+3\vec{b}=4\vec{a}+(y-1)\vec{b}$

(2)　$(x+3y)\vec{a}-(2x-6)\vec{b}=\vec{0}$

例9　2つの1次独立なベクトル $\vec{a}$，$\vec{b}$ ともう2つの1次独立なベクトル $\vec{p}$，$\vec{q}$ があり，$\vec{p}$ と $\vec{q}$ は $\vec{a}$，$\vec{b}$ の1次結合で，$\vec{p}=\vec{a}+2\vec{b}$，$\vec{q}=3\vec{a}-\vec{b}$ と表せるとする。このとき，次の式を満たす x，y の値を求めてみよう。

$$(x+1)\vec{a}+\vec{b}=\vec{p}+y\vec{q}$$

右辺 $=(\vec{a}+2\vec{b})+y(3\vec{a}-\vec{b})=(1+3y)\vec{a}+(2-y)\vec{b}$ であるから，

$x+1=1+3y$ かつ $1=2-y$　を解いて　$x=3,\ y=1$

練習13　ベクトル $\vec{a}$，$\vec{b}$，$\vec{p}$，$\vec{q}$ が例9の仮定と同じ条件をもつものとして，次の式を満たす実数 x，y の値を求めよ。

(1)　$(x+y)\vec{a}+\vec{b}=3\vec{p}+x\vec{q}$　　(2)　$x\vec{a}+\vec{b}+\vec{p}+y\vec{q}=\vec{0}$

3 ベクトルの内積

ベクトルに関する演算については，ベクトルどうしの和，差，そして実数との積である実数倍を学んだ。他の演算としてベクトルどうしの積がある。ベクトルどうしの積のうち，ここでは「内積」について述べる。(→「外積」については p. 64)

1 ベクトルの内積

$\vec{0}$ でない 2 つのベクトル $\vec{a}$，$\vec{b}$ に対し，点 O を始点として，$\vec{a}=\overrightarrow{\mathrm{OA}}$，$\vec{b}=\overrightarrow{\mathrm{OB}}$ となるような点 A，B をとる。このとき，$\angle \mathrm{AOB}=\theta$ を $\vec{a}$ と $\vec{b}$ の **なす角** という。ただし，$0 \leqq \theta \leqq \pi$ とする。

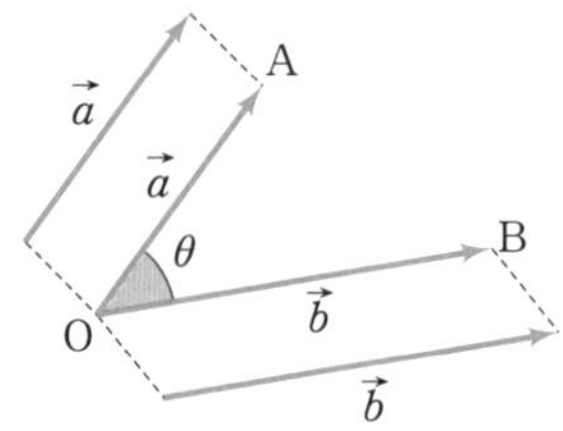

$\vec{0}$ でない 2 つのベクトル $\vec{a}$ と $\vec{b}$ のなす角が θ であるとき，$|\vec{a}||\vec{b}|\cos\theta$ を $\vec{a}$ と $\vec{b}$ の **内積** といい，$\vec{a}\cdot\vec{b}$ で表す。

内積の定義

$$\vec{a}\cdot\vec{b}=|\vec{a}||\vec{b}|\cos\theta$$

とくに，$\vec{a}=\vec{0}$ または $\vec{b}=\vec{0}$ のときは，$\vec{a}\cdot\vec{b}=0$ と定義する。

また，内積 $\vec{a}\cdot\vec{a}$ については，$\vec{a}$ と $\vec{a}$ のなす角 θ は 0 であることから，$\vec{a}\cdot\vec{a}=|\vec{a}||\vec{a}|\cos 0=|\vec{a}|^2$ となり，次のことが成り立つ。

$$\vec{a}\cdot\vec{a}=|\vec{a}|^2 \qquad |\vec{a}|=\sqrt{\vec{a}\cdot\vec{a}} \qquad \cdots\cdots①$$

例10 $|\vec{a}|=2$，$|\vec{b}|=3$ とする。

(i) $\vec{a}$ と $\vec{b}$ のなす角が $\dfrac{\pi}{6}$ のとき

$$\vec{a}\cdot\vec{b}=|\vec{a}||\vec{b}|\cos\frac{\pi}{6}=2\times3\times\frac{\sqrt{3}}{2}=3\sqrt{3}$$

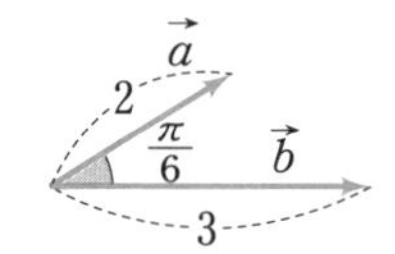

(ii) $\vec{a}$ と $\vec{b}$ のなす角が $\dfrac{2}{3}\pi$ のとき

$$\vec{a}\cdot\vec{b}=|\vec{a}||\vec{b}|\cos\frac{2}{3}\pi=2\times3\times\left(-\frac{1}{2}\right)=-3$$

練習14 $\vec{a}$ と $\vec{b}$ のなす角を θ とする。次の場合に内積 $\vec{a}\cdot\vec{b}$ を求めよ。

(1) $|\vec{a}|=4$，$|\vec{b}|=3$，$\theta=\dfrac{\pi}{4}$　　(2) $|\vec{a}|=2$，$|\vec{b}|=\sqrt{3}$，$\theta=\dfrac{5}{6}\pi$

例11 右の図のような一辺の長さが2の正三角形ABCにおいて，辺BCの中点をMとするとき

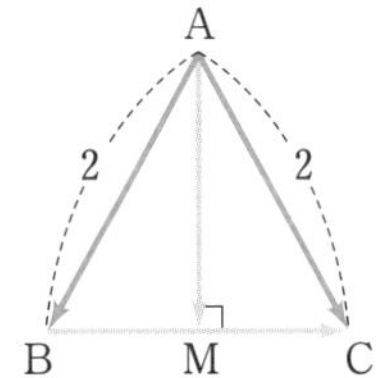

(i) $\overrightarrow{AB}\cdot\overrightarrow{AC}=|\overrightarrow{AB}||\overrightarrow{AC}|\cos\frac{\pi}{3}$

$=2\times2\times\frac{1}{2}=2$

(ii) $\overrightarrow{AM}\cdot\overrightarrow{BC}=|\overrightarrow{AM}||\overrightarrow{BC}|\cos\frac{\pi}{2}$

$=\sqrt{3}\times2\times0=0$

練習15 例11において，次の内積を求めよ。

(1) $\overrightarrow{BA}\cdot\overrightarrow{BC}$　(2) $\overrightarrow{AB}\cdot\overrightarrow{BC}$　(3) $\overrightarrow{BM}\cdot\overrightarrow{BC}$　(4) $\overrightarrow{MA}\cdot\overrightarrow{CA}$

練習16 右の図のような半径2の円に内接する正六角形について，次の内積を求めよ。

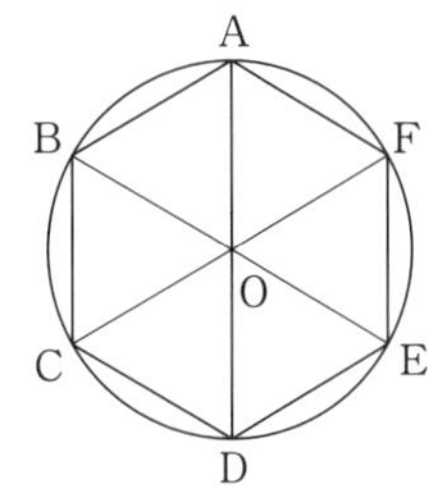

(1) $\overrightarrow{AB}\cdot\overrightarrow{AF}$　(2) $\overrightarrow{AB}\cdot\overrightarrow{OC}$　(3) $\overrightarrow{AB}\cdot\overrightarrow{CF}$

(4) $\overrightarrow{AB}\cdot\overrightarrow{CE}$　(5) $\overrightarrow{OE}\cdot\overrightarrow{DB}$　(6) $\overrightarrow{AD}\cdot\overrightarrow{FC}$

$\vec{0}$でない2つのベクトル$\vec{a}$と$\vec{b}$のなす角θが$\frac{\pi}{2}$のとき，$\vec{a}$と$\vec{b}$は **垂直** である，または **直交する** といい，$\vec{a}\perp\vec{b}$で表す。

$\vec{a}\perp\vec{b}$ならば$\theta=\frac{\pi}{2}$であるから

$$\vec{a}\cdot\vec{b}=|\vec{a}||\vec{b}|\cos\frac{\pi}{2}=0$$

となり，逆に，$\vec{a}\cdot\vec{b}=0$ならば$\cos\theta=0$であるから，$\theta=\frac{\pi}{2}$となり$\vec{a}\perp\vec{b}$となるので，次が成り立つ。

ベクトルの垂直と内積

$\vec{a}\neq\vec{0}$，$\vec{b}\neq\vec{0}$のとき

$$\vec{a}\perp\vec{b}\iff\vec{a}\cdot\vec{b}=0$$

2 ベクトルの成分表示と内積

$\vec{a}$ と $\vec{b}$ が成分表示されているとき，p. 20 で定義された $\vec{a}$ と $\vec{b}$ の内積がどのように表されるかを以下で考えてみよう。

(i) **$\vec{a}$，$\vec{b}$ が1次独立であるとき** $\vec{a}=\overrightarrow{\mathrm{OA}}$，$\vec{b}=\overrightarrow{\mathrm{OB}}$ となる3点O，A，Bをとり，$\angle\mathrm{AOB}=\theta$ として，△OABに余弦定理（『新版基礎数学』p. 152）を用いると

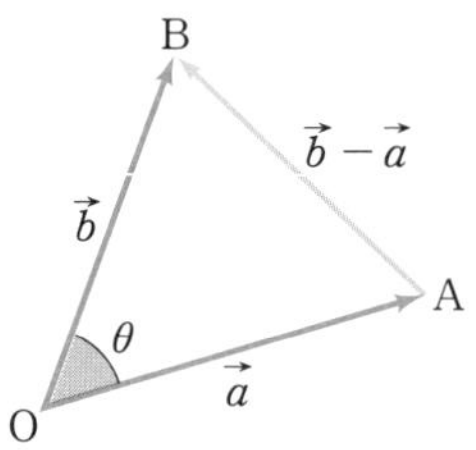

$$\mathrm{AB}^2=\mathrm{OA}^2+\mathrm{OB}^2-2\times\mathrm{OA}\times\mathrm{OB}\times\cos\theta$$

この式に $\mathrm{AB}=|\vec{b}-\vec{a}|$，$\mathrm{OA}=|\vec{a}|$，$\mathrm{OB}=|\vec{b}|$，$\mathrm{OA}\times\mathrm{OB}\times\cos\theta=|\vec{a}||\vec{b}|\cos\theta=\vec{a}\cdot\vec{b}$ を代入すると

$|\vec{b}-\vec{a}|^2=|\vec{a}|^2+|\vec{b}|^2-2(\vec{a}\cdot\vec{b})$ であるから次の式が成り立つ。

$$2(\vec{a}\cdot\vec{b})=|\vec{a}|^2+|\vec{b}|^2-|\vec{b}-\vec{a}|^2 \quad \cdots\cdots①$$

$\vec{a}=(a_1,\ a_2)$，$\vec{b}=(b_1,\ b_2)$ として，①の右辺を，成分を用いて表すと

$$2(\vec{a}\cdot\vec{b})=(a_1{}^2+a_2{}^2)+(b_1{}^2+b_2{}^2)-\{(b_1-a_1)^2+(b_2-a_2)^2\}=2(a_1b_1+a_2b_2)$$

よって

$$\vec{a}\cdot\vec{b}=a_1b_1+a_2b_2 \quad \cdots\cdots②$$

(ii) **$\vec{a}=\vec{0}$ または $\vec{b}=\vec{0}$ のとき** $\vec{a}=(0,\ 0)$，$\vec{b}=(0,\ 0)$ より②の右辺は0，また定義より②の左辺も0であるから②が成り立つ。

(iii) **$\vec{a}\parallel\vec{b}$ のとき** $\vec{b}=k\vec{a}$（k は実数）と表せて，

$\theta=0$ のとき $k>0$ より　②の左辺 $=|\vec{a}|\cdot|k\vec{a}|\cos 0=|\vec{a}|\cdot|k|\cdot|\vec{a}|=k|\vec{a}|^2$

$\theta=\pi$ のとき $k<0$ より　②の左辺 $=|\vec{a}|\cdot|k\vec{a}|\cos\pi=|k|\cdot|\vec{a}|^2\cdot(-1)$

$$=(-k)|\vec{a}|^2\cdot(-1)=k|\vec{a}|^2$$

一方，②の右辺 $=a_1ka_1+a_2ka_2=k(a_1{}^2+a_2{}^2)=k|\vec{a}|^2$ なので②が成り立つ。

成分表示と内積

$\vec{a}=(a_1,\ a_2)$，$\vec{b}=(b_1,\ b_2)$ のとき

$$\vec{a}\cdot\vec{b}=a_1b_1+a_2b_2$$

例12 $\vec{a}=(-6,\ 7)$，$\vec{b}=(-4,\ -5)$ のとき

$$\vec{a}\cdot\vec{b}=(-6)\times(-4)+7\times(-5)=-11$$

練習17 次の2つのベクトル $\vec{a}$ と $\vec{b}$ の内積を求めよ。

(1) $\vec{a}=(2,\ 5)$，$\vec{b}=(8,\ 2)$　　(2) $\vec{a}=(-2,\ 3)$，$\vec{b}=(3,\ 2)$

3 成分表示によるベクトルの垂直と内積

$\vec{0}$ でない 2 つのベクトル $\vec{a}=(a_1,\ a_2)$ と $\vec{b}=(b_1,\ b_2)$ のなす角を θ $(0 \leqq \theta \leqq \pi)$ とすると，内積の定義から次のことが成り立つ。

$$\cos\theta=\frac{\vec{a}\cdot\vec{b}}{|\vec{a}||\vec{b}|}=\frac{a_1b_1+a_2b_2}{\sqrt{a_1{}^2+a_2{}^2}\sqrt{b_1{}^2+b_2{}^2}} \quad \cdots\cdots①$$

例13 $\vec{a}=(1,\ 3)$，$\vec{b}=(2,\ 1)$ のとき，$\vec{a}$ と $\vec{b}$ のなす角 θ を求めてみよう。

$$\vec{a}\cdot\vec{b}=5,\quad |\vec{a}|=\sqrt{10},\quad |\vec{b}|=\sqrt{5}$$

であるから

$$\cos\theta=\frac{\vec{a}\cdot\vec{b}}{|\vec{a}||\vec{b}|}=\frac{5}{\sqrt{10}\times\sqrt{5}}=\frac{1}{\sqrt{2}}$$

$0 \leqq \theta \leqq \pi$ より　$\theta=\dfrac{\pi}{4}$

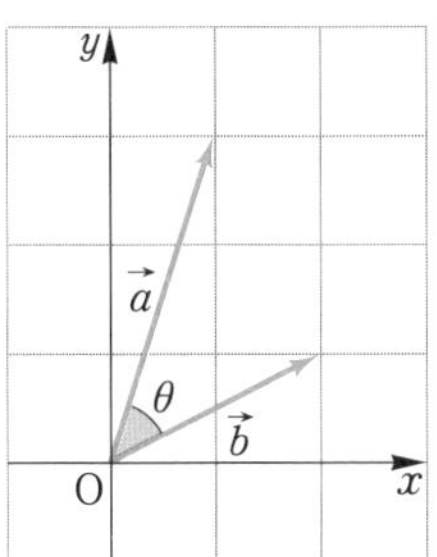

練習18 次の 2 つのベクトル $\vec{a}$ と $\vec{b}$ のなす角 θ を求めよ。

(1) $|\vec{a}|=3$，$|\vec{b}|=2$，$\vec{a}\cdot\vec{b}=-3\sqrt{3}$

(2) $|\vec{a}|=2$，$|\vec{b}|=\sqrt{3}$，$\vec{a}\cdot\vec{b}=\sqrt{6}$

練習19 次の 2 つのベクトル $\vec{a}$ と $\vec{b}$ のなす角 θ を求めよ。

(1) $\vec{a}=(3,\ -1)$，$\vec{b}=(-1,\ 2)$

(2) $\vec{a}=(2,\ 1)$，$\vec{b}=(3,\ -6)$

(3) $\vec{a}=(1,\ 1)$，$\vec{b}=(1-\sqrt{3},\ 1+\sqrt{3})$

(4) $\vec{a}=(\sqrt{3},\ 1)$，$\vec{b}=(-3,\ \sqrt{3})$

(5) $\vec{a}=(-1,\ 2)$，$\vec{b}=(-2,\ 4)$

(6) $\vec{a}=(2,\ -1)$，$\vec{b}=(-6,\ 3)$

①において，とくに $\vec{a}$ と $\vec{b}$ のなす角 θ が $\dfrac{\pi}{2}$ のとき $\cos\theta=0$ であるから $0=a_1b_1+a_2b_2$ となる。したがって，次が成り立つ。

成分表示によるベクトルの垂直と内積

$\vec{a}=(a_1,\ a_2)$，$\vec{b}=(b_1,\ b_2)$ とすると，$\vec{a}\neq\vec{0}$，$\vec{b}\neq\vec{0}$ のとき

$$\vec{a}\perp\vec{b} \iff \vec{a}\cdot\vec{b}=0 \iff a_1b_1+a_2b_2=0$$

例題 3 $\vec{a}=(1,\ 2)$，$\vec{b}=(x,\ -1)$ について，次の問いに答えよ。

(1) $\vec{a}\perp\vec{b}$ となるような x の値を求めよ。

(2) $\vec{a}+2\vec{b}$ と $2\vec{a}-\vec{b}$ が垂直になるような x の値を求めよ。

解 (1) $\vec{a}\perp\vec{b}$ のとき $\vec{a}\cdot\vec{b}=0$ より $\vec{a}\cdot\vec{b}=1\cdot x+2\cdot(-1)=x-2=0$

よって　$x=2$

(2) $\vec{a}+2\vec{b}=(1,\ 2)+2(x,\ -1)=(1+2x,\ 2-2)=(1+2x,\ 0)$

$2\vec{a}-\vec{b}=2(1,\ 2)-(x,\ -1)=(2,\ 4)-(x,\ -1)=(2-x,\ 5)$

よって，$\vec{a}\perp\vec{b}$ のとき $\vec{a}\cdot\vec{b}=0$ より

$$(\vec{a}+2\vec{b})\cdot(2\vec{a}-\vec{b})=(1+2x)(2-x)+0\cdot5=0$$

したがって　$x=-\dfrac{1}{2},\ 2$

練習20 $\vec{a}=(4,\ 1)$，$\vec{b}=(x,\ 3)$ について，次の問いに答えよ。

(1) $\vec{a}$ と $\vec{b}$ が垂直になるような x の値を求めよ。

(2) $\vec{a}+\vec{b}$ と $\vec{a}-\vec{b}$ が垂直になるような x の値を求めよ。

例題 4 $\vec{a}=(6,\ 4)$ に垂直で，大きさが $\sqrt{13}$ のベクトルを求めよ。

解 求めるベクトルを $\vec{p}=(x,\ y)$ とおくと，

$\vec{p}\perp\vec{a}$ なので $\vec{p}\cdot\vec{a}=0$ より次の式が成り立つ。

$$6x+4y=0 \quad \cdots\cdots①$$

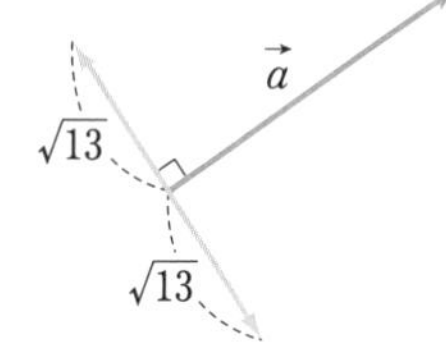

一方，$\vec{p}$ の大きさ $\sqrt{x^2+y^2}$ は $\sqrt{13}$ なので次の式が成り立つ。

$$x^2+y^2=13 \quad \cdots\cdots②$$

①，②より $x=2,\ y=-3$　または　$x=-2,\ y=3$

よって，$\vec{p}=(2,\ -3)$　または　$\vec{p}=(-2,\ 3)$

練習21 $\vec{a}=(-1,\ 2)$ に垂直な単位ベクトルを求めよ。

4 内積の基本性質

ベクトルの内積については，次の性質が成り立つ。

内積の基本性質

ベクトル $\vec{a}$，$\vec{b}$，$\vec{c}$ と，実数 k に対して

[1] $\vec{a}\cdot\vec{b}=\vec{b}\cdot\vec{a}$ $\quad$ $\vec{a}\cdot\vec{a}=|\vec{a}|^2$

[2] $\vec{a}\cdot(\vec{b}+\vec{c})=\vec{a}\cdot\vec{b}+\vec{a}\cdot\vec{c}$ $\quad$ $(\vec{a}+\vec{b})\cdot\vec{c}=\vec{a}\cdot\vec{c}+\vec{b}\cdot\vec{c}$

[3] $(k\vec{a})\cdot\vec{b}=\vec{a}\cdot(k\vec{b})=k(\vec{a}\cdot\vec{b})$

注意 上の性質[3]より $k(\vec{a}\cdot\vec{b})$ を $k\vec{a}\cdot\vec{b}$ と書いてもよい。

証明 $\vec{a}=(a_1,\ a_2)$，$\vec{b}=(b_1,\ b_2)$，$\vec{c}=(c_1,\ c_2)$ とおく。

[1] $\vec{a}\cdot\vec{b}=a_1b_1+a_2b_2=b_1a_1+b_2a_2=\vec{b}\cdot\vec{a}$ ← p. 22 ②

とくに，$\vec{a}=\vec{b}$ のとき，この値は $a_1{}^2+a_2{}^2=|\vec{a}|^2$

[2] $\vec{b}+\vec{c}=(b_1+c_1,\ b_2+c_2)$ より

$$\vec{a}\cdot(\vec{b}+\vec{c})=a_1(b_1+c_1)+a_2(b_2+c_2)=a_1b_1+a_1c_1+a_2b_2+a_2c_2$$
$$=(a_1b_1+a_2b_2)+(a_1c_1+a_2c_2)=\vec{a}\cdot\vec{b}+\vec{a}\cdot\vec{c}$$

$\vec{a}+\vec{b}=(a_1+b_1,\ a_2+b_2)$ より

$$(\vec{a}+\vec{b})\cdot\vec{c}=(a_1+b_1)c_1+(a_2+b_2)c_2=a_1c_1+b_1c_1+a_2c_2+b_2c_2$$
$$=(a_1c_1+a_2c_2)+(b_1c_1+b_2c_2)=\vec{a}\cdot\vec{c}+\vec{b}\cdot\vec{c}$$

[3] $k\vec{a}=k(a_1,\ a_2)=(ka_1,\ ka_2)$，$k\vec{b}=(kb_1,\ kb_2)$ より ← p. 15 [3]

$$(k\vec{a})\cdot\vec{b}=ka_1b_1+ka_2b_2$$
$$\vec{a}\cdot(k\vec{b})=a_1\cdot ka_1+a_2\cdot kb_2=ka_1b_1+ka_2b_2$$
$$k(\vec{a}\cdot\vec{b})=k(a_1b_1+a_2b_2)=ka_1b_1+ka_2b_2$$

終

例14
$$|\vec{a}+\vec{b}|^2=(\vec{a}+\vec{b})\cdot(\vec{a}+\vec{b})$$
← [1]より
$$=(\vec{a}+\vec{b})\cdot\vec{a}+(\vec{a}+\vec{b})\cdot\vec{b}$$
$$=\vec{a}\cdot\vec{a}+\vec{b}\cdot\vec{a}+\vec{a}\cdot\vec{b}+\vec{b}\cdot\vec{b}$$
$$=|\vec{a}|^2+2\vec{a}\cdot\vec{b}+|\vec{b}|^2$$

練習22 次の等式が成り立つことを示せ。

(1) $(\vec{a}+\vec{b})\cdot(\vec{a}-\vec{b})=|\vec{a}|^2-|\vec{b}|^2$

(2) $|\vec{a}+\vec{b}|^2+|\vec{a}-\vec{b}|^2=2(|\vec{a}|^2+|\vec{b}|^2)$

例題 5　$|\vec{a}|=2$，$|\vec{b}|=8$，$\vec{a}\cdot\vec{b}=11$ のとき，$|2\vec{a}-\vec{b}|$ を求めよ。

解　
$$|2\vec{a}-\vec{b}|^2=(2\vec{a}-\vec{b})\cdot(2\vec{a}-\vec{b})$$
$$=4|\vec{a}|^2-4\vec{a}\cdot\vec{b}+|\vec{b}|^2$$
$$=16-44+64$$
$$=36$$

$|2\vec{a}-\vec{b}|\geqq 0$ であるから　$|2\vec{a}-\vec{b}|=6$

練習23　$|\vec{a}|=\sqrt{2}$，$|\vec{b}|=\sqrt{5}$，$\vec{a}\cdot\vec{b}=2$ のとき，次の値を求めよ。

(1)　$|2\vec{a}+\vec{b}|$　　(2)　$(2\vec{a}-3\vec{b})\cdot(\vec{a}+2\vec{b})$

例題 6　$|\vec{a}|=1$，$|\vec{b}|=2$ でベクトル $3\vec{a}-\vec{b}$ と $\vec{a}+2\vec{b}$ が垂直であるとき，$\vec{a}$ と $\vec{b}$ のなす角 θ を求めよ。

解　$(3\vec{a}-\vec{b})\perp(\vec{a}+2\vec{b})$ より
$$(3\vec{a}-\vec{b})\cdot(\vec{a}+2\vec{b})=0$$
$$3|\vec{a}|^2+5\vec{a}\cdot\vec{b}-2|\vec{b}|^2=0$$

$|\vec{a}|=1$，$|\vec{b}|=2$ であるから
$$3\times1^2+5\times1\times2\times\cos\theta-2\times2^2=0$$
$$10\cos\theta-5=0$$

したがって　$\cos\theta=\dfrac{1}{2}$

$0\leqq\theta\leqq\pi$ であるから　$\theta=\dfrac{\pi}{3}$

練習24　$|\vec{a}|=3$，$|\vec{b}|=2$，$|\vec{a}-2\vec{b}|=\sqrt{37}$ のとき，次の問いに答えよ。

(1)　内積 $\vec{a}\cdot\vec{b}$ の値を求めよ。

(2)　2つのベクトル $\vec{a}$ と $\vec{b}$ のなす角 θ を求めよ。

研究　三角形の面積

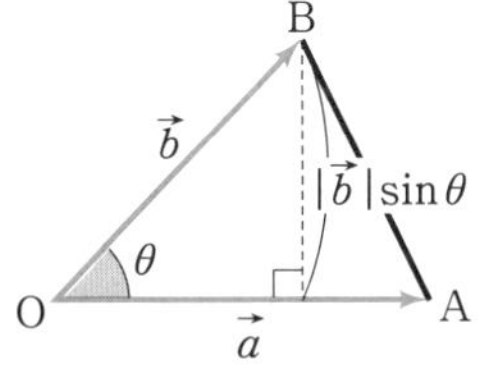

$\triangle$OABにおいて，$\overrightarrow{OA}=\vec{a}$，$\overrightarrow{OB}=\vec{b}$ とするとき，$\triangle$OABの面積 S をベクトルの内積で表すことを考えてみよう。

$\vec{a}$，$\vec{b}$ のなす角を θ とすると，$0<\theta<\pi$ より $\sin\theta>0$ であるから，$\sin\theta=\sqrt{1-\cos^2\theta}$ である。

$\cos\theta=\dfrac{\vec{a}\cdot\vec{b}}{|\vec{a}||\vec{b}|}$ (p. 23 ①) より，$\sin\theta=\sqrt{1-\left(\dfrac{\vec{a}\cdot\vec{b}}{|\vec{a}||\vec{b}|}\right)^2}$ であるから，$\triangle$OABの底辺の長さを $|\vec{a}|$，高さを $|\vec{b}|\sin\theta$ として

$$S=\frac{1}{2}|\vec{a}||\vec{b}|\sin\theta=\frac{1}{2}|\vec{a}||\vec{b}|\sqrt{1-\left(\frac{\vec{a}\cdot\vec{b}}{|\vec{a}||\vec{b}|}\right)^2}$$

よって　$$S=\frac{1}{2}\sqrt{|\vec{a}|^2|\vec{b}|^2-(\vec{a}\cdot\vec{b})^2}$$

また，ベクトルが成分で表示されている場合を考えてみよう。

$\vec{a}=(a_1,\ a_2)$，$\vec{b}=(b_1,\ b_2)$ とする。

$|\vec{a}|^2=a_1{}^2+a_2{}^2$，$|\vec{b}|^2=b_1{}^2+b_2{}^2$，$\vec{a}\cdot\vec{b}=a_1b_1+a_2b_2$ であるから

$$S=\frac{1}{2}\sqrt{(a_1{}^2+a_2{}^2)(b_1{}^2+b_2{}^2)-(a_1b_1+a_2b_2)^2}$$

$$=\frac{1}{2}\sqrt{a_1{}^2b_2{}^2-2a_1a_2b_1b_2+a_2{}^2b_1{}^2}=\frac{1}{2}\sqrt{(a_1b_2-a_2b_1)^2}$$

$$=\frac{1}{2}|a_1b_2-a_2b_1|$$

よって，次のことが成り立つ。

$\overrightarrow{OA}=(a_1,\ a_2)$，$\overrightarrow{OB}=(b_1,\ b_2)$ のとき，$\triangle$OABの面積 S は

$$S=\frac{1}{2}|a_1b_2-a_2b_1|$$

演習　次の3点を頂点とする三角形の面積 S を求めよ。

(1) O(0, 0)，A(3, 1)，B(2, 4)

(2) A(1, 1)，B(4, −1)，C(−1, −3)

COLUMN 内積の図形的意味

内積の図形的な意味を考えてみよう。

2つのベクトル $\vec{a}=\overrightarrow{OA}$, $\vec{b}=\overrightarrow{OB}$ のなす角をθとする。$0<\theta<\dfrac{\pi}{2}$ のとき，右の図のように点Bから直線OAに垂線BHを引くと，直角三角形OBHにおいて次のように表せる。

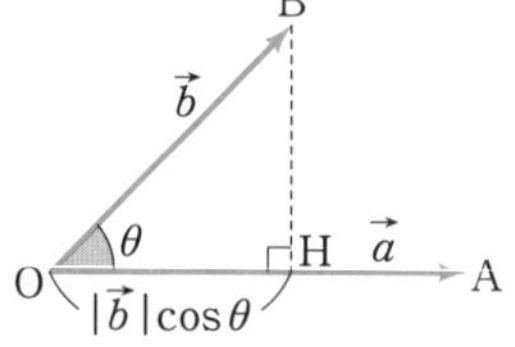

$$\mathrm{OH}=\mathrm{OB}\cos\theta=|\vec{b}|\cos\theta$$

と表すことができる。

一般に $0<\theta<\pi$ のときベクトル $\vec{b}\cos\theta$ を，ベクトル$\vec{b}$の$\vec{a}$への**正射影** という。

正射影に対応する値 $|\vec{b}|\cos\theta$ と$|\vec{a}|$の積が$\vec{a}$と$\vec{b}$の内積 $\vec{a}\cdot\vec{b}$ である。

$0<\theta<\pi$ でθを変化させると，正射影は下の図のように変化するので，内積 $\vec{a}\cdot\vec{b}=|\vec{a}||\vec{b}|\cos\theta$ の値もこれに従って変化する。

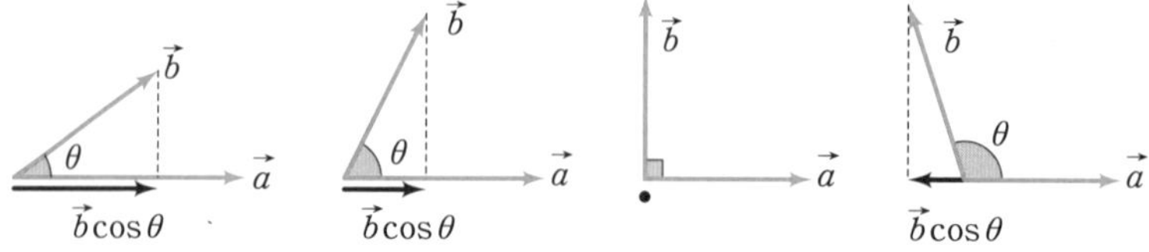

たとえば力学では，仕事量を次のように内積を用いて定義している。

$$W\,(\text{仕事量})=\vec{F}\,(\text{力})\cdot\vec{S}\,(\text{変位})$$

右図のように，力$\vec{F}$で人が荷物を引くとき，$\vec{S}$方向に働く力は $\vec{F}\cos\theta$ であり，移動した距離は$|\vec{S}|$なので，人がした仕事量は

$$W=|\vec{F}|\cos\theta\times|\vec{S}|=|\vec{F}||\vec{S}|\cos\theta$$

つまり力$\vec{F}$と変位$\vec{S}$との内積となる。

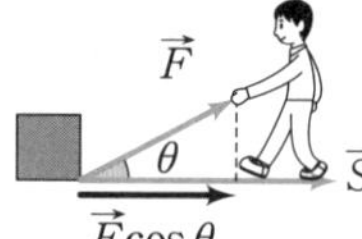

4 ベクトルの応用

1 位置ベクトル

平面上に1点Oを固定すると，この平面上の点Pの位置はベクトル $\overrightarrow{\mathrm{OP}}=\vec{p}$ によって定められる。このベクトル $\vec{p}$ を，点Oを基点とする点Pの **位置ベクトル** という。たとえば2点A，Bについて位置ベクトルをそれぞれ $\overrightarrow{\mathrm{OA}}=\vec{a}$，$\overrightarrow{\mathrm{OB}}=\vec{b}$ とおくと

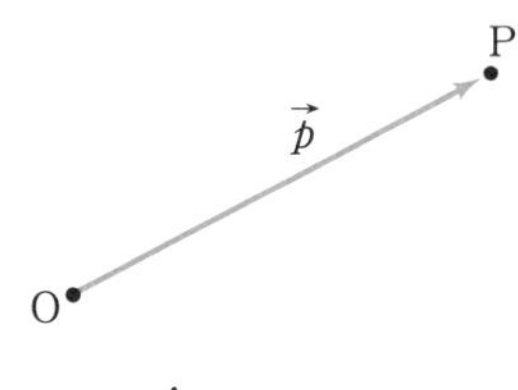

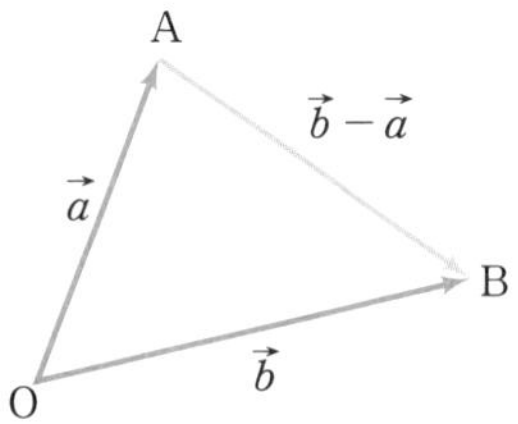

$$\overrightarrow{\mathrm{AB}}=\overrightarrow{\mathrm{AO}}+\overrightarrow{\mathrm{OB}}=-\overrightarrow{\mathrm{OA}}+\overrightarrow{\mathrm{OB}}=-\vec{a}+\vec{b}$$

であるから，$\overrightarrow{\mathrm{AB}}$ は次のように表される。

$$\overrightarrow{\mathrm{AB}}=\vec{b}-\vec{a} \quad \cdots\cdots①$$

内分点の位置ベクトル　線分ABを $m:n$ に内分する点Pの位置ベクトル $\vec{p}$ を，A，Bの位置ベクトル $\vec{a}$，$\vec{b}$ で表すと次のようになる。

$$\vec{p}=\overrightarrow{\mathrm{OP}}=\overrightarrow{\mathrm{OA}}+\overrightarrow{\mathrm{AP}}=\overrightarrow{\mathrm{OA}}+\frac{m}{m+n}\overrightarrow{\mathrm{AB}}$$

$$=\vec{a}+\frac{m}{m+n}(\vec{b}-\vec{a})=\frac{n\vec{a}+m\vec{b}}{m+n}$$

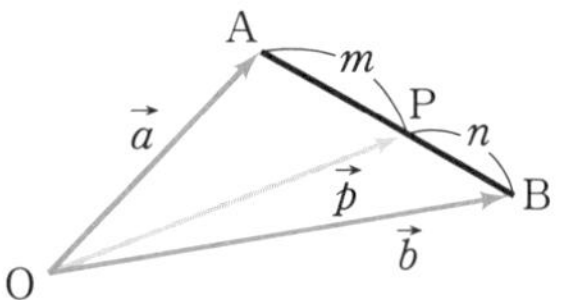

外分点の位置ベクトル　線分ABを $m:n$ に外分する点Qの位置ベクトル $\vec{q}$ を，A，Bの位置ベクトル $\vec{a}$，$\vec{b}$ で表すと次のようになる。

(i)　$m>n$ のとき

$$\vec{q}=\overrightarrow{\mathrm{OQ}}=\overrightarrow{\mathrm{OA}}+\overrightarrow{\mathrm{AQ}}=\overrightarrow{\mathrm{OA}}+\frac{m}{m-n}\overrightarrow{\mathrm{AB}}$$

$$=\vec{a}+\frac{m}{m-n}(\vec{b}-\vec{a})=\frac{-n\vec{a}+m\vec{b}}{m-n}$$

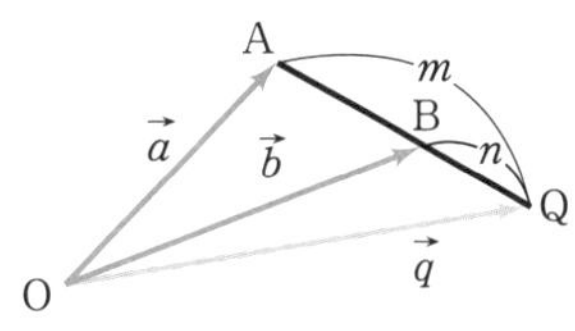

(ii)　$m<n$ のとき

$$\vec{q}=\overrightarrow{\mathrm{OQ}}=\overrightarrow{\mathrm{OA}}+\overrightarrow{\mathrm{AQ}}=\overrightarrow{\mathrm{OA}}+\frac{m}{n-m}\overrightarrow{\mathrm{BA}}$$

$$=\vec{a}+\frac{m}{n-m}(\vec{a}-\vec{b})=\frac{n\vec{a}-m\vec{b}}{n-m}$$

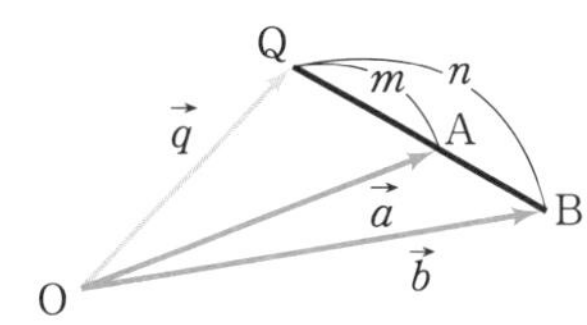

よって，次のことが成り立つ。

内分点・外分点の位置ベクトル

2点A，Bの位置ベクトルを$\vec{a}$，$\vec{b}$とするとき，線分ABを

$m:n$ に内分する点Pの位置ベクトル$\vec{p}$は　$\vec{p}=\dfrac{n\vec{a}+m\vec{b}}{m+n}$

$m:n$ に外分する点Qの位置ベクトル$\vec{q}$は　$\vec{q}=\dfrac{(-n)\vec{a}+m\vec{b}}{m+(-n)}$

分点の座標　$\vec{p}=(x,\ y)$，$\vec{q}=(u,\ v)$，$\vec{a}=(a_1,\ a_2)$，$\vec{b}=(b_1,\ b_2)$ と成分表示することにより『新版基礎数学』p. 188の公式を得る。すなわち，

$$\vec{p}=(x,\ y)=\left(\frac{na_1+mb_1}{m+n},\ \frac{na_2+mb_2}{m+n}\right)$$

となり，線分ABを $m:n$ に内分する点Pの座標を得る。

$$\vec{q}=(u,\ v)=\left(\frac{(-n)a_1+mb_1}{m+(-n)},\ \frac{(-n)a_2+mb_2}{m+(-n)}\right)$$

となり，線分ABを $m:n$ に外分する点Qの座標を得る。

練習25　2点A，Bの位置ベクトルを$\vec{a}$，$\vec{b}$とするとき，線分ABを 2：1 に内分する点Pの位置ベクトル$\vec{p}$と，線分ABを 3：2 に外分する点Qの位置ベクトル$\vec{q}$を，それぞれ$\vec{a}$，$\vec{b}$で表せ。また点Aを(5，2)，点Bを(−1，4)とするとき，点P，Qの座標を求めよ。

例15　3点A，B，Cの位置ベクトルを$\vec{a}$，$\vec{b}$，$\vec{c}$とし，辺BCの中点Mの位置ベクトルを$\vec{m}$とすると　$\vec{m}=\dfrac{\vec{b}+\vec{c}}{2}$

線分AMを 2：1 に内分する点を△ABCの **重心** という。重心Gの位置ベクトルを$\vec{g}$とすると

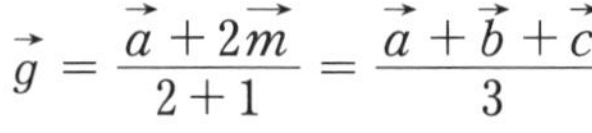

$$\vec{g}=\frac{\vec{a}+2\vec{m}}{2+1}=\frac{\vec{a}+\vec{b}+\vec{c}}{3}$$

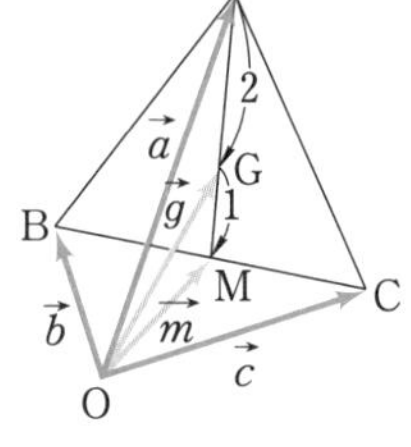

練習26　3点A，B，Cの位置ベクトルを$\vec{a}$，$\vec{b}$，$\vec{c}$とし△ABCの辺AB，BC，CAの中点をそれぞれP，Q，Rとする。△PQRの重心Gの位置ベクトル$\vec{g}$を，$\vec{a}$，$\vec{b}$，$\vec{c}$で表せ。また，A，B，Cを(3，7)，(−2，3)，(5，−1)とするとき点Gの座標を求めよ。

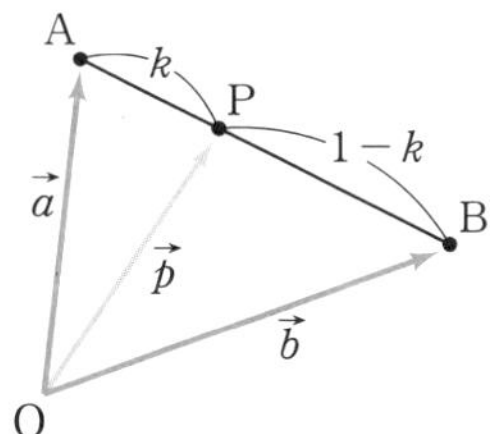

線分の交点の位置ベクトル　2点A，Bの位置ベクトルをそれぞれ$\vec{a}$，$\vec{b}$とする。実数kを $0<k<1$ とするとき，線分ABを $k:(1-k)$ に内分する点Pの位置ベクトル$\vec{p}$は次の式で表される。

$$\vec{p}=(1-k)\vec{a}+k\vec{b} \quad \cdots\cdots①$$

例題 7　△OABにおいて，辺OAの中点をM，辺OBを 2：1 に内分する点をN，線分BMと線分ANの交点をPとする。A，B，Pの位置ベクトルを$\vec{a}$，$\vec{b}$，$\vec{p}$とするとき，次の問いに答えよ。

(1) $\vec{p}$を$\vec{a}$と$\vec{b}$の1次結合で表せ。

(2) 点Aが(4，8)，点Bが(−2，−2)であるとき点Pの座標を求めよ。

解 (1) 点PがANを $t:(1-t)$ に内分するとき

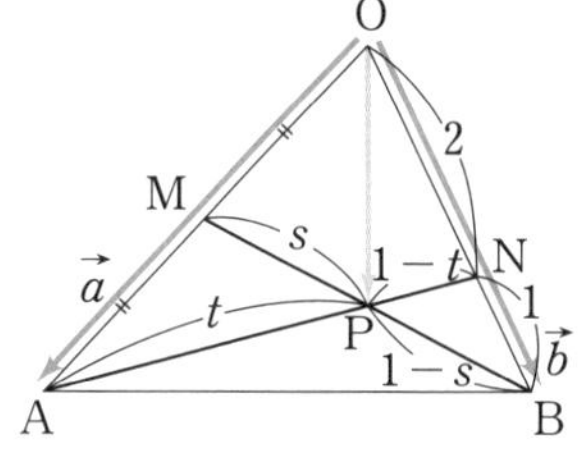

$$\vec{p}=(1-t)\overrightarrow{OA}+t\overrightarrow{ON} \quad ←①より$$

$$=(1-t)\vec{a}+t\cdot\frac{2}{3}\vec{b} \quad \cdots\cdots②$$

点PがMBを $s:(1-s)$ に内分するとき

$$\vec{p}=(1-s)\overrightarrow{OM}+s\overrightarrow{OB} \quad ←①より$$

$$=(1-s)\cdot\frac{1}{2}\vec{a}+s\vec{b} \quad \cdots\cdots③$$

$\vec{a}$と$\vec{b}$は1次独立であるから，②，③より

$$1-t=\frac{1}{2}-\frac{s}{2} \quad かつ \quad \frac{2t}{3}=s$$

←$\vec{a}$と$\vec{b}$が1次独立のとき $m\vec{a}+n\vec{b}=m'\vec{a}+n'\vec{b} \iff m=m'$ かつ $n=n'$

これを解いて $s=\dfrac{1}{2}$，$t=\dfrac{3}{4}$ より $\vec{p}=\dfrac{1}{4}\vec{a}+\dfrac{1}{2}\vec{b}$ ……④

(2) $\vec{a}=(4,\ 8)$，$\vec{b}=(-2,\ -2)$ とすると，④より

$\vec{p}=\overrightarrow{OP}=(1-1,\ 2-1)=(0,\ 1)$ であるからPは(0，1)

練習27　△OABにおいて，辺OAを3：2に内分する点をC，辺OBを2：1に内分する点をDとし，線分BCと線分ADの交点をPとする。$\overrightarrow{OA}=\vec{a}$，$\overrightarrow{OB}=\vec{b}$ とするとき，$\overrightarrow{OP}$を$\vec{a}$，$\vec{b}$で表せ。

同一直線上にある3点の位置ベクトル　3点A, B, Cが同一直線上にあるとき，ベクトル$\overrightarrow{\mathrm{AB}}$と$\overrightarrow{\mathrm{AC}}$は平行である。よって，次が成り立つ。

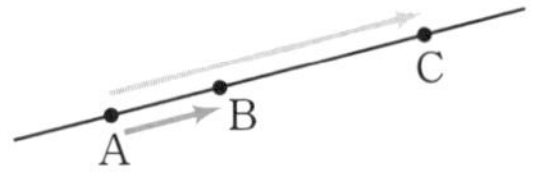

3点が同一直線上にある条件

3点A，B，Cが同一直線上にある　$\iff$　$\overrightarrow{\mathrm{AC}}=k\overrightarrow{\mathrm{AB}}$（$k$は実数）

例16　3点A(2，−1)，B(1，−4)，C(4，5)は同一直線上にある。なぜならA，B，Cの位置ベクトルをそれぞれ$\vec{a}$，$\vec{b}$，$\vec{c}$とすると，

$\overrightarrow{\mathrm{AB}}=\vec{b}-\vec{a}=(1-2,\ -4-(-1))=(-1,\ -3)$，　← p. 29 ①より

$\overrightarrow{\mathrm{AC}}=\vec{c}-\vec{a}=(4-2,\ 5-(-1))=(2,\ 6)$　なので　$\overrightarrow{\mathrm{AC}}=-2\overrightarrow{\mathrm{AB}}$

例題 8　平行四辺形ABCDにおいて，辺BCを1：2に内分する点をE，対角線BDを1：3に内分する点をPとする。このとき，3点A，P，Eは同一直線上にあることを証明せよ。

証明　Aを基点とする位置ベクトルを考え，$\overrightarrow{\mathrm{AB}}=\vec{b}$，$\overrightarrow{\mathrm{AD}}=\vec{d}$とする。

(i)　点Eの位置ベクトル

点EはBCを1：2に内分する点，

また，$\overrightarrow{\mathrm{AC}}=\vec{b}+\vec{d}$なので，

$$\overrightarrow{\mathrm{AE}}=\frac{2\overrightarrow{\mathrm{AB}}+\overrightarrow{\mathrm{AC}}}{1+2}=\frac{3\vec{b}+\vec{d}}{3}$$

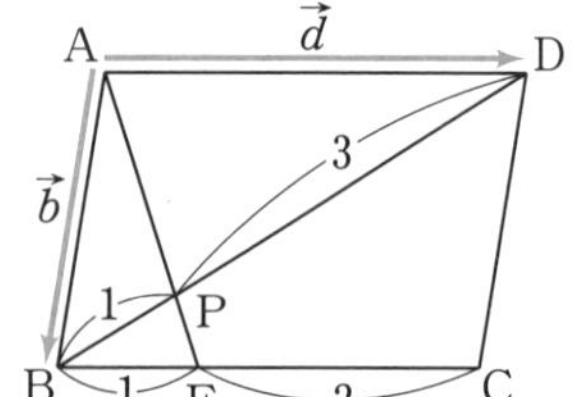

(ii)　点Pの位置ベクトル

点PはBDを1：3に内分する点であるから

$$\overrightarrow{\mathrm{AP}}=\frac{3\overrightarrow{\mathrm{AB}}+\overrightarrow{\mathrm{AD}}}{1+3}=\frac{3\vec{b}+\vec{d}}{4}$$

(i)，(ii)より　$\overrightarrow{\mathrm{AP}}=\dfrac{3}{4}\overrightarrow{\mathrm{AE}}$　　つまりA，P，Eは同一直線上にある。**終**

練習28　平行四辺形OABCにおいて，辺ABの中点をM，対角線ACを1：2に内分する点をLとする。このとき，3点O，L，Mは同一直線上にあることを証明せよ。また，OL：OMを求めよ。

2 方向ベクトルと直線の方程式

点 P_1 を通り $\vec{u}$ に平行な直線 λ の方程式を考えよう。

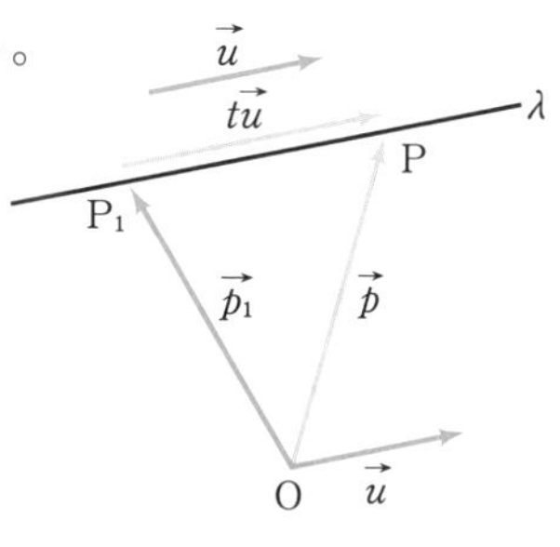

(i) 直線 λ のベクトル方程式

λ 上の1点を固定して P_1 とし，λ に平行なベクトルを $\vec{u}$ とする。また，λ 上の任意点をPとし，2点 P_1，Pの位置ベクトルをそれぞれ $\overrightarrow{OP_1}=\vec{p_1}$，$\overrightarrow{OP}=\vec{p}$ とおく。このとき $\vec{p}$ はある実数 t を用いて次のように表せる。

$$\vec{p}=\vec{p_1}+t\vec{u} \quad \cdots\cdots①$$

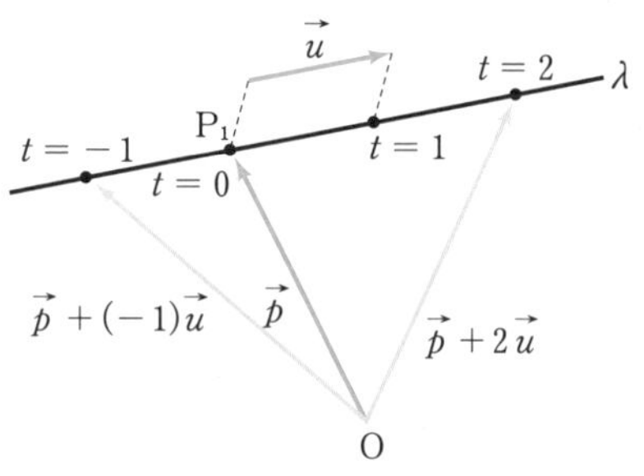

①で t の値を定めると右図のように直線 λ 上の点Pが定まる。逆に λ 上の点Pを定めると対応する実数 t の値が定まる。よって t がすべての実数値をとって変化すると点Pは直線 λ 上のすべての点を動く。①を直線 λ の **ベクトル方程式**，t を **媒介変数**，$\vec{u}$ を λ の **方向ベクトル** という。

(ii) 直線 λ の媒介変数表示

方向ベクトル $(m,\ n)$，通る点 $(x_1,\ y_1)$

点Oを座標の原点とし，定点 P_1 の座標を $(x_1,\ y_1)$，方向ベクトル $\vec{u}$ の成分表示を $\vec{u}=(m,\ n)$，直線 λ 上の任意の点Pの座標を $(x,\ y)$ とすると，①は

$$\begin{aligned}(x,\ y)&=(x_1,\ y_1)+t(m,\ n)\\&=(x_1+mt,\ y_1+nt)\end{aligned}$$

よって $$\begin{cases}x=x_1+mt\\y=y_1+nt\end{cases} \quad \cdots\cdots②$$

②を，t を媒介変数とする直線 λ の **媒介変数表示** という。

(iii) 直線 λ の方程式

方向ベクトル $(m,\ n)$，通る点 $(x_1,\ y_1)$

②は $m\neq 0$，$n\neq 0$ のとき次の式で表せる。これは直線 λ の方程式である。

$$\frac{x-x_1}{m}=\frac{y-y_1}{n}\ (=t) \quad \cdots\cdots③$$

③は $y-y_1=\dfrac{n}{m}(x-x_1)$ なので傾き $\dfrac{n}{m}$ で点 $P_1(x_1,\ y_1)$ を通る直線を表す。

例17 点 $P_1(2,\ -1)$ を通り，方向ベクトルが $\vec{u}=(1,\ 3)$ である直線 λ のベクトル方程式をまず成分表示してみよう。

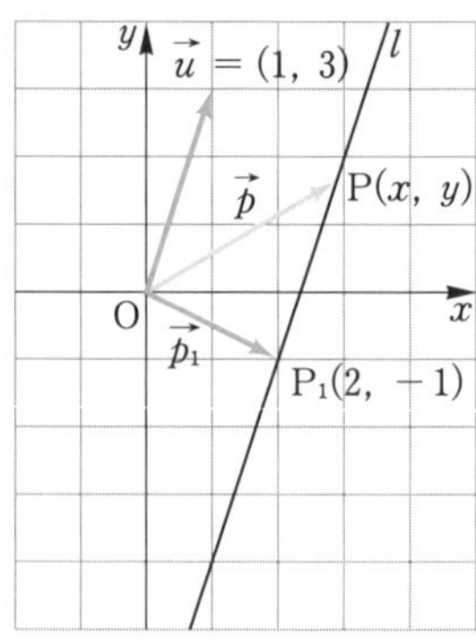

$$\vec{p}=\vec{p_1}+t\vec{u}$$

に $\vec{p}=(x,\ y)$，$\vec{p_1}=(2,\ -1)$，$\vec{u}=(1,\ 3)$ を代入すると，次の式を得る。

(i) $(x,\ y)=(2,\ -1)+t(1,\ 3)$

$\quad=(2,\ -1)+(t,\ 3t)$

$\quad=(2+t,\ -1+3t)$

よって，λ の媒介変数表示が次のように得られる。

(ii) $\begin{cases} x=2+t \\ y=-1+3t \end{cases}$

t を消去すると λ の方程式を得る。

(iii) $x-2=\dfrac{y+1}{3}\quad(y=3x-7)$

練習29 点 $A(-2,\ 5)$ を通り，方向ベクトルが $\vec{u}=(4,\ 3)$ である直線の媒介変数表示，および直線の方程式を求めよ。

練習30 点 $A(4,\ 1)$ を通り，ベクトル $\vec{u}=(2,\ -3)$ に平行な直線の媒介変数表示，および直線の方程式を求めよ。

例18 2点 $A(-3,\ 4)$，$B(6,\ 1)$ を通る直線 λ の方向ベクトル $\vec{u}$ は

$$\vec{u}=\overrightarrow{AB}=(6-(-3),\ 1-4)=(9,\ -3)$$

であるから，λ 上の任意の点 $P(x,\ y)$ は次のように表される。

$$(x,\ y)=(-3,\ 4)+t(9,\ -3)\qquad\leftarrow\vec{p}=\vec{a}+t\vec{u}$$

よって，λ の媒介変数表示は次のようになる。

$\begin{cases} x=-3+9t \\ y=4-3t \end{cases}$ $\left(\text{または}\ \begin{cases} x=6+9t \\ y=1-3t \end{cases}\ \text{となる。}\leftarrow\vec{p}=\vec{b}+t\vec{u}\right)$

注意 方向ベクトルとしては，$\vec{u}$ に平行な $\vec{v}=(3,\ -1)$ などを用いてもよい。

練習31 2点 $A(-2, 6)$, $B(7, 5)$ を通る直線の方程式を，媒介変数 t を用いて表せ。また，t を消去した直線の方程式を求めよ。

3 法線ベクトルと直線の方程式

点 P_1 を通り $\vec{n}$ に垂直な直線 λ の方程式を考えよう。

(i) 直線 λ のベクトル方程式

λ 上の1点を固定して $\mathrm{P}_1(x_1,\ y_1)$ とし，λ に垂直なベクトルを $\vec{n}$ とする。また，λ 上の任意の点を $\mathrm{P}(x,\ y)$ とし，2点 P_1，P の位置ベクトルをそれぞれ $\overrightarrow{\mathrm{OP_1}}=\vec{p_1}$，$\overrightarrow{\mathrm{OP}}=\vec{p}$ とおく。このとき右図からもわかるように $\overrightarrow{\mathrm{P_1P}}\perp\vec{n}$ または $\overrightarrow{\mathrm{P_1P}}=\vec{0}$ であるから $\vec{n}\cdot\overrightarrow{\mathrm{P_1P}}=0$ となる (p. 21)。よって $\vec{p}$ は次の式を満たす。

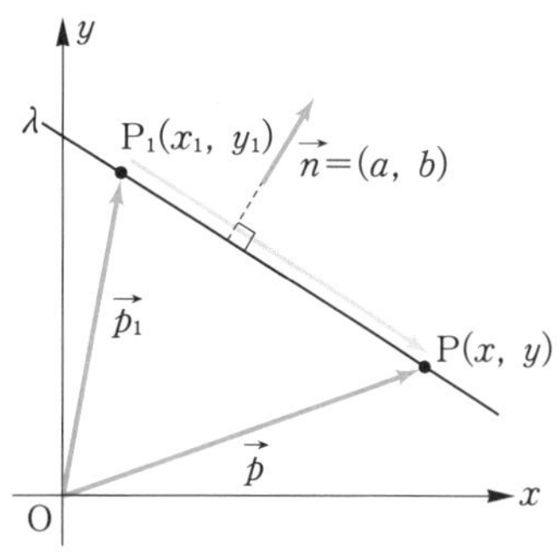

$$\vec{n}\cdot(\vec{p}-\vec{p_1})=0 \quad \cdots\cdots ①$$

また，①を満たす点Pすべての集まりが λ である。①を λ の **ベクトル方程式** といい，$\vec{n}$ を直線 λ の **法線ベクトル** という。

(ii) 直線 λ の方程式　法線ベクトル $(a,\ b)$，通る点 $(x_1,\ y_1)$

①において $\vec{n}$ の成分表示を $\vec{n}=(a,\ b)$ とすると

$$(a,\ b)\cdot\{(x,\ y)-(x_1,\ y_1)\}=(a,\ b)\cdot(x-x_1,\ y-y_1)=0$$

（注：このように，内積の記号“・”を成分表示の式にも用いることとする。）

よって，点 $\mathrm{P}_1(x_1,\ y_1)$ を通り $\vec{n}=(a,\ b)$ に垂直な直線 λ の方程式は

$$a(x-x_1)+b(y-y_1)=0 \quad \cdots\cdots ②$$

また，②で $-ax_1-by_1=c$ とおくと，$ax+by+c=0$ となるから，次のことがわかる。

直線 $ax+by+c=0$ の法線ベクトルの1つは，$\vec{n}=(a,\ b)$ である

例19 点 $(1,\ 3)$ を通り，ベクトル $\vec{n}=(5,\ 2)$ に垂直な直線の方程式は
$5(x-1)+2(y-3)=0$ より $5x+2y-11=0$ である。

練習32 点 $(3,\ 1)$ を通り，ベクトル $\vec{n}=(2,\ -1)$ に垂直な直線の方程式を求めよ。

練習33 2直線 $ax+by+c=0$，$a'x+b'y+c'=0$ をそれぞれ λ，λ' とするとき，次のことが成り立つことを示せ。

$$\lambda\perp\lambda' \iff aa'+bb'=0$$

練習34 点 $(3,\ 2)$ を通り，直線 $3x+4y+5=0$ に垂直な直線の方程式を求めよ。

4 円の方程式

平面において，定点Cから一定の距離 r にある点全体の集まりが，中心C，半径 r の円である。この円 σ の方程式を求めよう。

(i) 円のベクトル方程式

平面上の点 $\mathrm{C}(a,\ b)$ を中心とし半径が r である円上の任意の点をPとする。C，Pの位置ベクトルをそれぞれ $\vec{c}$，$\vec{p}$ とするとき　$|\vec{p}-\vec{c}|=r$　……①

すなわち　$(\vec{p}-\vec{c})\cdot(\vec{p}-\vec{c})=r^2$　……②　← p. 25 [1]

また，①を満たす点Pすべての集まりが円 σ である。

①，②を円 σ の **ベクトル方程式** という。

(ii) 円の方程式　中心 $(a,\ b)$，半径 r

②に $\vec{p}$，$\vec{c}$ の成分を代入すると $(x-a,\ y-b)\cdot(x-a,\ y-b)=r^2$ であるから次の円 σ の方程式を得る。

$$(x-a)^2+(y-b)^2=r^2 \quad \cdots\cdots③$$

←『新版基礎数学』p. 198

例20　2点A，Bを直径の両端とする円のベクトル方程式を求めよう。円上の任意点をPとすると，線分ABは直径なので $\overrightarrow{\mathrm{AP}}\perp\overrightarrow{\mathrm{BP}}$ か $\overrightarrow{\mathrm{AP}}=\vec{0}$ か $\overrightarrow{\mathrm{BP}}=\vec{0}$ であり $\overrightarrow{\mathrm{AP}}\cdot\overrightarrow{\mathrm{BP}}=0$ となる。よってA，B，Pの位置ベクトルをそれぞれ $\vec{a}$，$\vec{b}$，$\vec{p}$ として

$$(\vec{p}-\vec{a})\cdot(\vec{p}-\vec{b})=0$$

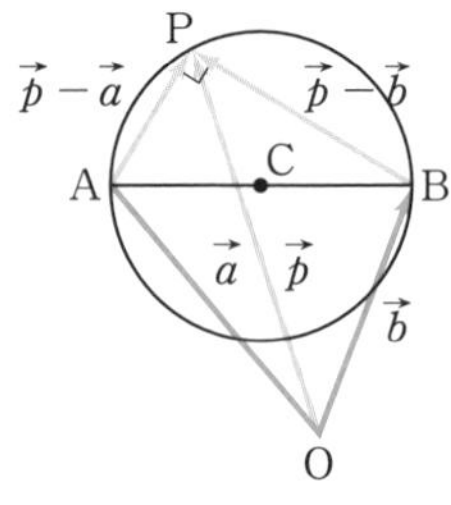

たとえば A(2, 3)，B(0, −5) が直径の両端である円の方程式は，

$\vec{p}=(x,\ y)$ として　$((x,\ y)-(2,\ 3))\cdot((x,\ y)-(0,\ -5))=0$

よって $(x-2)x+(y-3)(y+5)=0$ つまり $x^2-2x+y^2+2y-15=0$

練習35　中心が点Cで半径 r の円上の点を P_1 とし，点 P_1 における円の接線 l の任意点をPとする。C，P，P_1 の位置ベクトルをそれぞれ $\vec{c}$，$\vec{p}$，$\vec{p_1}$ とすると l のベクトル方程式は次の式で与えられることを示せ。

$$(\vec{p}-\vec{c})\cdot(\vec{p_1}-\vec{c})=r^2$$

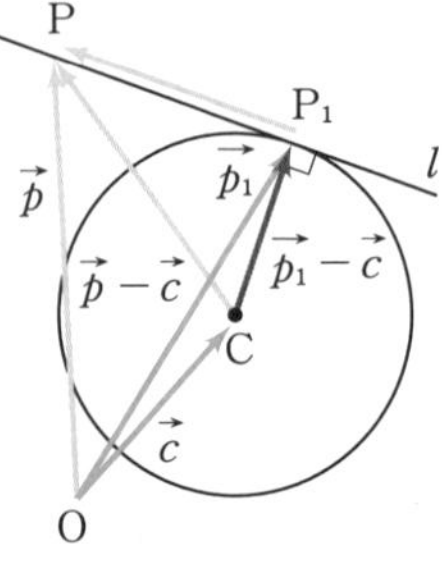

節末問題

1. 円Oに内接する正六角形ABCDEFにおいて，DEの中点をMとする。$\overrightarrow{AB}=\vec{a}$，$\overrightarrow{AF}=\vec{b}$ として，次のベクトルを，$\vec{a}$，$\vec{b}$ で表せ。

(1) $\overrightarrow{BC}$　　(2) $\overrightarrow{CE}$

(3) $\overrightarrow{CM}$　　(4) $\overrightarrow{AM}$

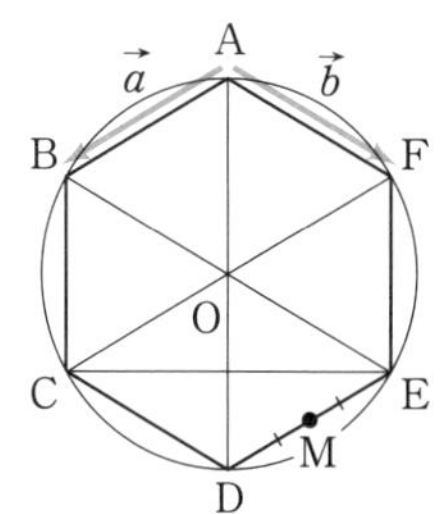

2. 2つのベクトル $\vec{a}=(-1,\ 2)$，$\vec{b}=(1,\ x)$ について，次の問いに答えよ。

(1) $2\vec{a}+3\vec{b}$ と $\vec{a}-2\vec{b}$ を成分で表せ。

(2) $2\vec{a}+3\vec{b}$ と $\vec{a}-2\vec{b}$ が平行となるように，x の値を定めよ。

3. $AB=DC=2$，$AD=BC=1$ である長方形ABCDにおいて，辺BC，CDの中点をそれぞれM，Nとする。$\overrightarrow{AB}=\vec{b}$，$\overrightarrow{AD}=\vec{d}$ として，次の問いに答えよ。

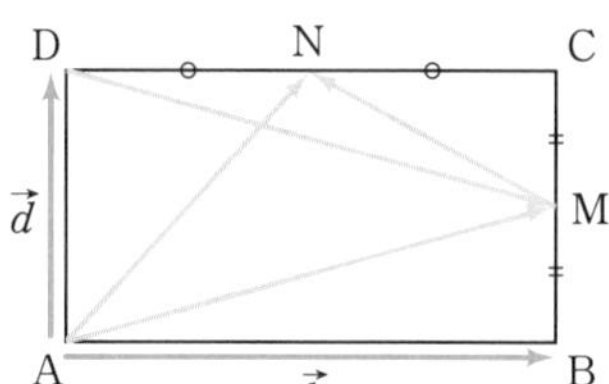

(1) $\overrightarrow{AM}$，$\overrightarrow{AN}$，$\overrightarrow{MN}$，$\overrightarrow{DM}$ を，$\vec{b}$，$\vec{d}$ で表せ。

(2) 内積 $\overrightarrow{AM}\cdot\overrightarrow{AN}$ を求めよ。

(3) 内積 $\overrightarrow{MN}\cdot\overrightarrow{DM}$ を求めよ。

4. $|\vec{a}|=3$，$|\vec{b}|=1$，$|\vec{a}+2\vec{b}|=\sqrt{19}$ のとき，次の問いに答えよ。

(1) 内積 $\vec{a}\cdot\vec{b}$ の値を求めよ。

(2) 2つのベクトル $\vec{a}$ と $\vec{b}$ のなす角 θ を求めよ。

5. △ABCにおいて，辺ABを $2:1$ に内分する点をP，辺ACの中点をQとし，線分BQの中点をRとする。このとき，3点P，R，Cは一直線上にあることを示せ。

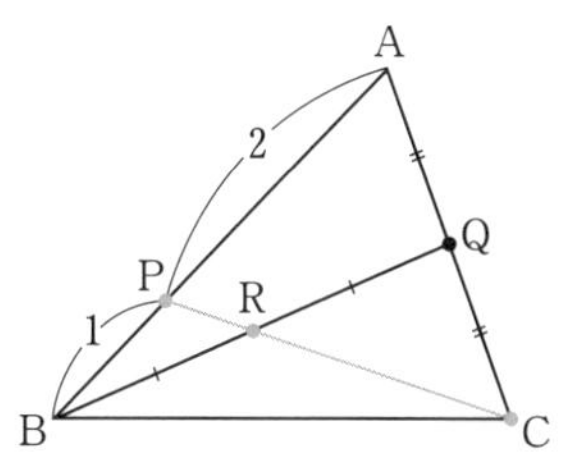

6. $\vec{a}=(3,\ -2)$，$\vec{b}=(2,\ 1)$ について，次の問いに答えよ。

(1) $|\vec{a}+t\vec{b}|$ を，t で表せ。

(2) $|\vec{a}+t\vec{b}|$ の最小値を求めよ。また，最小にする t の値を求めよ。

(3) (2)で求めた t の値に対して，ベクトル $\vec{a}+t\vec{b}$ と $\vec{b}$ は垂直であることを示せ。

7. △ABC において，AB $=4$，AC $=5$，$\angle$BAC $=60°$ とする。BC を $t:(1-t)$ に内分する点を P とするとき，AP $\perp$ BC となるような t の値を求めよ。

8. △OAB において，辺 OA を $1:2$ に内分する点を M，辺 OB を $3:4$ に内分する点を N とし，線分 BM と線分 AN の交点を P，直線 OP と辺 AB の交点を Q とする。$\overrightarrow{\mathrm{OA}}=\vec{a}$，$\overrightarrow{\mathrm{OB}}=\vec{b}$ とするとき，次の問いに答えよ。

(1) $\overrightarrow{\mathrm{OP}}$ を $\vec{a}$，$\vec{b}$ で表せ。

(2) OP : PQ を求めよ。

9. △OAB において，ベクトル $\overrightarrow{\mathrm{OA}}=\vec{a}$，$\overrightarrow{\mathrm{OB}}=\vec{b}$ とするとき，次の問いに答えよ。

(1) $\angle$AOB の二等分線は $\vec{p}=t\left(\dfrac{\vec{a}}{|\vec{a}|}+\dfrac{\vec{b}}{|\vec{b}|}\right)$ で表されることを示せ。

(2) $\angle$AOB の二等分線と辺 AB の交点を D とするとき，AD : DB = OA : OB であることを，(1)を利用して示せ。

10. △ABC の外接円の中心 O を基準とする頂点 A, B, C の位置ベクトルを，それぞれ $\vec{a}$，$\vec{b}$，$\vec{c}$ とし，$\vec{h}=\vec{a}+\vec{b}+\vec{c}$ を位置ベクトルとする点を H とする。また，△ABC の重心を G とする。このとき，次のことを示せ。

(1) 3点 O，G，H は同一直線上にある。

(2) $(\vec{h}-\vec{a})\cdot(\vec{b}-\vec{c})=0$

(3) 点 H は △ABC の **垂心**（各頂点から対辺に引いた垂線の交点）である。

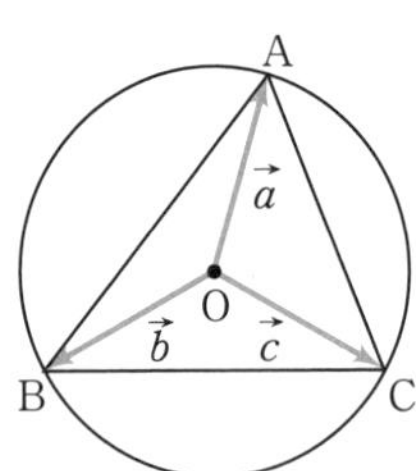

2 空間ベクトル

1 ベクトルの和・差・実数倍

1 空間座標と 2 点間の距離

空間における点の位置を，平面上の点の場合と同様に座標を用いて表すことを考えてみよう。

右の図のように，1 点 O で交わり，どの 2 つも直交する 3 本の数直線 X′OX，Y′OY，Z′OZ を引く。

これらの数直線を，空間における **座標軸** といい，それぞれ **x 軸**，**y 軸**，**z 軸** という。また，O を **原点** という。

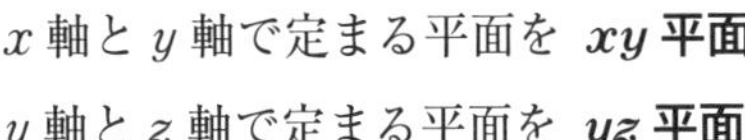

x 軸と y 軸で定まる平面を **xy 平面**

y 軸と z 軸で定まる平面を **yz 平面**

z 軸と x 軸で定まる平面を **zx 平面**

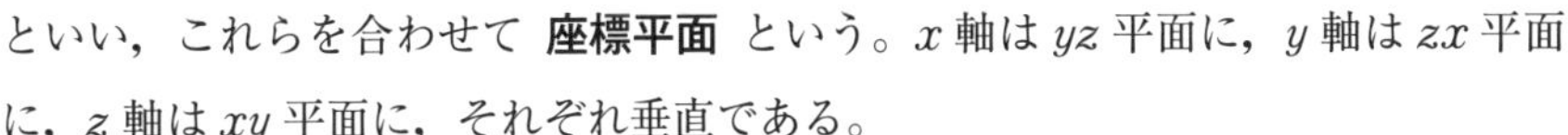

といい，これらを合わせて **座標平面** という。x 軸は yz 平面に，y 軸は zx 平面に，z 軸は xy 平面に，それぞれ垂直である。

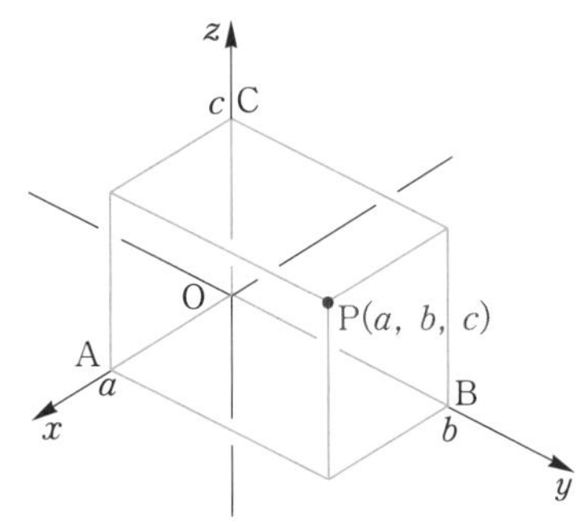

座標　空間の任意の点 P に対して，P を通り，各座標平面にそれぞれ平行な平面が，x 軸，y 軸，z 軸と交わる点を A，B，C とすると，右の図のような直方体がかける。

このような点 A，B，C の各座標軸上での座標が，それぞれ a，b，c であるとき，3 つの実数の組 $(a,\ b,\ c)$ を点 P の **座標** といい，この a，b，c をそれぞれ点 P の **x 座標**，**y 座標**，**z 座標** という。

また，座標が $(a,\ b,\ c)$ である点 P を $\mathrm{P}(a,\ b,\ c)$ と書く。

このようにして，空間の任意の点は座標を用いて，ただ一通りに表すことができる。座標を定めた空間を **座標空間** という。

2点間の距離　2点 $A(a_1,\ a_2,\ a_3)$，$B(b_1,\ b_2,\ b_3)$ において，2点間の距離 AB を考えてみよう。

右の図の直方体 ACDE-FGBH において，AD の距離は

$$AD=\sqrt{AC^2+CD^2}$$

ここで，$AC=|b_2-a_2|$，

$CD=|b_1-a_1|$ より

$$AD=\sqrt{(b_2-a_2)^2+(b_1-a_1)^2}$$

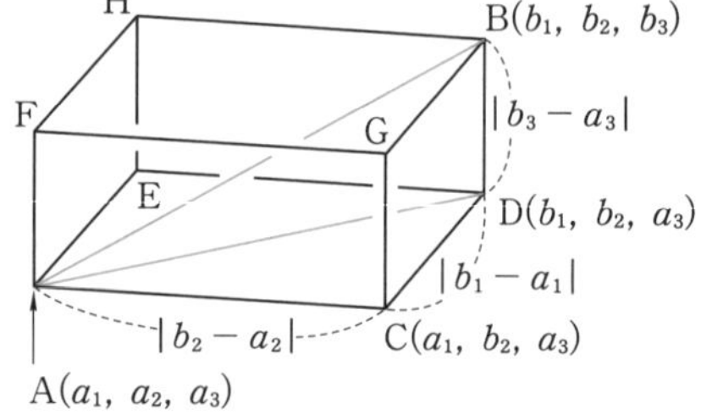

さらに，$DB=|b_3-a_3|$ より

$$AB=\sqrt{AD^2+DB^2}=\sqrt{(b_1-a_1)^2+(b_2-a_2)^2+(b_3-a_3)^2}$$

となる。

2点間の距離

2点 $A(a_1,\ a_2,\ a_3)$，$B(b_1,\ b_2,\ b_3)$ 間の距離は

$$AB=\sqrt{(b_1-a_1)^2+(b_2-a_2)^2+(b_3-a_3)^2}$$

とくに，原点 O と点 $A(a_1,\ a_2,\ a_3)$ 間の距離は

$$OA=\sqrt{{a_1}^2+{a_2}^2+{a_3}^2}$$

例 1　2点 $A(1,\ -2,\ 3)$，$B(3,\ -1,\ -2)$ 間の距離は

$$AB=\sqrt{(3-1)^2+(-1+2)^2+(-2-3)^2}=\sqrt{30}$$

練習1　次の2点間の距離を求めよ。

(1)　$O(0,\ 0,\ 0)$，$A(2,\ -4,\ 5)$

(2)　$A(1,\ 3,\ -1)$，$B(-2,\ 1,\ 5)$

練習2　次の3点を頂点とする △ABC はどのような形の三角形か。

(1)　$A(1,\ 0,\ 0)$，$B(3,\ -2,\ 0)$，$C(1,\ -2,\ 2)$

(2)　$A(3,\ 0,\ -3)$，$B(2,\ -1,\ 1)$，$C(1,\ 1,\ -1)$

2 ベクトルの和・差・実数倍

空間におけるベクトル，すなわち空間ベクトルは，平面ベクトルと同様に，空間内の2点を結ぶ有向線分で表される。このとき，その位置は問題にしないで，向きと大きさだけに着目する。

前節では平面ベクトルについて，相等，単位ベクトル (p. 8)，和，差，零ベクトル，逆ベクトル (p. 9, 10)，平行 (p. 13)，垂直 (p. 21) を定義した。空間ベクトルについても同様に定義する。このとき，前節で学んだ平面ベクトルの計算法則がすべて成り立つことになる。

ベクトルの和Ⅰ [1] $\vec{a}+\vec{b}=\vec{b}+\vec{a}$

[2] $(\vec{a}+\vec{b})+\vec{c}=\vec{a}+(\vec{b}+\vec{c})$

ベクトルの和Ⅱ [1] $\vec{a}+(-\vec{a})=(-\vec{a})+\vec{a}=\vec{0}$

[2] $\vec{a}+\vec{0}=\vec{0}+\vec{a}=\vec{a}$

ベクトルの実数倍 m，n を実数とするとき

[1] $(mn)\vec{a}=m(n\vec{a})$

[2] $(m+n)\vec{a}=m\vec{a}+n\vec{a}$

[3] $m(\vec{a}+\vec{b})=m\vec{a}+m\vec{b}$

[4] $|m\vec{a}|=|m|\times|\vec{a}|$

例2 直方体ABCD-EFGHにおいて，

$\overrightarrow{AB}=\vec{a}$，$\overrightarrow{AD}=\vec{b}$，$\overrightarrow{AE}=\vec{c}$ とするとき，

$\overrightarrow{AF}$，$\overrightarrow{AG}$，$\overrightarrow{BH}$ を $\vec{a}$，$\vec{b}$，$\vec{c}$ で表すと，

$$\overrightarrow{AF}=\overrightarrow{AB}+\overrightarrow{BF}=\overrightarrow{AB}+\overrightarrow{AE}=\vec{a}+\vec{c}$$

$$\overrightarrow{AG}=\overrightarrow{AC}+\overrightarrow{CG}=(\overrightarrow{AB}+\overrightarrow{AD})+\overrightarrow{AE}=\vec{a}+\vec{b}+\vec{c}$$

$$\overrightarrow{BH}=\overrightarrow{AH}-\overrightarrow{AB}=(\overrightarrow{AD}+\overrightarrow{AE})-\overrightarrow{AB}=\vec{b}+\vec{c}-\vec{a}$$

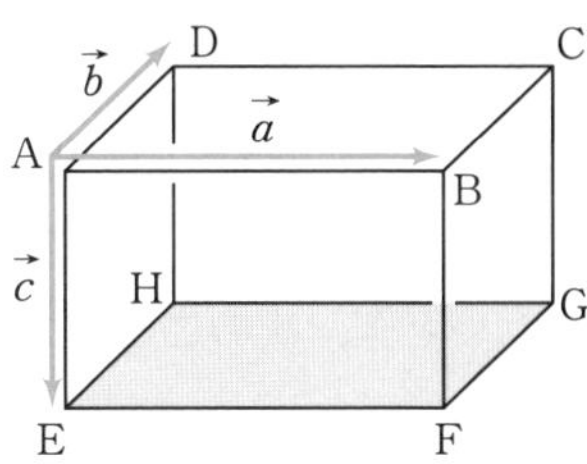

練習3 平行六面体ABCD-EFGHにおいて，

$\overrightarrow{AB}=\vec{a}$，$\overrightarrow{AD}=\vec{b}$，$\overrightarrow{AE}=\vec{c}$ とするとき，

$\overrightarrow{CE}$，$\overrightarrow{DF}$ を $\vec{a}$，$\vec{b}$，$\vec{c}$ を用いて表せ。

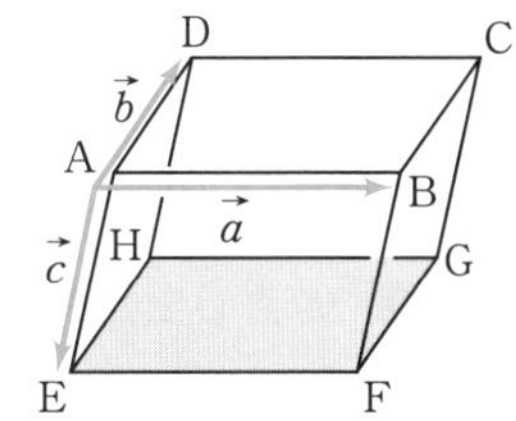

2 ベクトルの成分表示

1 ベクトルの成分表示

Oを原点とする座標空間において，x 軸，y 軸，z 軸の正の向きと同じ向きの単位ベクトル (p. 8) を **基本ベクトル** といい，それぞれ $\vec{e_1}$，$\vec{e_2}$，$\vec{e_3}$ で表す。

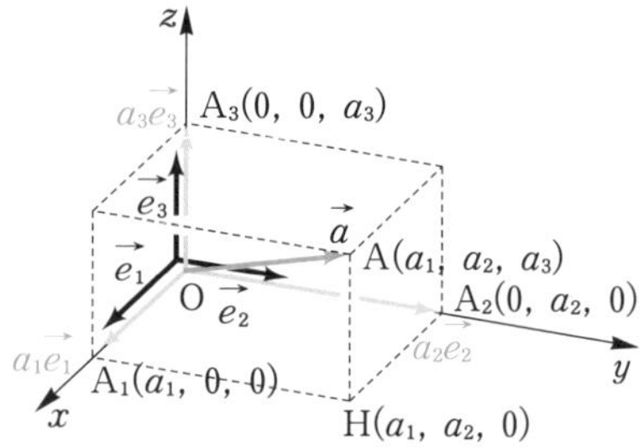

いま，ベクトル $\vec{a}$ に対して，$\vec{a}=\overrightarrow{\mathrm{OA}}$ となる点Aの座標を $(a_1,\ a_2,\ a_3)$ とすると，右の図より

$$\vec{a}=\overrightarrow{\mathrm{OA}}=\overrightarrow{\mathrm{OH}}+\overrightarrow{\mathrm{HA}}=\overrightarrow{\mathrm{OA_1}}+\overrightarrow{\mathrm{OA_2}}+\overrightarrow{\mathrm{OA_3}}$$

ここで，$\overrightarrow{\mathrm{OA_1}}=a_1\vec{e_1}$，$\overrightarrow{\mathrm{OA_2}}=a_2\vec{e_2}$，$\overrightarrow{\mathrm{OA_3}}=a_3\vec{e_3}$ より次のように表せる。

$$\vec{a}=a_1\vec{e_1}+a_2\vec{e_2}+a_3\vec{e_3}$$

この a_1，a_2，a_3 をそれぞれベクトル $\vec{a}$ の **x 成分**，**y 成分**，**z 成分** という。

また，ベクトル $\vec{a}$ をその成分を用いて

$$\vec{a}=(a_1,\ a_2,\ a_3)$$

と表し，これを $\vec{a}$ の **成分表示** という。

基本ベクトル $\vec{e_1}$，$\vec{e_2}$，$\vec{e_3}$ の成分表示は，それぞれ次のようになる。

$$\vec{e_1}=(1,\ 0,\ 0),\quad \vec{e_2}=(0,\ 1,\ 0),\quad \vec{e_3}=(0,\ 0,\ 1)$$

ベクトルの相等　2つのベクトル，$\vec{a}=(a_1,\ a_2,\ a_3)$，$\vec{b}=(b_1,\ b_2,\ b_3)$ が等しいとき，次のことが成り立つ。

$$\vec{a}=\vec{b} \iff a_1=b_1,\ a_2=b_2,\ a_3=b_3$$

ベクトルの大きさ　$\vec{a}=(a_1,\ a_2,\ a_3)$ のとき，$\overrightarrow{\mathrm{OA}}=\vec{a}$ とすると，点Aの座標は $(a_1,\ a_2,\ a_3)$ であり，$\overrightarrow{\mathrm{OA}}$ の大きさは線分OAの長さであるから，次のことが成り立つ。

$$|\vec{a}|=|\overrightarrow{\mathrm{OA}}|=\sqrt{a_1{}^2+a_2{}^2+a_3{}^2}$$

例3　$\vec{a}=(-1,\ 2,\ 3)$ のとき　$|\vec{a}|=\sqrt{(-1)^2+2^2+3^2}=\sqrt{14}$

練習4　原点Oと点 $\mathrm{P}(1,\ -2,\ 2)$ について，$\overrightarrow{\mathrm{OP}}$ を基本ベクトル $\vec{e_1}$，$\vec{e_2}$，$\vec{e_3}$ で表せ。また，$\overrightarrow{\mathrm{OP}}$ を成分で表し，$|\overrightarrow{\mathrm{OP}}|$ を求めよ。

2 成分表示によるベクトルの和・差・実数倍

$\vec{a}=(a_1,\ a_2,\ a_3)$, $\vec{b}=(b_1,\ b_2,\ b_3)$ は基本ベクトル $\vec{e_1}$, $\vec{e_2}$, $\vec{e_3}$ を用いて次のように表せる（前ページの図を参照）。

$$\vec{a}=a_1\vec{e_1}+a_2\vec{e_2}+a_3\vec{e_3},$$
$$\vec{b}=b_1\vec{e_1}+b_2\vec{e_2}+b_3\vec{e_3}$$

よって，ベクトルの和・差・実数倍について次のことが成り立つ。

$$\vec{a}+\vec{b}=(a_1\vec{e_1}+a_2\vec{e_2}+a_3\vec{e_3})+(b_1\vec{e_1}+b_2\vec{e_2}+b_3\vec{e_3})$$
$$=(a_1+b_1)\vec{e_1}+(a_2+b_2)\vec{e_2}+(a_3+b_3)\vec{e_3}$$
$$\vec{a}-\vec{b}=(a_1-b_1)\vec{e_1}+(a_2-b_2)\vec{e_2}+(a_3-b_3)\vec{e_3}$$
$$m\vec{a}=ma_1\vec{e_1}+ma_2\vec{e_2}+ma_3\vec{e_3}$$

以上の計算結果を成分で表すと次のようになる。

成分表示によるベクトルの和・差・実数倍

[1] $(a_1,\ a_2,\ a_3)+(b_1,\ b_2,\ b_3)=(a_1+b_1,\ a_2+b_2,\ a_3+b_3)$

[2] $(a_1,\ a_2,\ a_3)-(b_1,\ b_2,\ b_3)=(a_1-b_1,\ a_2-b_2,\ a_3-b_3)$

[3] $m(a_1,\ a_2,\ a_3)=(ma_1,\ ma_2,\ ma_3)$ （m は実数）

例4 $\vec{a}=(1,\ -2,\ 3)$, $\vec{b}=(-4,\ 2,\ -1)$ のとき

$$\vec{a}+2\vec{b}=(1,\ -2,\ 3)+2(-4,\ 2,\ -1)$$
$$=(1,\ -2,\ 3)+(-8,\ 4,\ -2)$$
$$=(-7,\ 2,\ 1)$$
$$3\vec{a}-2\vec{b}=3(1,\ -2,\ 3)-2(-4,\ 2,\ -1)$$
$$=(3,\ -6,\ 9)-(-8,\ 4,\ -2)$$
$$=(3+8,\ -6-4,\ 9+2)$$
$$=(11,\ -10,\ 11)$$

練習5 $\vec{a}=(1,\ -2,\ 3)$, $\vec{b}=(-2,\ 3,\ 1)$ のとき，次のベクトルを成分で表せ。

(1) $\vec{a}-\vec{b}$ (2) $\vec{a}-2\vec{b}$ (3) $3(\vec{a}-\vec{b})-(\vec{a}-4\vec{b})$

練習6 $\vec{a}=(x-4,\ x,\ 4)$, $\vec{b}=(y,\ z,\ x)$ について，$\vec{a}-2\vec{b}=\vec{0}$ となるときの x, y, z の値を求めよ。

3 ベクトルの成分表示と大きさ

空間の 2 点 A$(a_1,\ a_2,\ a_3)$，B$(b_1,\ b_2,\ b_3)$ について

$$\overrightarrow{\mathrm{OA}}=(a_1,\ a_2,\ a_3),\ \overrightarrow{\mathrm{OB}}=(b_1,\ b_2,\ b_3)$$

であるから

$$\overrightarrow{\mathrm{AB}}=\overrightarrow{\mathrm{OB}}-\overrightarrow{\mathrm{OA}}=(b_1,\ b_2,\ b_3)-(a_1,\ a_2,\ a_3)$$
$$=(b_1-a_1,\ b_2-a_2,\ b_3-a_3)$$

また，$\overrightarrow{\mathrm{AB}}$ の大きさは 2 点 A，B の距離 (p. 40) なので，次が成り立つ。

ベクトルの成分表示と大きさ

2 点 A$(a_1,\ a_2,\ a_3)$，B$(b_1,\ b_2,\ b_3)$ について

$$\overrightarrow{\mathrm{AB}}=(b_1-a_1,\ b_2-a_2,\ b_3-a_3)$$
$$|\overrightarrow{\mathrm{AB}}|=\sqrt{(b_1-a_1)^2+(b_2-a_2)^2+(b_3-a_3)^2}$$

例 5 A(3, 2, 1)，B(−2, 0, 5) のとき

$$\overrightarrow{\mathrm{AB}}=(-2-3,\ 0-2,\ 5-1)=(-5,\ -2,\ 4)$$
$$|\overrightarrow{\mathrm{AB}}|=\sqrt{(-5)^2+(-2)^2+4^2}=\sqrt{45}=3\sqrt{5}$$

練習 7 4 点 A(1, 2, 2)，B(2, 1, 2)，C(3, 2, 1)，D(1, 1, 1) のとき，次のベクトルを成分で表せ。また，その大きさを求めよ。

(1) $\overrightarrow{\mathrm{AB}}$　　(2) $\overrightarrow{\mathrm{BC}}$　　(3) $\overrightarrow{\mathrm{CD}}$

例題 1 3 点 A(1, 1, −1)，B(2, −1, 1)，C(4, 5, −1) がある。四角形 ABCD が平行四辺形となるとき，点 D の座標を求めよ。

解 四角形 ABCD が平行四辺形となるためには，$\overrightarrow{\mathrm{AD}}=\overrightarrow{\mathrm{BC}}$ となればよい。

点 D の座標を $(x,\ y,\ z)$ とおくと

$$(x-1,\ y-1,\ z+1)=(4-2,\ 5+1,\ -1-1)$$

これより　$x=3,\ y=7,\ z=-3$　よって　D(3, 7, −3)

練習 8 3 点 A(2, 3, −2)，B(4, 6, 4)，C(4, −1, 0) を頂点としてもつ四角形 ABCD が平行四辺形であるとき，点 D の座標を求めよ。

4 成分表示によるベクトルの平行と実数倍

空間ベクトルの平行についても，平面ベクトルの場合と同様，実数倍の定義から次が成り立つ。

ベクトルの平行

$\vec{a} \neq \vec{0}$, $\vec{b} \neq \vec{0}$ のとき

$$\vec{a} \parallel \vec{b} \iff \vec{b} = k\vec{a} \text{ となる実数 } k \text{ がある}$$

$\vec{a} = (a_1,\ a_2,\ a_3)$, $\vec{b} = (b_1,\ b_2,\ b_3)$ と表されるとき，次のようになる。

$\vec{a} \neq \vec{0}$, $\vec{b} \neq \vec{0}$ のとき

$\vec{a} \parallel \vec{b} \iff (b_1,\ b_2,\ b_3) = k(a_1,\ a_2,\ a_3)$ となる実数 k がある

例題 2 $\vec{a} = (2,\ -1,\ -2)$, $\vec{b} = (l,\ m,\ 6)$ のとき，$\vec{a} \parallel \vec{b}$ となるように l, m の値を定めよ。

解 $\vec{a} \neq \vec{0}$, $\vec{b} \neq \vec{0}$ より，$\vec{a} \parallel \vec{b}$ となるためには，

$\vec{b} = k\vec{a}$ を満たす実数 k が存在すればよい。

$\vec{b} = k\vec{a}$ を，成分で表すと

$$(l,\ m,\ 6) = k(2,\ -1,\ -2)$$

したがって $\begin{cases} l = 2k & \cdots\cdots① \\ m = -k & \cdots\cdots② \\ 6 = -2k & \cdots\cdots③ \end{cases}$

③から　$k = -3$　　これを，①，②に代入して　$l = -6$,　$m = 3$

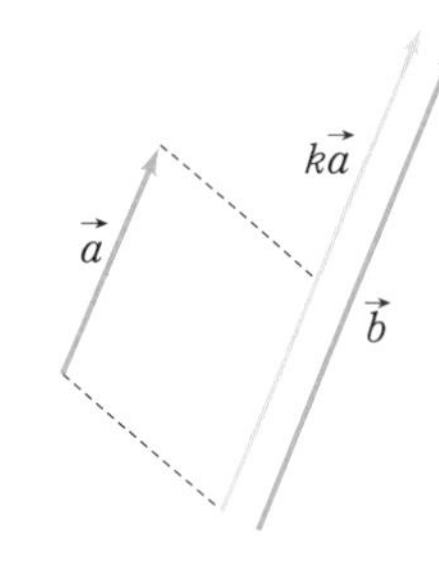

練習 9 $\vec{a} = (-1,\ 2,\ 4)$, $\vec{b} = (l,\ -4,\ m)$ のとき，$\vec{a} \parallel \vec{b}$ となるように l, m の値を定めよ。

平面ベクトルの場合と同様に，空間ベクトルについても $\vec{a} \neq \vec{0}$ のとき，$\vec{a}$ と同じ向きの単位ベクトルは $\dfrac{1}{|\vec{a}|}\vec{a}$ または $\dfrac{\vec{a}}{|\vec{a}|}$ で表される (p. 13)。

練習 10 $\vec{a} = (2,\ 1,\ -2)$ のとき，$\vec{a}$ と同じ向きの単位ベクトルと，$\vec{a}$ と逆の向きの単位ベクトルをそれぞれ成分で表せ。

5 ベクトルの1次独立

空間の$\vec{0}$でない3つのベクトル$\vec{a}$, $\vec{b}$, $\vec{c}$が同一平面上にないとき，$\vec{a}$, $\vec{b}$, $\vec{c}$は **1次独立** であるという。1次独立でないとき，**1次従属** という。$\vec{a}$, $\vec{b}$, $\vec{c}$が1次独立であるとき，空間の任意のベクトル$\vec{p}$は，実数s, t, uを用いて

$$\vec{p} = s\vec{a} + t\vec{b} + u\vec{c} \quad \cdots\cdots①$$

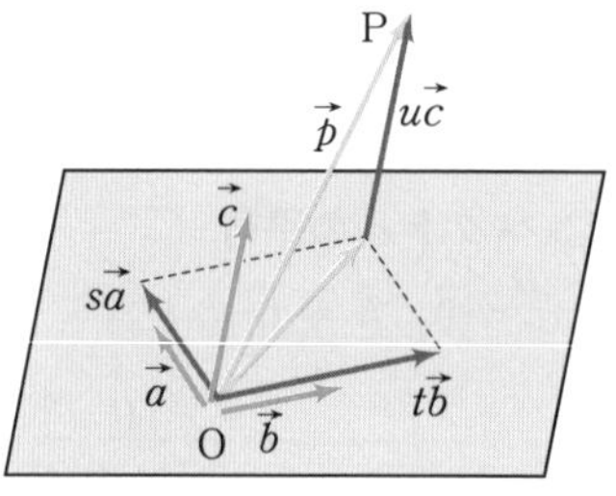

の形にただ一通りに表せることを，下の例題3の解の方法で示せる。

したがって，$\vec{a}$, $\vec{b}$, $\vec{c}$が1次独立であるとき実数s, s', t, t', u, u'について次が成り立つ。

$$s\vec{a} + t\vec{b} + u\vec{c} = s'\vec{a} + t'\vec{b} + u'\vec{c} \iff s = s' \text{ かつ } t = t' \text{ かつ } u = u'$$

$$\text{とくに} \quad s\vec{a} + t\vec{b} + u\vec{c} = \vec{0} \iff s = t = u = 0$$

ここで①の右辺の式のことを$\vec{a}$, $\vec{b}$, $\vec{c}$の **1次結合** という。

注意　1次独立，1次従属はまた **線形独立，線形従属** ともよばれ，1次結合は **線形結合** ともよばれる。

例題 3　$\vec{a} = (0,\ -1,\ 4)$, $\vec{b} = (3,\ -1,\ 2)$, $\vec{c} = (-2,\ 0,\ 2)$ のとき，$\vec{p} = (2,\ -1,\ 0)$ を$\vec{a}$, $\vec{b}$, $\vec{c}$の1次結合で表せ。

解　$\vec{p} = s\vec{a} + t\vec{b} + u\vec{c}$ とおくと

$$(2,\ -1,\ 0) = s(0,\ -1,\ 4) + t(3,\ -1,\ 2) + u(-2,\ 0,\ 2)$$
$$= (3t - 2u,\ -s - t,\ 4s + 2t + 2u)$$

したがって $\begin{cases} 3t - 2u = 2 \\ -s - t = -1 \\ 4s + 2t + 2u = 0 \end{cases}$ を解いて

$s = 3,\quad t = -2,\quad u = -4$ より $\vec{p} = 3\vec{a} - 2\vec{b} - 4\vec{c}$

練習11　例題3と同じベクトル$\vec{a}$, $\vec{b}$, $\vec{c}$について，$\vec{q} = (1,\ 2,\ -6)$ を$\vec{a}$, $\vec{b}$, $\vec{c}$の1次結合で表せ。

3 ベクトルの内積

1 ベクトルの内積

平面ベクトルの場合と同様に，$\vec{0}$ でない2つの空間ベクトル $\vec{a}$，$\vec{b}$ のなす角が θ であるとき，$|\vec{a}||\vec{b}|\cos\theta$ を $\vec{a}$ と $\vec{b}$ の **内積** といい $\vec{a}\cdot\vec{b}$ で表す。ただし $0 \leqq \theta \leqq \pi$ とする。

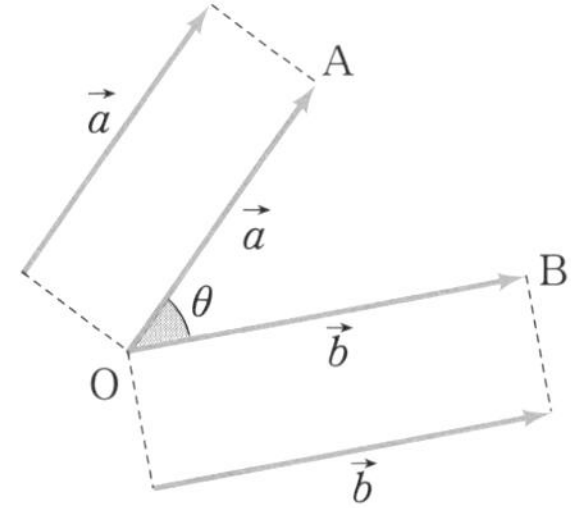

内積の定義

$$\vec{a}\cdot\vec{b} = |\vec{a}||\vec{b}|\cos\theta$$

とくに，$\vec{a} = \vec{0}$ または $\vec{b} = \vec{0}$ のときは，$\vec{a}\cdot\vec{b} = 0$ と定義する。

また平面ベクトルの場合 (p. 20) と同様，内積 $\vec{a}\cdot\vec{a}$ では $\vec{a}$ と $\vec{a}$ のなす角 θ が 0 であるので $\vec{a}\cdot\vec{a} = |\vec{a}||\vec{a}|\cos 0$ である。よって次のことが成り立つ

$$\vec{a}\cdot\vec{a} = |\vec{a}|^2 \qquad |\vec{a}| = \sqrt{\vec{a}\cdot\vec{a}}$$

一方，$\vec{a} \neq \vec{0}$ かつ $\vec{b} \neq \vec{0}$ で $\vec{a}$ と $\vec{b}$ のなす角 θ が $\dfrac{\pi}{2}$ のとき $\vec{a}$ と $\vec{b}$ は **垂直** である，または **直交する** といい $\vec{a} \perp \vec{b}$ で表すが，平面ベクトルの場合 (p. 21) と同様に次が成り立つ。

ベクトルの垂直と内積

$\vec{a} \neq \vec{0}$，$\vec{b} \neq \vec{0}$ のとき

$$\vec{a} \perp \vec{b} \iff \vec{a}\cdot\vec{b} = 0$$

練習12 右の図のような一辺の長さが1の立方体 ABCD-EFGH において，次の内積を求めよ。

(1) $\overrightarrow{AB}\cdot\overrightarrow{AC}$　　(2) $\overrightarrow{AB}\cdot\overrightarrow{CG}$

(3) $\overrightarrow{AC}\cdot\overrightarrow{AF}$　　(4) $\overrightarrow{AC}\cdot\overrightarrow{CF}$

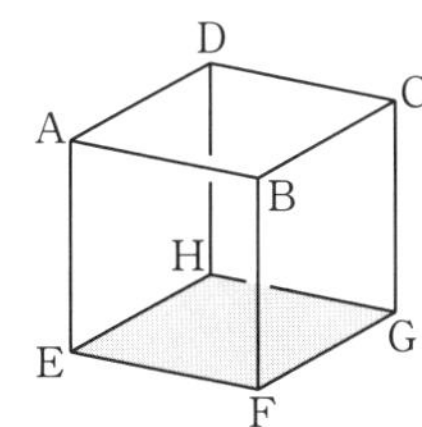

2 ベクトルの成分表示と内積

空間ベクトルの内積を成分表示で表そう (p. 22)。

(i) 空間ベクトル $\vec{a}$ と $\vec{b}$ が1次独立であるとき

$\vec{a}=\overrightarrow{OA}$, $\vec{b}=\overrightarrow{OB}$ となる3点O, A, Bをとり, △OABで ∠AOB $=\theta$ として△OABに余弦定理 (『新版基礎数学』p. 152) を適用すると次の式が成り立つ。

$$|\vec{b}-\vec{a}|^2=|\vec{a}|^2+|\vec{b}|^2-2|\vec{a}||\vec{b}|\cos\theta$$
$$=|\vec{a}|^2+|\vec{b}|^2-2(\vec{a}\cdot\vec{b}) \quad \cdots\cdots ①$$

B
$\vec{b}$
$\vec{b}-\vec{a}$
θ
O
A
$\vec{a}$

ここで $\vec{a}=(a_1,\ a_2,\ a_3)$, $\vec{b}=(b_1,\ b_2,\ b_3)$ とすると

$$(b_1-a_1)^2+(b_2-a_2)^2+(b_3-a_3)^2$$
$$=(a_1{}^2+a_2{}^2+a_3{}^2)+(b_1{}^2+b_2{}^2+b_3{}^2)-2(\vec{a}\cdot\vec{b})$$

左辺を展開して変形すると内積 $\vec{a}\cdot\vec{b}$ は次のように表せることがわかる。

$$\vec{a}\cdot\vec{b}=a_1b_1+a_2b_2+a_3b_3 \quad \cdots\cdots ②$$

(ii) $\vec{a}=\vec{0}=(0,\ 0,\ 0)$ または $\vec{b}=\vec{0}=(0,\ 0,\ 0)$ のとき

②の左辺 $=0$, ②の右辺 $=0+0+0=0$ なのでこのときも②が成り立つ。

(iii) $\vec{a}\,/\!/\,\vec{b}$ のとき

このときも②が成り立つ。なぜなら, $\vec{b}=k\vec{a}$ (k は実数) と表すと

$\theta=0$ のとき, $k>0$ であるから

②の左辺 $=|\vec{a}|\cdot|k\vec{a}|\cos 0=|\vec{a}|\cdot|k|\cdot|\vec{a}|=k|\vec{a}|^2$ ← p. 41[4]より

$\theta=\pi$ のとき, $k<0$ であるから

②の左辺 $=|\vec{a}|\cdot|k\vec{a}|\cos\pi=|k|\cdot|\vec{a}|^2\cdot(-1)=(-k)|\vec{a}|^2\cdot(-1)=k|\vec{a}|^2$

一方, ②の右辺 $=a_1ka_1+a_2ka_2+a_3ka_3=k(a_1{}^2+a_2{}^2+a_3{}^2)=k|\vec{a}|^2$

以上より次のことが成り立つ。

成分表示と内積

$\vec{a}=(a_1,\ a_2,\ a_3)$, $\vec{b}=(b_1,\ b_2,\ b_3)$ のとき

$$\vec{a}\cdot\vec{b}=a_1b_1+a_2b_2+a_3b_3$$

練習13 次の2つのベクトル $\vec{a}$ と $\vec{b}$ の内積を求めよ。

(1) $\vec{a}=(2,\ -3,\ 1)$, $\vec{b}=(4,\ 3,\ 5)$

(2) $\vec{a}=(-1,\ 2,\ 3)$, $\vec{b}=(2,\ -5,\ 4)$

3 成分表示によるベクトルの垂直と内積

$\vec{0}$ でない2つのベクトル $\vec{a}=(a_1,\ a_2,\ a_3)$，$\vec{b}=(b_1,\ b_2,\ b_3)$ のなす角を θ とすると，内積の定義と前ページの公式から次のことが成り立つ。

$$\cos\theta=\frac{\vec{a}\cdot\vec{b}}{|\vec{a}||\vec{b}|}=\frac{a_1b_1+a_2b_2+a_3b_3}{\sqrt{a_1{}^2+a_2{}^2+a_3{}^2}\sqrt{b_1{}^2+b_2{}^2+b_3{}^2}} \quad \cdots\cdots①$$

ただし，$0\leqq\theta\leqq\pi$ とする。

例題 4　2つのベクトル $\vec{a}=(4,\ -1,\ -1)$，$\vec{b}=(2,\ -2,\ 1)$ のなす角 θ を求めよ。

解　$\vec{a}\cdot\vec{b}=4\times2+(-1)\times(-2)+(-1)\times1=9$

$|\vec{a}|=\sqrt{4^2+(-1)^2+(-1)^2}=3\sqrt{2}$

$|\vec{b}|=\sqrt{2^2+(-2)^2+1^2}=3$

であるから

$$\cos\theta=\frac{\vec{a}\cdot\vec{b}}{|\vec{a}||\vec{b}|}=\frac{9}{3\sqrt{2}\times3}=\frac{1}{\sqrt{2}}$$

$0\leqq\theta\leqq\pi$ より　$\theta=\dfrac{\pi}{4}$

練習14　次の2つのベクトルについて，内積 $\vec{a}\cdot\vec{b}$ と，なす角 θ を求めよ。

(1) $\vec{a}=(-1,\ 0,\ 1)$，$\vec{b}=(1,\ 2,\ -2)$

(2) $\vec{a}=(5,\ -3,\ 1)$，$\vec{b}=(1,\ 4,\ 7)$

①でとくに，$\theta=\dfrac{\pi}{2}$ ならば $\cos\theta=0$ となり，次の式が成り立つ。

$$a_1b_1+a_2b_2+a_3b_3=\vec{a}\cdot\vec{b}=0$$

したがって空間ベクトルについても，平面ベクトルの場合と同様 (p. 23)，次のことが成り立つ。

成分表示によるベクトルの垂直と内積

$\vec{a}=(a_1,\ a_2,\ a_3)$，$\vec{b}=(b_1,\ b_2,\ b_3)$ とすると $\vec{a}\neq\vec{0}$，$\vec{b}\neq\vec{0}$ のとき

$$\vec{a}\perp\vec{b} \iff \vec{a}\cdot\vec{b}=0 \iff a_1b_1+a_2b_2+a_3b_3=0$$

例6 $\vec{a}=(4,\ 1,\ 1)$, $\vec{b}=(1,\ 2,\ 1)$ の両方に垂直なベクトルを1つ求めてみよう。求めるベクトルを $\vec{p}=(x,\ y,\ z)$ とおくと

$$\vec{p}\perp\vec{a} \text{ より } \quad \vec{p}\cdot\vec{a}=(4,\ 1,\ 1)\cdot(x,\ y,\ z)=4x+y+z=0$$

$$\vec{p}\perp\vec{b} \text{ より } \quad \vec{p}\cdot\vec{b}=(1,\ 2,\ 1)\cdot(x,\ y,\ z)=x+2y+z=0$$

辺々ひくと　$3x-y=0$　より　$y=3x$

である。たとえば

$x=1,\ y=3$ として第1式に代入すると $z=-7$

となるので $\vec{p}=(1,\ 3,\ -7)$ は $\vec{a}$, $\vec{b}$ 両方に垂直なベクトルの1つである。

例題5 2つのベクトル $\vec{a}=(2,\ -1,\ 3)$, $\vec{b}=(0,\ -2,\ 1)$ の両方に垂直で，大きさが $3\sqrt{5}$ のベクトルを求めよ。

解 求めるベクトルを $\vec{p}=(x,\ y,\ z)$ とおくと

$$\vec{p}\perp\vec{a} \text{ より } \quad \vec{p}\cdot\vec{a}=2x-y+3z=0 \quad \cdots\cdots①$$

$$\vec{p}\perp\vec{b} \text{ より } \quad \vec{p}\cdot\vec{b}=-2y+z=0 \quad \cdots\cdots②$$

$|\vec{p}|=3\sqrt{5}$ より　$|\vec{p}|^2=x^2+y^2+z^2=45$　$\cdots\cdots③$

②より　$z=2y$

これを①に代入して整理すると　$x=-\dfrac{5}{2}y$

これらを③に代入すると

$$\frac{25}{4}y^2+y^2+4y^2=45 \text{ より } \quad y^2=4$$

したがって　$y=\pm 2$

$y=2$ 　のとき　$x=-5,\ z=4$

$y=-2$ のとき　$x=5,\ \ z=-4$

よって，求めるベクトル $\vec{p}$ は

$\vec{p}=(-5,\ 2,\ 4)$ または $\vec{p}=(5,\ -2,\ -4)$

練習15 2つのベクトル $\vec{a}=(2,\ 1,\ -2)$, $\vec{b}=(1,\ -1,\ -1)$ の両方に垂直な単位ベクトルを求めよ。

4 内積の基本性質

ベクトルの内積については，次の性質が成り立つ (p. 25)。

内積の基本性質

ベクトル $\vec{a}$，$\vec{b}$，$\vec{c}$ と，実数 k に対して

[1] $\vec{a}\cdot\vec{b}=\vec{b}\cdot\vec{a}$　　$\vec{a}\cdot\vec{a}=|\vec{a}|^2$

[2] $\vec{a}\cdot(\vec{b}+\vec{c})=\vec{a}\cdot\vec{b}+\vec{a}\cdot\vec{c}$　　$(\vec{a}+\vec{b})\cdot\vec{c}=\vec{a}\cdot\vec{c}+\vec{b}\cdot\vec{c}$

[3] $(k\vec{a})\cdot\vec{b}=\vec{a}\cdot(k\vec{b})=k(\vec{a}\cdot\vec{b})$

証明　$\vec{a}=(a_1,\ a_2,\ a_3)$，$\vec{b}=(b_1,\ b_2,\ b_3)$，$\vec{c}=(c_1,\ c_2,\ c_3)$ とおく。

[1] $\vec{a}\cdot\vec{b}=(a_1,\ a_2,\ a_3)\cdot(b_1,\ b_2,\ b_3)=a_1b_1+a_2b_2+a_3b_3$

$=b_1a_1+b_2a_2+b_3a_3=(b_1,\ b_2,\ b_3)\cdot(a_1,\ a_2,\ a_3)=\vec{b}\cdot\vec{a}$

とくに $\vec{a}=\vec{b}$ のとき，この値は $a_1{}^2+a_2{}^2+a_3{}^2=|\vec{a}|^2$ となる。

[2] $\vec{b}+\vec{c}=(b_1+c_1,\ b_2+c_2,\ b_3+c_3)$ より

$\vec{a}\cdot(\vec{b}+\vec{c})=a_1(b_1+c_1)+a_2(b_2+c_2)+a_3(b_3+c_3)$

$=(a_1b_1+a_2b_2+a_3b_3)+(a_1c_1+a_2c_2+a_3c_3)=\vec{a}\cdot\vec{b}+\vec{a}\cdot\vec{c}$

$\vec{a}+\vec{b}=(a_1+b_1,\ a_2+b_2,\ a_3+b_3)$ より

$(\vec{a}+\vec{b})\cdot\vec{c}=(a_1+b_1)c_1+(a_2+b_2)c_2+(a_3+b_3)c_3$

$=(a_1c_1+a_2c_2+a_3c_3)+(b_1c_1+b_2c_2+b_3c_3)=\vec{a}\cdot\vec{c}+\vec{b}\cdot\vec{c}$

[3] $(k\vec{a})\cdot\vec{b}=(ka_1,\ ka_2,\ ka_3)\cdot(b_1,\ b_2,\ b_3)$

$=ka_1b_1+ka_2b_2+ka_3b_3=(*)$

$(*)=k(a_1b_1+a_2b_2+a_3b_3)=k(\vec{a}\cdot\vec{b})$,

$(*)=a_1kb_1+a_2kb_2+a_3kb_3=\vec{a}\cdot(k\vec{b})$ 　終

練習16　3つの空間ベクトル $\vec{a}$，$\vec{b}$，$\vec{c}$ について次のことを証明せよ。

(1) $\vec{a}\perp\vec{b}$，$\vec{b}\perp\vec{c}$，$\vec{c}\perp\vec{a}$ ならば $|\vec{a}+\vec{b}+\vec{c}|^2=|\vec{a}|^2+|\vec{b}|^2+|\vec{c}|^2$

(2) $(\vec{a}-\vec{b})\perp\vec{c}$，$(\vec{b}-\vec{c})\perp\vec{a}$ ならば $(\vec{c}-\vec{a})\perp\vec{b}$

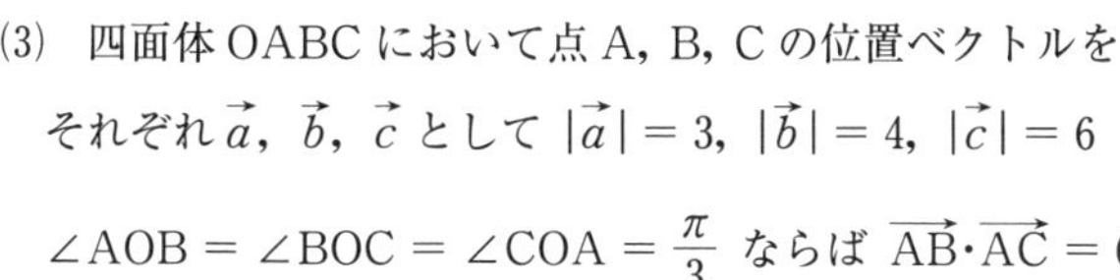

(3) 四面体 OABC において点 A, B, C の位置ベクトルをそれぞれ $\vec{a}$，$\vec{b}$，$\vec{c}$ として $|\vec{a}|=3$，$|\vec{b}|=4$，$|\vec{c}|=6$

$\angle\mathrm{AOB}=\angle\mathrm{BOC}=\angle\mathrm{COA}=\dfrac{\pi}{3}$ ならば $\overrightarrow{\mathrm{AB}}\cdot\overrightarrow{\mathrm{AC}}=6$

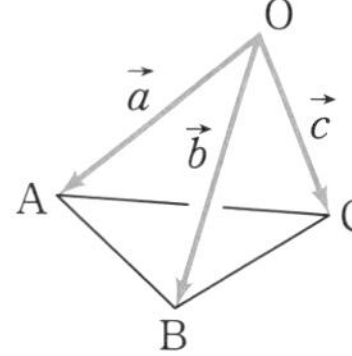

4 ベクトルの応用

1 位置ベクトル

空間に1点Oを固定すると，この空間内の点Pの位置は

$$\overrightarrow{\mathrm{OP}}=\vec{p}$$

によって定められる。このベクトル $\vec{p}$ を，点Oを基点とする点Pの **位置ベクトル** という。たとえば2点A，Bについて位置ベクトルをそれぞれ $\overrightarrow{\mathrm{OA}}=\vec{a}$，$\overrightarrow{\mathrm{OB}}=\vec{b}$ と書くと

$$\overrightarrow{\mathrm{AB}}=\overrightarrow{\mathrm{AO}}+\overrightarrow{\mathrm{OB}}=-\vec{a}+\vec{b}$$

であるから $\overrightarrow{\mathrm{AB}}$ は次のように表される。

$$\overrightarrow{\mathrm{AB}}=\vec{b}-\vec{a}$$

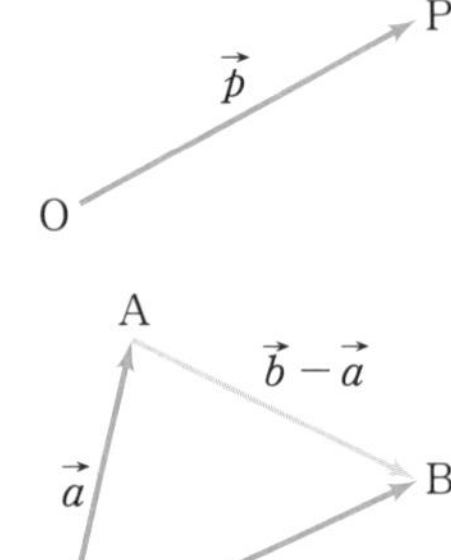

分点の位置ベクトル　平面ベクトルの項での証明 (p. 29) とまったく同じ証明により，以下のことが成り立つことがわかる。

空間の3点A，B，Cについてそれぞれの位置ベクトルを $\vec{a}$，$\vec{b}$，$\vec{c}$ とする。

線分ABを $m:n$ に内分する点をP，$m:n$ に外分する点をQとすると，P，Qのそれぞれの位置ベクトル $\vec{p}$，$\vec{q}$ は，$\vec{a}$ と $\vec{b}$ の1次結合で次のように表せる。

内分点P　$\vec{p}=\dfrac{n\vec{a}+m\vec{b}}{m+n}$　……①

外分点Q　$\vec{q}=\dfrac{(-n)\vec{a}+m\vec{b}}{m+(-n)}$　……②

また，p. 30 例15とまったく同じ証明により，△ABCの重心Gの位置ベクトル $\vec{g}$ は，$\vec{a}$ と $\vec{b}$ と $\vec{c}$ の1次結合で次のように表せる。

重心G　$\vec{g}=\dfrac{\vec{a}+\vec{b}+\vec{c}}{3}$　……③

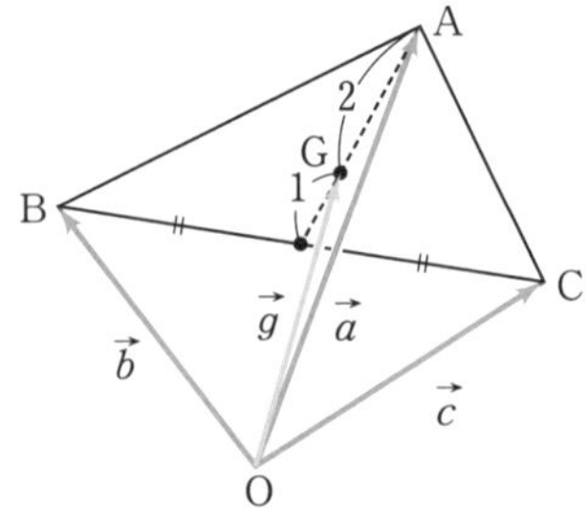

さらに，A，B，C の座標がそれぞれ $(a_1,\ a_2,\ a_3)$，$(b_1,\ b_2,\ b_3)$，$(c_1,\ c_2,\ c_3)$ と与えられると，これらを①，②，③に代入することで P，Q，G の座標が次のように求められる。

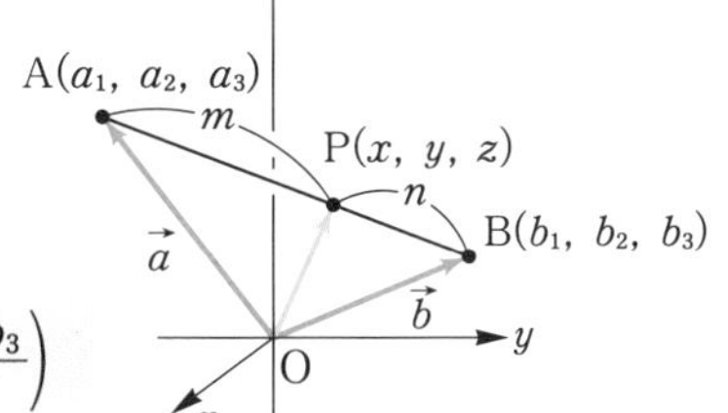

分点の座標　座標空間内の 2 点 A，B を結ぶ線分 AB を $m:n$ に内分する点 P の座標は

$$\mathrm{P}\left(\frac{na_1+mb_1}{m+n},\ \frac{na_2+mb_2}{m+n},\ \frac{na_3+mb_3}{m+n}\right)$$

とくに，線分 AB の中点の座標は

$$\left(\frac{a_1+b_1}{2},\ \frac{a_2+b_2}{2},\ \frac{a_3+b_3}{2}\right)$$

同様にして，線分 AB を $m:n$ に外分する点 Q の座標は

$$\mathrm{Q}\left(\frac{(-n)a_1+mb_1}{m+(-n)},\ \frac{(-n)a_2+mb_2}{m+(-n)},\ \frac{(-n)a_3+mb_3}{m+(-n)}\right)$$

3 点 A，B，C を頂点とする △ABC の重心 G の座標は

$$\mathrm{G}\left(\frac{a_1+b_1+c_1}{3},\ \frac{a_2+b_2+c_2}{3},\ \frac{a_3+b_3+c_3}{3}\right)$$

練習17　2 点 A(1，−3，7)，B(−5，9，1) の位置ベクトルをそれぞれ $\overrightarrow{\mathrm{OA}}=\vec{a}$，$\overrightarrow{\mathrm{OB}}=\vec{b}$ とする。A と B を結ぶ線分 AB について，次の各点の位置ベクトルを $\vec{a}$ と $\vec{b}$ の 1 次結合で表せ。また，各点の座標を求めよ。

(1)　線分 AB を 2：1 に内分する点 P

(2)　線分 AB の中点 M

(3)　線分 AB を 2：1 に外分する点 Q

練習18　3 点 A(1，3，2)，B(−8，2，−1)，C(4，−5，6) の位置ベクトルをそれぞれ $\overrightarrow{\mathrm{OA}}=\vec{a}$，$\overrightarrow{\mathrm{OB}}=\vec{b}$，$\overrightarrow{\mathrm{OC}}=\vec{c}$ とする。このとき，△ABC の重心 G の位置ベクトルを $\vec{a}$ と $\vec{b}$ と $\vec{c}$ の 1 次結合で表せ。また，G の座標を求めよ。

例題 6 四面体OABCにおいて，△ABCの重心をG，辺OA，BCの中点をそれぞれM，Nとする。このとき，線分MNの中点Pと，線分OGを3：1に内分する点Qは一致することを証明せよ。

証明 点Oを基準とする点A，B，Cの位置ベクトルをそれぞれ$\vec{a}$，$\vec{b}$，$\vec{c}$とする。

M，Nはそれぞれ，辺OA，BCの中点であるから

$$\overrightarrow{\mathrm{OM}}=\frac{\vec{a}}{2},\quad \overrightarrow{\mathrm{ON}}=\frac{\vec{b}+\vec{c}}{2}$$

Pは，線分MNの中点であるから

$$\overrightarrow{\mathrm{OP}}=\frac{\overrightarrow{\mathrm{OM}}+\overrightarrow{\mathrm{ON}}}{2}=\frac{\vec{a}+\vec{b}+\vec{c}}{4} \quad \cdots\cdots①$$

また，Gは△ABCの重心であるから

$$\overrightarrow{\mathrm{OG}}=\frac{\vec{a}+\vec{b}+\vec{c}}{3}$$

Qは線分OGを3：1に内分するから

$$\overrightarrow{\mathrm{OQ}}=\frac{3}{4}\overrightarrow{\mathrm{OG}}=\frac{\vec{a}+\vec{b}+\vec{c}}{4} \quad \cdots\cdots②$$

①，②から　$\overrightarrow{\mathrm{OP}}=\overrightarrow{\mathrm{OQ}}$

よって，2点PとQは一致する。 終

練習19 四面体OABCにおいて，辺OA，BCの中点をそれぞれM，Nとし，辺OC，ABの中点をそれぞれP，Qとする。このとき，線分MNの中点と線分PQの中点は一致することを証明せよ。

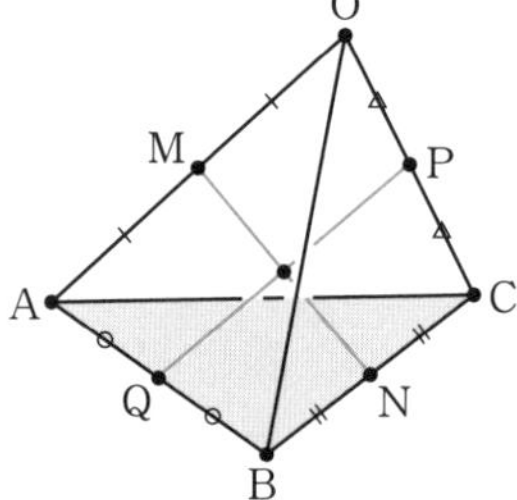

同一直線上にある3点の位置ベクトル　3点A，B，Cが同一直線上にあるときベクトル$\overrightarrow{AB}$とベクトル$\overrightarrow{AC}$は平行である。よってベクトルの平行の性質(p. 45)より，次のことが成り立つ。

3点が同一直線上にある条件

3点A，B，Cが同一直線上にある　$\Longleftrightarrow$　$\overrightarrow{AC}=k\overrightarrow{AB}$（$k$は実数）

例7　3点A(2，1，1)，B(3，2，3)，C(5，4，7)は同一直線上にある。なぜなら

$$\overrightarrow{AB}=(3-2,\ 2-1,\ 3-1)=(1,\ 1,\ 2),$$
$$\overrightarrow{AC}=(3,\ 3,\ 6)$$

なので　$\overrightarrow{AC}=3\overrightarrow{AB}$　が成り立つからである。

例題7　直方体OAPB-CRDQにおいて，△PQRの重心をGとするとき，3点O，G，Dは同一直線上にあることを証明せよ。

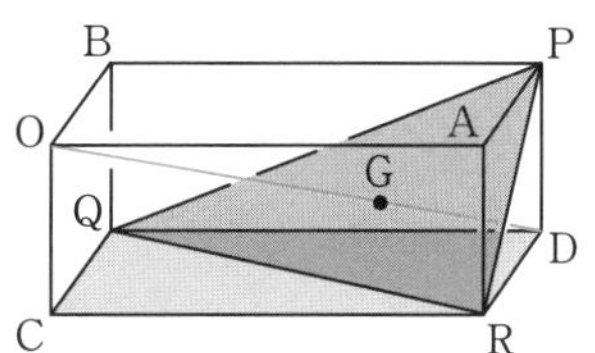

証明　Gは△PQRの重心であるから次の式が成り立つ。

$$\overrightarrow{OG}=\frac{\overrightarrow{OP}+\overrightarrow{OQ}+\overrightarrow{OR}}{3}$$　← p. 52 ③より

A，B，Cの位置ベクトルをそれぞれ$\overrightarrow{OA}=\vec{a}$，$\overrightarrow{OB}=\vec{b}$，$\overrightarrow{OC}=\vec{c}$とすると$\overrightarrow{OP}=\vec{a}+\vec{b}$，$\overrightarrow{OQ}=\vec{b}+\vec{c}$，$\overrightarrow{OR}=\vec{c}+\vec{a}$より，次の式が成り立つ。

$$\overrightarrow{OG}=\frac{(\vec{a}+\vec{b})+(\vec{b}+\vec{c})+(\vec{c}+\vec{a})}{3}=\frac{2}{3}(\vec{a}+\vec{b}+\vec{c})$$

一方$\overrightarrow{OD}=\vec{a}+\vec{b}+\vec{c}$であるから次の式が成り立つ。

$$\overrightarrow{OG}=\frac{2}{3}\overrightarrow{OD}$$

O，G，Dが同一直線上 $\Longleftrightarrow$ $\overrightarrow{OG}=k\overrightarrow{OD}$

よって3点O，G，Dは同一直線上にある。　終

練習20　例題7の直方体において，△ABCの重心をG′とするとき，3点O，G′，Dは同一直線上にあることを証明せよ。

2 方向ベクトルと直線の方程式

空間内の点 $\mathrm{P_1}$ を通り $\vec{u}$ に平行な直線 λ の方程式を考えよう。

(i) 直線 λ のベクトル方程式

λ 上の一点を固定して $\mathrm{P_1}$ とし，λ に平行なベクトルを $\vec{u}$ とする。λ 上の任意の点を P として $\mathrm{P_1}$，P の位置ベクトルをそれぞれ $\overrightarrow{\mathrm{OP_1}}=\vec{p_1}$，$\overrightarrow{\mathrm{OP}}=\vec{p}$ とおく。このとき $\vec{p}$ は p. 33 ①と同様，ある実数 t を用いて次のように表せる。

$$\vec{p}=\vec{p_1}+t\vec{u} \qquad \cdots\cdots①$$

逆に①で表される $\vec{p}$ が示す点 P すべての集まりが直線 λ である。①を直線 λ の **ベクトル方程式**，t を **媒介変数**，$\vec{u}$ を直線 λ の **方向ベクトル** という。

(ii) 直線 λ の媒介変数表示　方向ベクトル $(l,\ m,\ n)$，通る点 $(x_1,\ y_1,\ z_1)$

空間に座標軸を定め，点 O を原点，定点 $\mathrm{P_1}$ の座標を $(x_1,\ y_1,\ z_1)$，直線上の任意点 P の座標を $(x,\ y,\ z)$，方向ベクトルの成分表示を $\vec{u}=(l,\ m,\ n)$ とする。このとき，$\vec{p_1}=\overrightarrow{\mathrm{OP_1}}=(x_1,\ y_1,\ z_1)$，$\vec{p}=\overrightarrow{\mathrm{OP}}=(x,\ y,\ z)$

であり，また $\vec{u}=(l,\ m,\ n)$ であるから，

①は $(x,\ y,\ z)=(x_1,\ y_1,\ z_1)+t(l,\ m,\ n)$

$$=(x_1+lt,\ y_1+mt,\ z_1+nt)$$

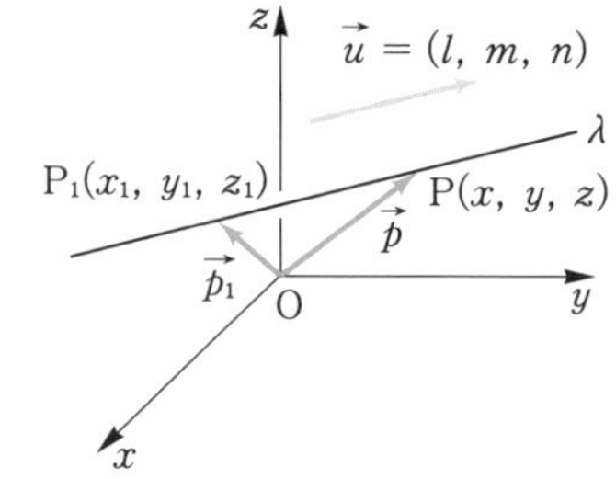

よって
$$\begin{cases} x=x_1+lt \\ y=y_1+mt \\ z=z_1+nt \end{cases} \qquad \cdots\cdots②$$
← p. 33 ②

②を，t を媒介変数とする直線 λ の **媒介変数表示** という。

(iii) 直線 λ の方程式　方向ベクトル $(l,\ m,\ n)$，通る点 $(x_1,\ y_1,\ z_1)$

②は $l \neq 0$，$m \neq 0$，$n \neq 0$ のとき次の式に表せる。これを直線 λ の方程式という。

直線の方程式

点 $\mathrm{P_1}(x_1,\ y_1,\ z_1)$ を通りベクトル $\vec{u}=(l,\ m,\ n)$ に平行な直線の方程式は

$$\frac{x-x_1}{l}=\frac{y-y_1}{m}=\frac{z-z_1}{n} \quad (=t) \quad (lmn \neq 0)$$

注意　たとえば $n=0$ のときは②より $\dfrac{x-x_1}{l}=\dfrac{y-y_1}{m}$，$z=z_1$ と表す。

練習21 次の直線 λ の媒介変数表示および直線の方程式を求めよ。

(1) 点 $(1,\ 3,\ -1)$ を通り，$\vec{u}=(2,\ 1,\ 3)$ に平行な直線

(2) 点 $(3,\ -7,\ 2)$ を通り，方向ベクトルが $\vec{u}=(1,\ -1,\ 4)$ である直線

例8 2点 $\mathrm{A}(-5,\ 2,\ 3)$，$\mathrm{B}(-5,\ 2,\ -1)$ を通る直線を λ とする。また，点 A，B の位置ベクトルをそれぞれ $\overrightarrow{\mathrm{OA}}=\vec{a}$，$\overrightarrow{\mathrm{OB}}=\vec{b}$ とおく。

(i) 直線 λ のベクトル方程式

直線 λ の方向ベクトルを $\vec{u}=\overrightarrow{\mathrm{AB}}$ とすると

$$\vec{u}=\vec{b}-\vec{a}=(-5-(-5),\ 2-2,\ -1-3)=(0,\ 0,\ -4)$$

直線 λ 上の任意点を P，その位置ベクトルを $\vec{p}=\overrightarrow{\mathrm{OP}}=(x,\ y,\ z)$ とすると λ のベクトル方程式は $\vec{p}=\vec{a}+t\vec{u}$ より

$$(x,\ y,\ z)=(-5,\ 2,\ 3)+t(0,\ 0,\ -4)=(-5,\ 2,\ 3-4t)$$

(ii) 直線 λ の媒介変数表示

(i)より $\begin{cases} x=-5 \\ y=2 \\ z=3-4t \end{cases}$

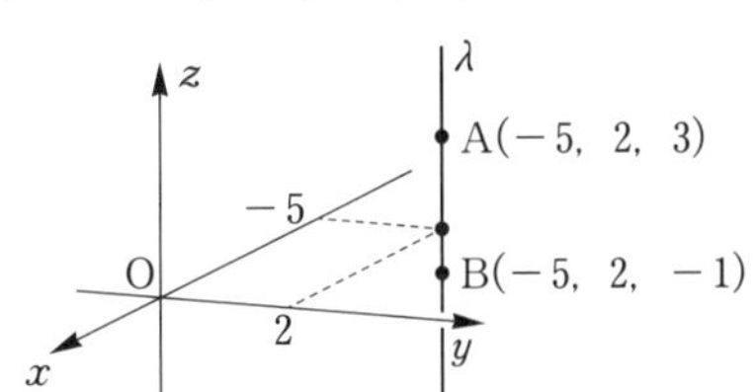

(iii) 直線 λ の方程式

(ii)より $x=-5$，$y=2$，z は任意の実数。

これは，z 軸に平行な直線を表す。

練習22 次の2点を通る直線 λ の媒介変数表示，および直線の方程式を求めよ。

(1) $\mathrm{A}(1,\ 2,\ 4)$　$\mathrm{B}(3,\ -4,\ 1)$

(2) $\mathrm{A}(-2,\ 0,\ 5)$　$\mathrm{B}(-1,\ 3,\ 2)$

(3) $\mathrm{A}(4,\ 5,\ 2)$　$\mathrm{B}(3,\ 1,\ 2)$

練習23 次の方程式で表される2直線 λ_1，λ_2 について次の問いに答えよ。

$$\lambda_1 : x=1+3t,\ y=2-4t,\ z=3-5t$$

$$\lambda_2 : x-2=\frac{y-3}{7}=\frac{z-1}{10}$$

(1) 直線 λ_1 の方向ベクトル $\overrightarrow{u_1}$ を1つ求めよ。

(2) 直線 λ_2 の方向ベクトルのうち大きさ1のもの $\overrightarrow{u_2}$ を求めよ。

(3) 2直線 λ_1，λ_2 のなす角 $\theta\left(0<\theta<\dfrac{\pi}{2}\right)$ を求めよ。

3 法線ベクトルと平面の方程式

点 $\mathrm{P_1}$ を通り，ベクトル $\vec{n}$ に垂直な平面 α の方程式を求めてみよう。

(i) 平面 α のベクトル方程式

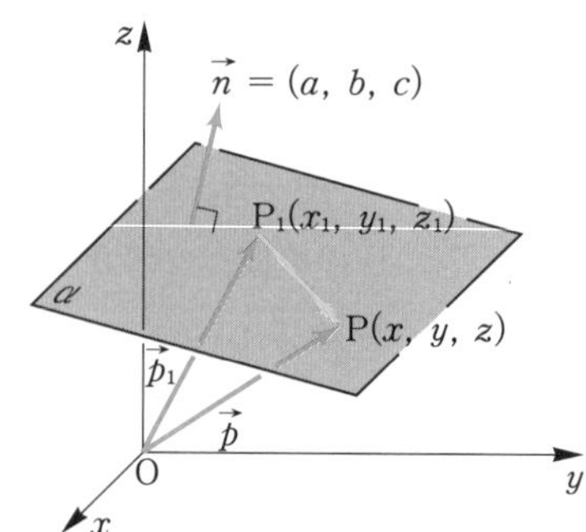

α 上の任意の点を P とすると，

$\vec{n}\perp\overrightarrow{\mathrm{P_1P}}$ または $\overrightarrow{\mathrm{P_1P}}=\vec{0}$

より

$\vec{n}\cdot\overrightarrow{\mathrm{P_1P}}=0$

ここで $\mathrm{P_1}$，P の位置ベクトルをそれぞれ $\vec{p_1}$，$\vec{p}$ とすると $\overrightarrow{\mathrm{P_1P}}=\vec{p}-\vec{p_1}$ であるから

$\vec{n}\cdot(\vec{p}-\vec{p_1})=0$ ……① ← p. 35 ①

が成り立つ。逆に①を満たす $\vec{p}$ の表す点 P 全体の集まりは平面 α をなす。①を平面 α の **ベクトル方程式** という。また，$\vec{n}$ を平面 α の **法線ベクトル** という。

(ii) 平面 α の方程式

法線ベクトル $(a,\ b,\ c)$，通る点 $(x_1,\ y_1,\ z_1)$

①において，$\mathrm{P}(x,\ y,\ z)$，$\mathrm{P_1}(x_1,\ y_1,\ z_1)$，$\vec{n}=(a,\ b,\ c)$ とすると，

$(a,\ b,\ c)\cdot((x,\ y,\ z)-(x_1,\ y_1,\ z_1))=0$

よって　$a(x-x_1)+b(y-y_1)+c(z-z_1)=0$　が平面 α の方程式である。

平面の方程式

点 $\mathrm{P_1}(x_1,\ y_1,\ z_1)$ を通り，法線ベクトルが $\vec{n}=(a,\ b,\ c)$ の平面の方程式は

$$a(x-x_1)+b(y-y_1)+c(z-z_1)=0$$

例9　点 $\mathrm{P_1}(1,\ 2,\ -1)$ を通り，ベクトル $\vec{n}=(3,\ -1,\ 2)$ に垂直な平面の方程式は $3(x-1)-(y-2)+2(z+1)=0$ すなわち $3x-y+2z+1=0$

平面 $ax+by+cz+d=0$ の法線ベクトルの1つは $\vec{n}=(a,\ b,\ c)$ である

練習24　次の平面の法線ベクトルを1つ求めよ。

(1) $2x+3y+5z=1$　　(2) $x-2y+4z=-4$

練習25　次の平面の方程式を求めよ。

(1) 点 $\mathrm{A}(-1,\ 2,\ 3)$ を通り，$\vec{n}=(1,\ 2,\ -3)$ に垂直な平面

(2) 2点 $\mathrm{A}(0,\ -1,\ 1)$，$\mathrm{B}(1,\ 0,\ -1)$ に対して，点 A を通り $\overrightarrow{\mathrm{AB}}$ に垂直な平面

4 球面の方程式

空間において，定点Cから一定の距離rにある点全体の集まりを，中心がC，半径がrの **球面** という。この球面σの方程式を求めてみよう。

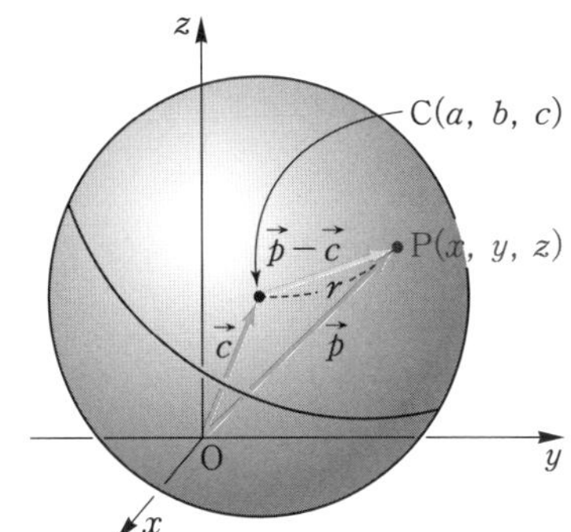

(i) 球面σのベクトル方程式

空間内の点Cを中心とし，半径がrの球面上の任意の点をPとし，$\overrightarrow{OC}=\vec{c}$，$\overrightarrow{OP}=\vec{p}$ とすると，$|\overrightarrow{CP}|=r$ より

$$|\vec{p}-\vec{c}|=r \quad \cdots\cdots ①$$ ← p. 36 ①

①の両辺を2乗して，内積の性質 p. 51[1]を用いて表すと次の式が成り立つ。

$$(\vec{p}-\vec{c})\cdot(\vec{p}-\vec{c})=r^2 \quad \cdots\cdots ②$$ ← p. 36 ②

逆に，①または②を満たす$\vec{p}$が表す点P全体の集合が球面σである。

①，②を，中心C，半径rの球面σの **ベクトル方程式** という。

(ii) 球面の方程式

中心$(a,\ b,\ c)$，半径r

$\vec{p}=(x,\ y,\ z)$，$\vec{c}=(a,\ b,\ c)$ として②に成分を代入すると

$$((x,\ y,\ z)-(a,\ b,\ c))\cdot((x,\ y,\ z)-(a,\ b,\ c))=r^2$$

よって　$(x-a)^2+(y-b)^2+(z-c)^2=r^2$　が球面σの方程式である。

球面の方程式

中心が点C$(a,\ b,\ c)$，半径がrの球面の方程式は

$$(x-a)^2+(y-b)^2+(z-c)^2=r^2$$

練習26 次のような球面の方程式を求めよ。

(1) 中心が点$(2,\ -3,\ 1)$，半径が4

(2) 中心が原点，半径が$\sqrt{5}$

練習27 次のような球面の方程式を求めよ。

(1) 原点を中心とし，点$(1,\ 2,\ -2)$を通る球面

(2) 中心が点$(-1,\ 4,\ 2)$で，xy平面に接する球面

(3) 点$(2,\ -2,\ 5)$と点$(4,\ 0,\ 5)$を直径の両端とする球面

節末問題

1. 平行四辺形 ABCD の 3 つの頂点 A，B，D の座標をそれぞれ

$$(1,\ 1,\ -1),\ (2,\ -1,\ 1),\ (4,\ 5,\ -1)$$

とする。このとき，頂点 C の座標を求めよ。

2. $\vec{a}=(1,\ -3,\ 5)$，$\vec{b}=(x-1,\ 6,\ y)$ のとき，$\vec{a} /\!/ \vec{b}$ となるように x，y の値を求めよ。

3. $\vec{a}=(0,\ 1,\ 2)$，$\vec{b}=(-3,\ 0,\ 1)$，$\vec{c}=(-2,\ 3,\ 0)$ のとき，$\vec{p}=(2,\ 18,\ 2)$ を $s\vec{a}+t\vec{b}+u\vec{c}$ の形で表せ。

4. 2 つのベクトル $\vec{a}=(1,\ -1,\ -2)$，$\vec{b}=(-5,\ 4,\ 3)$ の内積と，なす角 θ を求めよ。

5. 2 つのベクトル $\vec{a}=(2,\ -2,\ 1)$，$\vec{b}=(2,\ 3,\ -4)$ の両方に垂直で，大きさが 3 のベクトルを求めよ。

6. 平行六面体 OAPB-CRDQ において，△ABC の重心を G，辺 OC の中点を M とするとき，3 点 M，G，P は一直線上にあることを証明せよ。

7. 四面体 OABC において，OA ⊥ BC，OB ⊥ CA ならば OC ⊥ AB であることを $\overrightarrow{\mathrm{OA}}=\vec{a}$，$\overrightarrow{\mathrm{OB}}=\vec{b}$，$\overrightarrow{\mathrm{OC}}=\vec{c}$ として証明せよ。

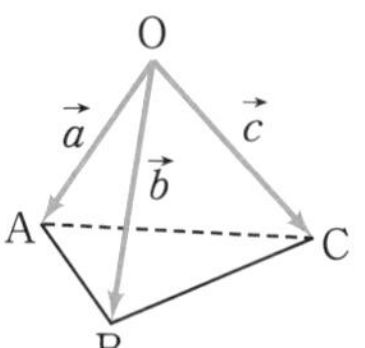

8. 2 つのベクトル $\vec{a}=(2,\ -1,\ 1)$ と $\vec{b}=(x-2,\ -x,\ 4)$ のなす角が $\dfrac{\pi}{6}$ のとき，x の値を求めよ。

9. 一辺の長さが l の正四面体OABCにおいて，辺OA，BCの中点をそれぞれM，Nとするとき，次の問いに答えよ。

(1) 内積 $\overrightarrow{OA}\cdot\overrightarrow{OB}$ の値を l で表せ。

(2) $\overrightarrow{OA} \perp \overrightarrow{BC}$ であることを証明せよ。

(3) $|\overrightarrow{MN}|$ を l で表せ。

(4) $\overrightarrow{MN}$ と $\overrightarrow{OB}$ のなす角を求めよ。

10. 3点A(2, 2, 0)，B(2, -3, $\sqrt{5}$)，C(1, -1, 0)について，$\angle ACB = \theta$ とするとき，次の問いに答えよ。

(1) $\overrightarrow{CA}$，$\overrightarrow{CB}$ を成分で表せ。

(2) θ の値を求めよ。

(3) △ABCの面積を求めよ。

11. 2点A(1, -1, 5)，B(4, 5, 2)について，次の問いに答えよ。

(1) 直線ABと xy 平面との交点の座標を求めよ。

(2) 直線AB上の点で，原点からの距離が最小となる点の座標を求めよ。

12. 四面体OABCにおいて，Oから平面ABCに垂線OHを引く。点Hが点A，点Bのいずれとも異なるとき，OA ⊥ BC ならば AH ⊥ BC であることを証明せよ。

13. 2つのベクトル $\vec{a} = (-1, 0, 1)$，$\vec{b} = (3, -2, 1)$ に対して，$\vec{c} = \vec{a} + t\vec{b}$ とするとき，次の問いに答えよ。

(1) $\vec{a}\cdot\vec{c}$ を t で表せ。

(2) $\vec{a}$，$\vec{c}$ のなす角が $\dfrac{\pi}{3}$ のとき，t の値を求めよ。

研究　点と直線・平面の距離

平面上の点と直線の距離

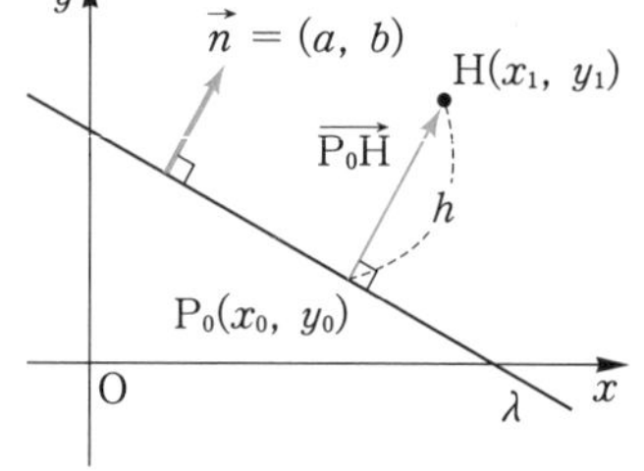

直線λの方程式を $ax+by+c=0$ とし，λ上にない点 $H(x_1,\ y_1)$ とλの距離 h を求めてみよう。

点Hからλに垂線を引き，λとの交点を $P_0(x_0,\ y_0)$ とすると

$$\overrightarrow{P_0H}=(x_1-x_0,\ y_1-y_0)$$

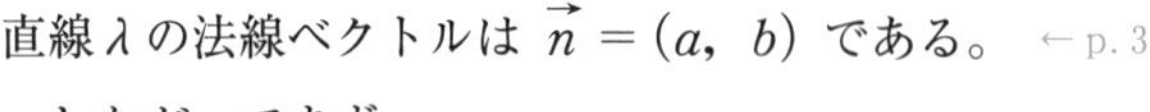

直線λの法線ベクトルは $\vec{n}=(a,\ b)$ である。 ← p. 35

したがってまず，

(i) $\overrightarrow{P_0H}\ /\!/\ \vec{n}$ であるから，$\overrightarrow{P_0H}$ と $\vec{n}$ のなす角 θ は 0 か π なので $\cos\theta=\pm 1$

よって

$$\overrightarrow{P_0H}\cdot\vec{n}=h\cdot\sqrt{a^2+b^2}\cdot(\pm 1)\quad\cdots\cdots①$$

一方，成分表示を用いると

(ii)
$$\begin{aligned}\overrightarrow{P_0H}\cdot\vec{n}&=(x_1-x_0,\ y_1-y_0)\cdot(a,\ b)\\&=a(x_1-x_0)+b(y_1-y_0)\\&=ax_1+by_1-ax_0-by_0\\&=ax_1+by_1-(ax_0+by_0)\\&=ax_1+by_1+c\quad\cdots\cdots②\end{aligned}$$

← P_0 は直線λ上の点なので $ax_0+by_0+c=0$ より $c=-(ax_0+by_0)$

①，②より，次のことが成り立つ。

平面上の点と直線の距離

点 $(x_1,\ y_1)$ と直線 $ax+by+c=0$ の距離 h は

$$h=\frac{|ax_1+by_1+c|}{\sqrt{a^2+b^2}}$$

例　点 $(3,\ 4)$ と直線 $2x+y+1=0$ との距離 h は

$$h=\frac{|2\cdot3+1\cdot4+1|}{\sqrt{2^2+1^2}}=\frac{11}{\sqrt{5}}$$

演習1　点 $(-1,\ -2)$ と直線 $2x-3y-9=0$ との距離 h を求めよ。

空間内の点と平面の距離

平面αの方程式を $ax+by+cz+d=0$ とし，α上にない点$\mathrm{H}(x_1,\ y_1,\ z_1)$と$\alpha$の距離$h$を求めてみよう。

点Hから平面αに垂線を引き，αとの交点を$\mathrm{P_0}(x_0,\ y_0,\ z_0)$とすると

$$\overrightarrow{\mathrm{P_0H}}=(x_1-x_0,\ y_1-y_0,\ z_1-z_0)$$

またαの法線ベクトルは $\vec{n}=(a,\ b,\ c)$ である。 ← p. 58

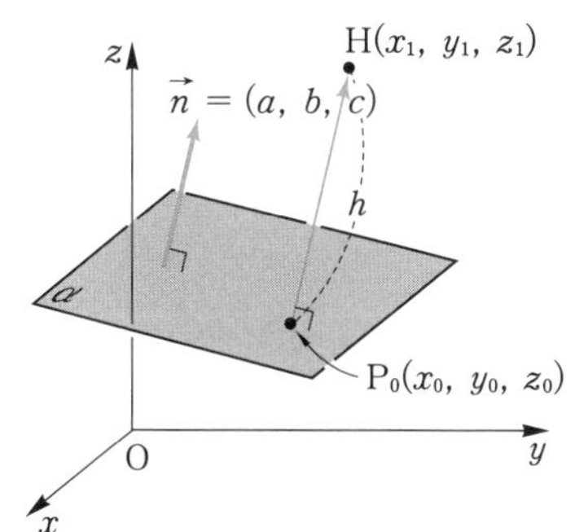

したがってまず，

(i) $\overrightarrow{\mathrm{P_0H}}\parallel\vec{n}$ であるから$\overrightarrow{\mathrm{P_0H}}$と$\vec{n}$のなす角$\theta$は0か$\pi$なので $\cos\theta=\pm1$

よって

$$\overrightarrow{\mathrm{P_0H}}\cdot\vec{n}=h\cdot\sqrt{a^2+b^2+c^2}\cdot(\pm1)\quad\cdots\cdots①$$

一方，成分表示を用いると

(ii)
$$\begin{aligned}\overrightarrow{\mathrm{P_0H}}\cdot\vec{n}&=(x_1-x_0,\ y_1-y_0,\ z_1-z_0)\cdot(a,\ b,\ c)\\&=a(x_1-x_0)+b(y_1-y_0)+c(z_1-z_0)\\&=ax_1+by_1+cz_1-ax_0-by_0-cz_0\\&=ax_1+by_1+cz_1-(ax_0+by_0+cz_0)\\&=ax_1+by_1+cz_1+d\quad\cdots\cdots②\end{aligned}$$

← $\mathrm{P_0}$は平面α上の点なので $ax_0+by_0+cz_0+d=0$ より $d=-(ax_0+by_0+cz_0)$

①，②より次のことが成り立つ。

空間内の点と平面の距離

点$(x_1,\ y_1,\ z_1)$と平面 $ax+by+cz+d=0$ の距離hは

$$h=\frac{|ax_1+by_1+cz_1+d|}{\sqrt{a^2+b^2+c^2}}$$

例 点$(1,\ 2,\ 2)$と平面 $x+y+z+2=0$ との距離hは

$$h=\frac{|1\cdot1+1\cdot2+1\cdot2+2|}{\sqrt{1^2+1^2+1^2}}=\frac{7}{\sqrt{3}}$$

演習2 点$(1,\ 2,\ -3)$と平面 $3x+2y-z+4=0$ の距離hを求めよ。

研究 ベクトルの外積

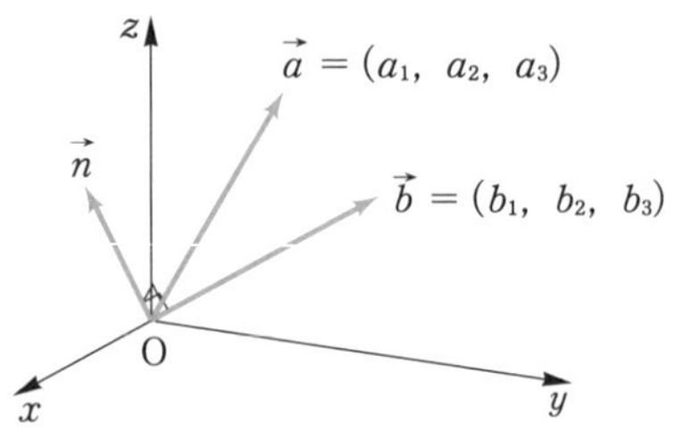

与えられた2つの1次独立なベクトル $\vec{a}=(a_1,\ a_2,\ a_3)$，$\vec{b}=(b_1,\ b_2,\ b_3)$ の両方に直交するベクトル $\vec{n}=(n_1,\ n_2,\ n_3)$ を一般的に求める。

$$\begin{cases} a_1n_1+a_2n_2+a_3n_3=0 & \cdots\cdots① \\ b_1n_1+b_2n_2+b_3n_3=0 & \cdots\cdots② \end{cases}$$

①を b_2 倍して，②の a_2 倍を引き，n_2 を消去すると

$$(a_1b_2-a_2b_1)n_1+(a_3b_2-a_2b_3)n_3=0$$

同様に，n_1 を消去すると　$(a_2b_1-a_1b_2)n_2+(a_3b_1-a_1b_3)n_3=0$

このことから，$\vec{n}$ は次のベクトルの定数倍であることがわかる。

$$(a_2b_3-a_3b_2,\ a_3b_1-a_1b_3,\ a_1b_2-a_2b_1)$$

このベクトルを $\vec{a}$ と $\vec{b}$ の **外積** といい，$\vec{a}\times\vec{b}$ で表す。

$$\vec{a}\times\vec{b}=(a_2b_3-a_3b_2,\ a_3b_1-a_1b_3,\ a_1b_2-a_2b_1)$$

外積は，ベクトルとベクトルからベクトルを作る演算であり，ベクトル積とも呼ばれる。

外積の図形的意味

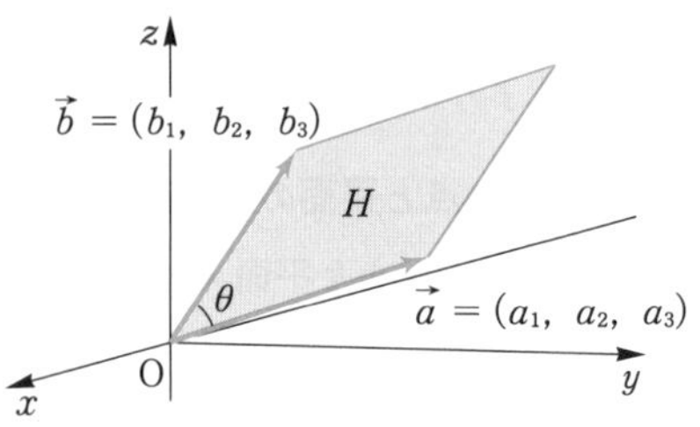

外積はベクトルであるので，大きさと向きをもつ量である。ここではそれらの図形的意味を考えてみよう。

外積 $\vec{a}\times\vec{b}$ の大きさ　$\vec{a}$ と $\vec{b}$ の外積の大きさ $|\vec{a}\times\vec{b}|$ は，$\vec{a}$ と $\vec{b}$ のなす角を θ $(0\leqq\theta\leqq\pi)$ とするとき

$$\begin{aligned} |\vec{a}\times\vec{b}| &= \sqrt{(a_2b_3-a_3b_2)^2+(a_3b_1-a_1b_3)^2+(a_1b_2-a_2b_1)^2} \\ &= \sqrt{(a_1{}^2+a_2{}^2+a_3{}^2)(b_1{}^2+b_2{}^2+b_3{}^2)-(a_1b_1+a_2b_2+a_3b_3)^2} \\ &= \sqrt{|\vec{a}|^2|\vec{b}|^2-(\vec{a}\cdot\vec{b})^2}=|\vec{a}||\vec{b}|\sin\theta \end{aligned}$$

← p. 27

これは，上図の平行四辺形 H の面積に等しい。つまり

ベクトル $\vec{a}\times\vec{b}$ の大きさは $\vec{a}$ と $\vec{b}$ の定める平行四辺形の面積と同じ

外積 $\vec{a}\times\vec{b}$ の向き　前ページより，$\vec{a}\times\vec{b}$ は $\vec{n}$ の定数倍であるから，$\vec{a}$ とも $\vec{b}$ とも直交する向きである。このことは次の計算でも確かめられる。

$$\begin{aligned}(\vec{a}\times\vec{b})\cdot\vec{a} &= (a_2b_3-a_3b_2,\ a_3b_1-a_1b_3,\ a_1b_2-a_2b_1)\cdot(a_1,\ a_2,\ a_3)\\ &= a_1a_2b_3-a_1a_3b_2+a_2a_3b_1-a_1a_2b_3+a_1a_3b_2-a_2a_3b_1\\ &= 0\end{aligned}$$

同様に，$(\vec{a}\times\vec{b})\cdot\vec{b}=0$ となるので，$(\vec{a}\times\vec{b})\perp\vec{a}$ かつ $(\vec{a}\times\vec{b})\perp\vec{b}$ である。

$\vec{a}\times\vec{b}$ の向きは $\vec{a}$ と $\vec{b}$ の定める平行四辺形に垂直

右手系をなす場合は，$\vec{a}\times\vec{b}$ の向きは右図のようになる。ここで，右手系をなすとは，右手で「フレミングの法則」の形を作ったときに，$\vec{a}$，$\vec{b}$，$\vec{a}\times\vec{b}$ が親指，人差し指，中指の示す方向の組み合わせになっていることである。

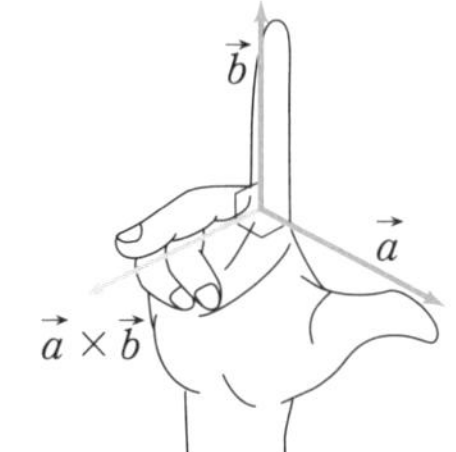

外積の物理的な意味

外積の物理的な意味としては，回転力を表すトルクや，運動体の回転する度合を意味する角運動量を表す。また，電磁気学におけるローレンツ力という力は外積を使って表現されているが，ローレンツ力のみを受けて運動する物体は，等速円運動をする。他にも電流の作る磁場も外積で表されるが，その磁場は電流を中心とした渦を巻いている。

外積は，空間ベクトルに固有なベクトルの演算である。

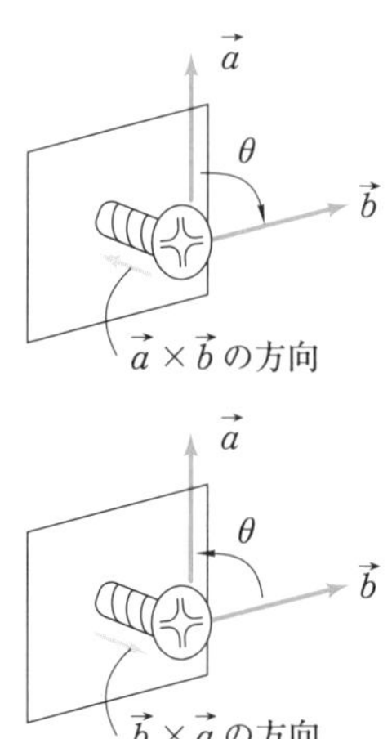

定義より，次のことが成り立つことがわかる。

$(\vec{a}\times\vec{b})\perp\vec{a}$　　　$(\vec{a}\times\vec{b})\perp\vec{b}$

$\vec{a}\times\vec{b}=-\vec{b}\times\vec{a}$　　　$\vec{a}\times\vec{a}=\vec{0}$

$t(\vec{a}\times\vec{b})=(t\vec{a})\times\vec{b}=\vec{a}\times(t\vec{b})$

$\vec{a}\,/\!/\,\vec{b}$ ならば $\vec{a}\times\vec{b}=\vec{0}$

$(\vec{a}\times\vec{b})\times\vec{c}+(\vec{b}\times\vec{c})\times\vec{a}+(\vec{c}\times\vec{a})\times\vec{b}=\vec{0}$

第 2 章

行列と連立1次方程式

1

行列

2

連立1次方程式と行列

行列の考えは，19世紀中頃から起こり，その後数学における重要性が増すなかで，物理学，工学，経済学など，さまざまな分野で使われてきた。純粋数学から起こった行列の計算は，今やコンピューターの発達にともない，社会のいたるところで使われているといっても過言ではない。

この章ではまず，複数の式を行列を用いてまとめて計算することの有効性を理解しながら行列の演算について学ぶ。その上で，行列を利用して連立1次方程式について未知数を減らしていく方法を考える。

◆1◆ 行列

1 行列

1 行列の型

$$\begin{pmatrix} 1 & -2 \\ 3 & -1 \end{pmatrix} \cdots\cdots① \quad \begin{pmatrix} 3 & 1 & 4 \\ 2 & 7 & 1 \end{pmatrix} \cdots\cdots② \quad \begin{pmatrix} 2 & -7 & 10 \\ 8 & -9 & 3 \\ 4 & 6 & -5 \end{pmatrix} \cdots\cdots③$$

のように，数や文字を長方形状に並べ，両側をかっこでくくったものを **行列** といい，並べた数や文字を行列の **成分** という。

行列では，成分の横の並びを **行** といい，上から順に第1行，第2行，…… という。また，成分の縦の並びを **列** といい，左から順に第1列，第2列，…… という。第 i 行と第 j 列の交わる位置の成分を **$(i,\ j)$ 成分** という。

$$\begin{pmatrix} 3 & 1 & 4 \\ 2 & 7 & 1 \end{pmatrix}$$

練習1 上の行列③について，次の成分を答えよ。

(1) $(3,\ 1)$ 成分　　(2) $(1,\ 2)$ 成分　　(3) $(2,\ 3)$ 成分

行列は，行と列の個数によって型が区別される。m 個の行と n 個の列からなる行列を **m 行 n 列の行列**，または **$m \times n$ 行列** という。行と列の個数が等しい行列を **正方行列** といい，$n \times n$ 行列を **n 次正方行列** ともいう。

また，2つの行列 A，B は，互いの行の個数と列の個数が一致するとき，**同じ型** であるという。

例1 上の①～③は，①は 2×2 行列（2次正方行列），②は 2×3 行列，③は 3×3 行列（3次正方行列）であり，いずれも異なる型である。

1章で学んだベクトルは，行列の特別な場合とみなせる。$1 \times n$ 行列を n 次の **行ベクトル**，$n \times 1$ 行列を n 次の **列ベクトル** という。たとえば，$(2\ \ 0\ \ -1)$ は3次の行ベクトル，$\begin{pmatrix} -2 \\ 1 \end{pmatrix}$ は2次の列ベクトルである。

2 行列の相等

行列は一般に，A，B などの大文字で表し，その成分は a，b などの小文字で表す。$(i,\ j)$ 成分は a_{ij} のように，右下に小さく行番号と列番号を順に並べて表す。

たとえば，3×3 行列 A は右のように表される。これを単に

$$A=\begin{pmatrix} a_{11} & a_{12} & a_{13} \\ a_{21} & a_{22} & a_{23} \\ a_{31} & a_{32} & a_{33} \end{pmatrix}$$

$$A=(a_{ij})\quad (i, j=1, 2, 3)$$

と書くこともある。

同様に，たとえば 2×3 行列 A は単に

$$A=(a_{ij})\quad (i=1, 2\ ;\ j=1, 2, 3)$$

と書くこともある。

同じ型の行列 A, B について，A と B は **等しい** ということを次のように定義し，$A=B$ で表す。

行列の相等

$A=(a_{ij})$，$B=(b_{ij})$ $\ (i=1, 2, \cdots, m\ ;\ j=1, 2, \cdots, n)$ のとき

$$A=B \iff \text{任意の } i,\ j \text{ について } a_{ij}=b_{ij}$$

例2 $A=\begin{pmatrix} x & 2 \\ 1 & y \end{pmatrix}$，$B=\begin{pmatrix} -1 & 2 \\ 1 & 2x \end{pmatrix}$，$C=\begin{pmatrix} 0 & 2 \\ z & 4 \end{pmatrix}$ のとき

(1) $A=B$ となるのは，$(1,\ 1)$ 成分，$(2,\ 2)$ 成分どうしをそれぞれ比較して，$x=-1$ かつ $y=2x$ が成り立つとき，つまり $x=-1$，$y=-2$ のときである。

(2) $A=C$ となるのは，$(1,\ 1)$ 成分，$(2,\ 1)$ 成分，$(2,\ 2)$ 成分どうしをそれぞれ比較して $x=0$，$z=1$，$y=4$ のときである。

(3) B と C は $(1,\ 1)$ 成分が異なるので x，y，z をどのように選んでも $B=C$ にならない。

練習2 行列 A，B について，$A=B$ であるとき a，b，c，d の値を求めよ。

(1) $A=\begin{pmatrix} a & b \\ 3 & -1 \end{pmatrix}$ $\quad B=\begin{pmatrix} 4 & 5 \\ c & d \end{pmatrix}$

(2) $A=\begin{pmatrix} 6 & a+b \\ a-b & 0 \end{pmatrix}$ $\quad B=\begin{pmatrix} a+c & 1 \\ 3 & 0 \end{pmatrix}$

2 行列の和・差・実数倍

1 行列の和

同じ型の行列 $A=(a_{ij})$，$B=(b_{ij})$ $(i=1, 2, \cdots, m\ ;\ j=1, 2, \cdots, n)$ に対し，任意の i，j について $(i,\ j)$ 成分どうしの和を成分とする行列を A と B の **和** といい，$A+B$ で表す。

行列の加法

$$A+B=\begin{pmatrix} a_{11}+b_{11} & a_{12}+b_{12} & \cdots & a_{1n}+b_{1n} \\ a_{21}+b_{21} & a_{22}+b_{22} & \cdots & a_{2n}+b_{2n} \\ \vdots & \vdots & \ddots & \vdots \\ a_{m1}+b_{m1} & a_{m2}+b_{m2} & \cdots & a_{mn}+b_{mn} \end{pmatrix}$$

注意　A，B の型が異なる場合，和 $A+B$ は定義されない。

例 3　$\begin{pmatrix} 1 & 3 \\ 5 & -2 \end{pmatrix}+\begin{pmatrix} 6 & -7 \\ 4 & 8 \end{pmatrix}=\begin{pmatrix} 1+6 & 3+(-7) \\ 5+4 & (-2)+8 \end{pmatrix}=\begin{pmatrix} 7 & -4 \\ 9 & 6 \end{pmatrix}$

練習 3　次の行列の和を求めよ。

(1) $\begin{pmatrix} 1 & -3 \\ -2 & 4 \end{pmatrix}+\begin{pmatrix} -2 & 5 \\ 3 & 1 \end{pmatrix}$　　(2) $\begin{pmatrix} 4 & -2 & -3 \\ 1 & -2 & 3 \end{pmatrix}+\begin{pmatrix} 3 & -4 & 1 \\ 3 & 2 & 5 \end{pmatrix}$

行列の和について，次の性質が成り立つ。

交換法則　$A+B=B+A$

結合法則　$(A+B)+C=A+(B+C)$

結合法則により，行列の和 $(A+B)+C$ を単に $A+B+C$ と書く。

零行列　すべての成分が 0 である行列を零行列という。

A と同じ型の零行列 O について次の等式が成り立つ。

$$A+O=O+A=A$$

すなわち，零行列は，数の加法における 0 に相当する性質をもつ。

行列の各成分の符号をかえた行列を $-A$ で表す。

たとえば $A=\begin{pmatrix} a & b \\ c & d \end{pmatrix}$ のとき $-A=\begin{pmatrix} -a & -b \\ -c & -d \end{pmatrix}$ である。次が成り立つ。

$$A+(-A)=(-A)+A=O$$

2 行列の差

同じ型の行列 $A=(a_{ij})$, $B=(b_{ij})$ $(i=1, 2, \cdots, m\,;\ j=1, 2, \cdots, n)$ に対し，任意の i, j について $(i,\ j)$ 成分どうしの差を成分とする行列を A と B の **差** といい，$A-B$ で表す。

行列の減法

$$A-B=\begin{pmatrix} a_{11}-b_{11} & a_{12}-b_{12} & \cdots & a_{1n}-b_{1n} \\ a_{21}-b_{21} & a_{22}-b_{22} & \cdots & a_{2n}-b_{2n} \\ \vdots & \vdots & \ddots & \vdots \\ a_{m1}-b_{m1} & a_{m2}-b_{m2} & \cdots & a_{mn}-b_{mn} \end{pmatrix}$$

注意　A, B の型が異なる場合，差 $A-B$ は定義されない。

例4　$\begin{pmatrix} 1 & 9 \\ 0 & 3 \end{pmatrix}-\begin{pmatrix} 4 & 2 \\ 3 & -1 \end{pmatrix}=\begin{pmatrix} 1-4 & 9-2 \\ 0-3 & 3-(-1) \end{pmatrix}=\begin{pmatrix} -3 & 7 \\ -3 & 4 \end{pmatrix}$

練習4　次の行列の差を求めよ。

(1) $\begin{pmatrix} 6 & 1 \\ 3 & 0 \end{pmatrix}-\begin{pmatrix} 5 & -3 \\ 7 & -1 \end{pmatrix}$　　(2) $\begin{pmatrix} 1 & -3 & 8 \\ 2 & 5 & 6 \end{pmatrix}-\begin{pmatrix} -1 & 2 & 12 \\ 1 & 4 & 9 \end{pmatrix}$

定義より，A と B の差は，A と $-B$ の和に等しい。すなわち

$$A-B=A+(-B)$$

である。ここで，A と B の差を X とおくと

$$\begin{aligned} B+X &= B+(A-B)=B+A+(-B) \\ &= A+B+(-B)=A+O \\ &= A \end{aligned}$$

が成り立つ。すなわち，差 $X=A-B$ は $B+X=A$ を満たす行列である。

例5　$A=\begin{pmatrix} 4 & 1 \\ 2 & 3 \end{pmatrix}$, $B=\begin{pmatrix} 1 & 3 \\ 0 & 2 \end{pmatrix}$ のとき，$B+X=A$ ならば

$$X=A-B=\begin{pmatrix} 4 & 1 \\ 2 & 3 \end{pmatrix}-\begin{pmatrix} 1 & 3 \\ 0 & 2 \end{pmatrix}=\begin{pmatrix} 4-1 & 1-3 \\ 2-0 & 3-2 \end{pmatrix}=\begin{pmatrix} 3 & -2 \\ 2 & 1 \end{pmatrix}$$

練習5　$A=\begin{pmatrix} 2 & -1 \\ 3 & 4 \end{pmatrix}$, $B=\begin{pmatrix} -1 & 0 \\ 5 & 2 \end{pmatrix}$ のとき，$B+X=A$ が成り立つような行列 X を求めよ。

3 行列の実数倍

行列 $A=(a_{ij})$ $(i=1, 2, \cdots, m\,;\ j=1, 2, \cdots, n)$ と実数 t に対し，A の各成分の t 倍を成分とする行列を A の **実数倍** といい，tA で表す。

行列の実数倍

$$tA=\begin{pmatrix} ta_{11} & ta_{12} & \cdots & ta_{1n} \\ ta_{21} & ta_{22} & \cdots & ta_{2n} \\ \vdots & \vdots & \ddots & \vdots \\ ta_{m1} & ta_{m2} & \cdots & ta_{mn} \end{pmatrix}$$

定義より，行列の実数倍について，次の等式が成り立つ。

$$1A=A \qquad (-1)A=-A \qquad 0A=O \qquad tO=O$$

また，行列 A，B と実数 t，s に対し，次の性質が成り立つ。

$$t(sA)=(ts)A$$
$$(t+s)A=tA+sA$$
$$t(A+B)=tA+tB$$
分配法則

行列の和・差・実数倍については，その計算法則により，整式のときと同様に計算できる。

例6 $A=\begin{pmatrix} 1 & 5 \\ 3 & 4 \end{pmatrix}$，$B=\begin{pmatrix} -2 & 0 \\ 4 & 1 \end{pmatrix}$ のとき

$$3B=3\begin{pmatrix} -2 & 0 \\ 4 & 1 \end{pmatrix}=\begin{pmatrix} 3\times(-2) & 3\times 0 \\ 3\times 4 & 3\times 1 \end{pmatrix}=\begin{pmatrix} -6 & 0 \\ 12 & 3 \end{pmatrix}$$

$$2(A+B)-3B=2A-B$$
$$=2\begin{pmatrix} 1 & 5 \\ 3 & 4 \end{pmatrix}-\begin{pmatrix} -2 & 0 \\ 4 & 1 \end{pmatrix}=\begin{pmatrix} 4 & 10 \\ 2 & 7 \end{pmatrix}$$

練習6 $A=\begin{pmatrix} 0 & 1 \\ 1 & 0 \end{pmatrix}$，$B=\begin{pmatrix} 2 & -4 \\ 0 & 2 \end{pmatrix}$，$C=\begin{pmatrix} 1 & 0 \\ 7 & -1 \end{pmatrix}$ のとき，次の行列を計算せよ。

(1) $5A$　　(2) $\dfrac{1}{2}B$　　(3) $-C$

(4) $3A-2B+C$　　(5) $2(A+B-C)-3B+C$

例題 1 $A=\begin{pmatrix}-4 & 0\\ 2 & 3\end{pmatrix}$, $B=\begin{pmatrix}8 & -6\\ -2 & 5\end{pmatrix}$ のとき，次の問いに答えよ。

(1) 等式 $X-A=3(B+X)-2A$ を満たす行列 X を求めよ。

(2) 2つの等式 $X+Y=A$ ……①，$X-Y=B$ ……② を同時に満たす行列 X，Y を求めよ。

解 (1) 等式を変形して

$$X=\frac{1}{2}(A-3B)$$

$$=\frac{1}{2}\left\{\begin{pmatrix}-4 & 0\\ 2 & 3\end{pmatrix}-3\begin{pmatrix}8 & -6\\ -2 & 5\end{pmatrix}\right\}=\frac{1}{2}\begin{pmatrix}-28 & 18\\ 8 & -12\end{pmatrix}$$

$$=\begin{pmatrix}-14 & 9\\ 4 & -6\end{pmatrix}$$

(2) ①＋②より，$2X=A+B$ だから

$$X=\frac{1}{2}(A+B)=\frac{1}{2}\left\{\begin{pmatrix}-4 & 0\\ 2 & 3\end{pmatrix}+\begin{pmatrix}8 & -6\\ -2 & 5\end{pmatrix}\right\}$$

$$=\frac{1}{2}\begin{pmatrix}4 & -6\\ 0 & 8\end{pmatrix}$$

$$=\begin{pmatrix}2 & -3\\ 0 & 4\end{pmatrix}$$

①－②より，$2Y=A-B$ だから

$$Y=\frac{1}{2}(A-B)=\frac{1}{2}\left\{\begin{pmatrix}-4 & 0\\ 2 & 3\end{pmatrix}-\begin{pmatrix}8 & -6\\ -2 & 5\end{pmatrix}\right\}$$

$$=\frac{1}{2}\begin{pmatrix}-12 & 6\\ 4 & -2\end{pmatrix}$$

$$=\begin{pmatrix}-6 & 3\\ 2 & -1\end{pmatrix}$$

練習7 $A=\begin{pmatrix}3 & -2\\ 5 & 6\end{pmatrix}$, $B=\begin{pmatrix}3 & -4\\ 1 & 0\end{pmatrix}$ のとき，次の問いに答えよ。

(1) 等式 $A+2X=3B$ を満たす行列 X を求めよ。

(2) 2つの等式 $2X+Y=A$，$X-Y=B$ を同時に満たす行列 X，Y を求めよ。

3 行列の積

1 行列の積Ⅰ（正方行列）

まず，2次の行ベクトルと2次の列ベクトルの積を，次のように定義する。

$$(a_{11} \quad a_{12})\begin{pmatrix} b_{11} \\ b_{21} \end{pmatrix} = a_{11}b_{11} + a_{12}b_{21}$$

注意　1×1 行列では，かっこを省略して書く。

例7　$(1 \quad 2)\begin{pmatrix} 5 \\ 6 \end{pmatrix} = 1 \times 5 + 2 \times 6 = 17$

練習8　次の行列の積を計算せよ。

(1) $(2 \quad -3)\begin{pmatrix} 5 \\ 6 \end{pmatrix}$　　(2) $(\cos\theta \quad \sin\theta)\begin{pmatrix} \cos\theta \\ \sin\theta \end{pmatrix}$

次に，2次正方行列と2次の列ベクトルの積を，2つの2次の行ベクトルと2次の列ベクトルの積と考えて，次のように定義する。

$$\begin{pmatrix} a_{11} & a_{12} \\ a_{21} & a_{22} \end{pmatrix}\begin{pmatrix} b_{11} \\ b_{21} \end{pmatrix} = \begin{pmatrix} a_{11}b_{11} + a_{12}b_{21} \\ a_{21}b_{11} + a_{22}b_{21} \end{pmatrix}$$

例8　$\begin{pmatrix} 1 & 2 \\ 3 & 4 \end{pmatrix}\begin{pmatrix} 5 \\ 6 \end{pmatrix} = \begin{pmatrix} 1 \times 5 + 2 \times 6 \\ 3 \times 5 + 4 \times 6 \end{pmatrix} = \begin{pmatrix} 17 \\ 39 \end{pmatrix}$

練習9　次の行列の積を計算せよ。

(1) $\begin{pmatrix} 5 & 4 \\ 3 & 2 \end{pmatrix}\begin{pmatrix} -2 \\ 1 \end{pmatrix}$　　(2) $\begin{pmatrix} -2 & 5 \\ 3 & 7 \end{pmatrix}\begin{pmatrix} 1 \\ 0 \end{pmatrix}$　　(3) $\begin{pmatrix} 2 & 3 \\ -1 & -4 \end{pmatrix}\begin{pmatrix} 3 \\ -2 \end{pmatrix}$

2次正方行列の積　2つの2次正方行列 $A = (a_{ij})$，$B = (b_{ij})$ $(i = 1, 2\,;\ j = 1, 2)$ の積 AB を次のように定義する。

$$AB = \begin{pmatrix} a_{11} & a_{12} \\ a_{21} & a_{22} \end{pmatrix}\begin{pmatrix} b_{11} & b_{12} \\ b_{21} & b_{22} \end{pmatrix} = \begin{pmatrix} a_{11}b_{11} + a_{12}b_{21} & a_{11}b_{12} + a_{12}b_{22} \\ a_{21}b_{11} + a_{22}b_{21} & a_{21}b_{12} + a_{22}b_{22} \end{pmatrix}$$

すなわち，積 AB は，A の第 i 行ベクトルと B の第 j 列ベクトルの積を $(i,\ j)$ 成分とするような行列である。

たとえば，AB の $(2,\ 1)$ 成分は，A の第2行ベクトル $(a_{21} \quad a_{22})$ と B の第1列ベクトル $\begin{pmatrix} b_{11} \\ b_{21} \end{pmatrix}$ の積 $a_{21}b_{11} + a_{22}b_{21}$ となる。

例 9 $\begin{pmatrix} 1 & 2 \\ 3 & 4 \end{pmatrix}\begin{pmatrix} 5 & 6 \\ 7 & 8 \end{pmatrix} = \begin{pmatrix} 1\times5+2\times7 & 1\times6+2\times8 \\ 3\times5+4\times7 & 3\times6+4\times8 \end{pmatrix} = \begin{pmatrix} 19 & 22 \\ 43 & 50 \end{pmatrix}$

練習 10 次の行列の積を計算せよ。

(1) $\begin{pmatrix} 2 & 1 \\ 3 & 4 \end{pmatrix}\begin{pmatrix} 3 & 2 \\ 4 & 1 \end{pmatrix}$　(2) $\begin{pmatrix} 1 & 3 \\ -6 & 7 \end{pmatrix}\begin{pmatrix} 2 & 1 \\ 0 & 3 \end{pmatrix}$

(3) $\begin{pmatrix} 1 & -3 \\ -6 & 4 \end{pmatrix}\begin{pmatrix} -2 & 3 \\ 4 & -5 \end{pmatrix}$　(4) $\begin{pmatrix} 1 & a \\ 0 & 1 \end{pmatrix}\begin{pmatrix} 1 & b \\ 0 & 1 \end{pmatrix}$

3次正方行列の積　2つの3次正方行列 $A=(a_{ij})$, $B=(b_{ij})$ $(i=1,2,3\,;\ j=1,2,3)$ の積 AB についても，2次の場合と同様に定義する。すなわち，まず，A の第 i 行ベクトルと B の第 j 列ベクトルの積を

$$(a_{i1}\ \ a_{i2}\ \ a_{i3})\begin{pmatrix} b_{1j} \\ b_{2j} \\ b_{3j} \end{pmatrix} = a_{i1}b_{1j}+a_{i2}b_{2j}+a_{i3}b_{3j}$$

で定義し，これを $(i,\ j)$ 成分とするような行列

$$\begin{pmatrix} a_{11}b_{11}+a_{12}b_{21}+a_{13}b_{31} & a_{11}b_{12}+a_{12}b_{22}+a_{13}b_{32} & a_{11}b_{13}+a_{12}b_{23}+a_{13}b_{33} \\ a_{21}b_{11}+a_{22}b_{21}+a_{23}b_{31} & a_{21}b_{12}+a_{22}b_{22}+a_{23}b_{32} & a_{21}b_{13}+a_{22}b_{23}+a_{23}b_{33} \\ a_{31}b_{11}+a_{32}b_{21}+a_{33}b_{31} & a_{31}b_{12}+a_{32}b_{22}+a_{33}b_{32} & a_{31}b_{13}+a_{32}b_{23}+a_{33}b_{33} \end{pmatrix}$$

を積 AB とする。

例 10 $\begin{pmatrix} 1 & 1 & -1 \\ 1 & 0 & 2 \\ 2 & 1 & 0 \end{pmatrix}\begin{pmatrix} 2 & 1 & 1 \\ 1 & 2 & 1 \\ 1 & 2 & 3 \end{pmatrix} = \begin{pmatrix} 2+1-1 & 1+2-2 & 1+1-3 \\ 2+0+2 & 1+0+4 & 1+0+6 \\ 4+1+0 & 2+2+0 & 2+1+0 \end{pmatrix}$

$$= \begin{pmatrix} 2 & 1 & -1 \\ 4 & 5 & 7 \\ 5 & 4 & 3 \end{pmatrix}$$

練習 11 次の行列の積を計算せよ。

(1) $\begin{pmatrix} 2 & 1 & 0 \\ 3 & 2 & 1 \\ 1 & 2 & 1 \end{pmatrix}\begin{pmatrix} 1 & 1 & 1 \\ 1 & 0 & -1 \\ 2 & 2 & -1 \end{pmatrix}$　(2) $\begin{pmatrix} 2 & 0 & 1 \\ 0 & -1 & 1 \\ 1 & 0 & 2 \end{pmatrix}\begin{pmatrix} 1 & 1 & 1 \\ 1 & 1 & -1 \\ 1 & -1 & 0 \end{pmatrix}$

2 行列の積 II（一般の行列）

一般に，$l\times m$ 行列 $A=(a_{ij})$ と $m\times n$ 行列 $B=(b_{ij})$ に対し

$$a_{i1}b_{1j}+a_{i2}b_{2j}+a_{i3}b_{3j}+\cdots+a_{im}b_{mj}$$

を $(i,\ j)$ 成分とする $l\times n$ 行列を AB で表し，A と B の **積** という。

A の列数と B の行数が異なる場合，積 AB は定義されない。

例 11 (1) 1×3 行列と 3×1 行列の積

$$\begin{pmatrix}1 & 2 & 3\end{pmatrix}\begin{pmatrix}4\\5\\6\end{pmatrix}=1\times 4+2\times 5+3\times 6=32$$

(2) 3×1 行列と 1×3 行列の積

$$\begin{pmatrix}4\\5\\6\end{pmatrix}\begin{pmatrix}1 & 2 & 3\end{pmatrix}=\begin{pmatrix}4\times 1 & 4\times 2 & 4\times 3\\5\times 1 & 5\times 2 & 5\times 3\\6\times 1 & 6\times 2 & 6\times 3\end{pmatrix}=\begin{pmatrix}4 & 8 & 12\\5 & 10 & 15\\6 & 12 & 18\end{pmatrix}$$

(3) 2×3 行列と 3×2 行列の積

$$\begin{pmatrix}0 & 1 & 2\\3 & 2 & 1\end{pmatrix}\begin{pmatrix}1 & 0\\1 & 2\\3 & 1\end{pmatrix}=\begin{pmatrix}0+1+6 & 0+2+2\\3+2+3 & 0+4+1\end{pmatrix}=\begin{pmatrix}7 & 4\\8 & 5\end{pmatrix}$$

練習 12 次の行列の積を計算せよ。

(1) $\begin{pmatrix}3 & 2 & 1\end{pmatrix}\begin{pmatrix}1\\0\\-3\end{pmatrix}$　　(2) $\begin{pmatrix}-1 & 1\end{pmatrix}\begin{pmatrix}4 & -3\\-5 & 2\end{pmatrix}$

(3) $\begin{pmatrix}2 & -1\end{pmatrix}\begin{pmatrix}2 & 0 & -1\\3 & -4 & 3\end{pmatrix}$　　(4) $\begin{pmatrix}1 & 2 & 3\\3 & -1 & 2\\4 & 1 & 5\end{pmatrix}\begin{pmatrix}1\\1\\-1\end{pmatrix}$

和の記号 Σ を用いると，$a_{i1}b_{1j}+a_{i2}b_{2j}+a_{i3}b_{3j}+\cdots+a_{im}b_{mj}=\sum_{k=1}^{m}a_{ik}b_{kj}$ であるから，一般に $l\times m$ 行列 A と $m\times n$ 行列 B の積は，$l\times n$ 行列として次のように表される。

$$AB=\begin{pmatrix}\sum_{k=1}^{m}a_{1k}b_{k1} & \sum_{k=1}^{m}a_{1k}b_{k2} & \cdots & \sum_{k=1}^{m}a_{1k}b_{kn}\\\sum_{k=1}^{m}a_{2k}b_{k1} & \sum_{k=1}^{m}a_{2k}b_{k2} & \cdots & \sum_{k=1}^{m}a_{2k}b_{kn}\\\vdots & \vdots & \ddots & \vdots\\\sum_{k=1}^{m}a_{lk}b_{k1} & \sum_{k=1}^{m}a_{lk}b_{k2} & \cdots & \sum_{k=1}^{m}a_{lk}b_{kn}\end{pmatrix}$$

3 行列の積の性質

行列の積では，一般に，交換法則 $AB=BA$ が成り立たない。$AB=BA$ を満たす行列は特別であり，そのような A と B は **交換可能** であるという。

例12 $A=\begin{pmatrix}0&3\\1&2\end{pmatrix}$, $B=\begin{pmatrix}-1&4\\3&2\end{pmatrix}$ について

$$AB=\begin{pmatrix}0&3\\1&2\end{pmatrix}\begin{pmatrix}-1&4\\3&2\end{pmatrix}=\begin{pmatrix}9&6\\5&8\end{pmatrix}$$

$$BA=\begin{pmatrix}-1&4\\3&2\end{pmatrix}\begin{pmatrix}0&3\\1&2\end{pmatrix}=\begin{pmatrix}4&5\\2&13\end{pmatrix}$$

したがって，$AB\neq BA$ であり，A と B は交換可能でない。

行列の積について，次の性質が成り立つ。

行列の積の性質

[1] $(tA)B=A(tB)=t(AB)$ （t は実数）

[2] $(AB)C=A(BC)$ **結合法則**

[3] $(A+B)C=AC+BC$, $A(B+C)=AB+AC$ **分配法則**

注意 結合法則により，$(AB)C$ と $A(BC)$ は区別しないで，これらを単に ABC と書く。

練習13 2次正方行列 $A=\begin{pmatrix}0&3\\1&2\end{pmatrix}$, $B=\begin{pmatrix}-1&4\\3&2\end{pmatrix}$, $C=\begin{pmatrix}1&2\\1&-1\end{pmatrix}$ について，行列の積の性質[1]～[3]を確かめよ。

単位行列 n 次正方行列 $A=(a_{ij})$ $(i, j=1, 2, \cdots, n)$ において，行と列の番号が等しい成分 a_{11}, a_{22}, $\cdots$, a_{nn} を **対角成分** という。対角成分以外の成分がすべて0であるとき A は **（n 次の）対角行列** であるという。対角行列において，とくに対角成分がすべて1のとき A は **（n 次の）単位行列** であるという。

n 次の単位行列 E と任意の n 次正方行列 A について

$$AE=EA=A$$

が成り立つ。単位行列 E は，数の乗法における1に相当する性質をもつ。

練習14 $A=\begin{pmatrix}a&b\\c&d\end{pmatrix}$ として，$AE=EA=A$ となることを確かめよ。

4 零因子・累乗

零因子　n 次の零行列 O と任意の n 次正方行列 A について

$$OA = AO = O$$

が成り立つ。零行列は，数の積における0に相当する性質をもっている。

しかし，$A = \begin{pmatrix} 6 & -3 \\ -2 & 1 \end{pmatrix}$，$B = \begin{pmatrix} 2 & 1 \\ 4 & 2 \end{pmatrix}$ について

$$AB = \begin{pmatrix} 6 & -3 \\ -2 & 1 \end{pmatrix}\begin{pmatrix} 2 & 1 \\ 4 & 2 \end{pmatrix} = O$$

よって，行列の積では $A \neq O$，$B \neq O$ であっても，$AB = O$ となる場合がある。このような，$AB = O$ を満たす O でない行列 A，B を **零因子** という。

したがって，

行列の積では，「$AB = O \Longrightarrow A = O$ または $B = O$」は成り立たない。

練習15　「$AB = AC$，$A \neq O \Longrightarrow B = C$」という性質が一般には成り立たないことを，次の行列で確かめよ。

$$A = \begin{pmatrix} 2 & 3 \\ 4 & 6 \end{pmatrix} \quad B = \begin{pmatrix} 4 & 2 \\ -1 & 4 \end{pmatrix} \quad C = \begin{pmatrix} 1 & 5 \\ 1 & 2 \end{pmatrix}$$

累乗　正方行列 A を n 個掛け合わせた積を A の n 乗といい A^n で表す。とくに，$A^0 = E$ と定義する。

例13　$A = \begin{pmatrix} 1 & -3 \\ 1 & -2 \end{pmatrix}$ のとき

$$A^2 = \begin{pmatrix} 1 & -3 \\ 1 & -2 \end{pmatrix}\begin{pmatrix} 1 & -3 \\ 1 & -2 \end{pmatrix} = \begin{pmatrix} -2 & 3 \\ -1 & 1 \end{pmatrix}$$

$$A^3 = A^2A = \begin{pmatrix} -2 & 3 \\ -1 & 1 \end{pmatrix}\begin{pmatrix} 1 & -3 \\ 1 & -2 \end{pmatrix} = \begin{pmatrix} 1 & 0 \\ 0 & 1 \end{pmatrix} = E$$

$$A^4 = A^3A = EA = A$$

練習16　次の行列 A について，A^2，A^3，A^4 を求めよ。

(1)　$A = \begin{pmatrix} 3 & 6 \\ 1 & 2 \end{pmatrix}$　　(2)　$A = \begin{pmatrix} -3 & 7 \\ -1 & 2 \end{pmatrix}$　　(3)　$A = \begin{pmatrix} 2 & 0 \\ 0 & -1 \end{pmatrix}$

例題 2 $A=\begin{pmatrix}2&0\\0&3\end{pmatrix}$ のとき，$A^n=\begin{pmatrix}2^n&0\\0&3^n\end{pmatrix}$ であることを数学的帰納法を用いて証明せよ。ただし，n は正の整数とする。

証明 (I) $n=1$ のとき　$A^1=A=\begin{pmatrix}2^1&0\\0&3^1\end{pmatrix}$

よって，$n=1$ のとき成り立つ。

(II) $n=k$ のとき成り立つと仮定すると，$n=k+1$ のとき

$$A^{k+1}=A^kA=\begin{pmatrix}2^k&0\\0&3^k\end{pmatrix}\begin{pmatrix}2&0\\0&3\end{pmatrix}=\begin{pmatrix}2^{k+1}&0\\0&3^{k+1}\end{pmatrix}$$

よって，$n=k+1$ のときも成り立つ。

(I), (II)より，任意の正の整数 n について $A^n=\begin{pmatrix}2^n&0\\0&3^n\end{pmatrix}$ が成り立つ。**終**

練習17 $A=\begin{pmatrix}4&1\\0&4\end{pmatrix}$ のとき，$A^n=\begin{pmatrix}4^n&n\cdot4^{n-1}\\0&4^n\end{pmatrix}$ であることを数学的帰納法を用いて証明せよ。ただし，n は正の整数とする。

例題 3 $A=\begin{pmatrix}0&a&b\\c&d&0\\b&0&0\end{pmatrix}$ について，$A^2=O$ となる条件を求めよ。

解

$$A^2=\begin{pmatrix}0&a&b\\c&d&0\\b&0&0\end{pmatrix}\begin{pmatrix}0&a&b\\c&d&0\\b&0&0\end{pmatrix}=\begin{pmatrix}ac+b^2&ad&0\\cd&ac+d^2&bc\\0&ab&b^2\end{pmatrix}=O \text{ のとき}$$

$$ac+b^2=0 \cdots\cdots ① \qquad ac+d^2=0 \cdots\cdots ② \qquad b^2=0 \cdots\cdots ③$$

であり，③より $b=0$　　よって，①より $ac=0$

よって，②より $d=0$

逆に，$b=d=ac=0$ ならば $A^2=O$ となる。

以上より，求める条件は，$b=d=ac=0$

練習18 $A=\begin{pmatrix}0&a\\b&c\end{pmatrix}$ について，$A^2=O$ となる条件を求めよ。

5 逆行列

1 逆行列

0でない実数aに対して，$ax = xa = 1$ を満たすxをaの逆数という。行列において，逆数に相当するものを考えよう。

正方行列Aと単位行列Eに対して

$$AX = XA = E$$

となる行列Xが存在するとき，行列Xを行列Aの **逆行列** という。

例14 $A = \begin{pmatrix} 2 & 1 \\ 5 & 3 \end{pmatrix}$ に対し，$X = \begin{pmatrix} 3 & -1 \\ -5 & 2 \end{pmatrix}$ とすると

$$AX = \begin{pmatrix} 2 & 1 \\ 5 & 3 \end{pmatrix}\begin{pmatrix} 3 & -1 \\ -5 & 2 \end{pmatrix} = \begin{pmatrix} 1 & 0 \\ 0 & 1 \end{pmatrix} = E$$

$$XA = \begin{pmatrix} 3 & -1 \\ -5 & 2 \end{pmatrix}\begin{pmatrix} 2 & 1 \\ 5 & 3 \end{pmatrix} = \begin{pmatrix} 1 & 0 \\ 0 & 1 \end{pmatrix} = E$$

よって，XはAの逆行列である。

正則行列　Aの逆行列が存在するとき，Aは **正則** であるという。またAは正則行列であるという。Aの逆行列は，存在すれば一意である。実際，X，YがともにAの逆行列だとすると

$$X = XE = X(AY) = (XA)Y = EY = Y$$

となる。正則行列Aについて一意に定まる逆行列をA^{-1}で表す。すなわち

$$AA^{-1} = A^{-1}A = E \quad \cdots\cdots ①$$

である。

実数 $a \neq 0$ には必ず逆数が存在したが，行列では，$A \neq O$ でも逆行列が存在しない場合がある。

例15 $A = \begin{pmatrix} 1 & 0 \\ 0 & 0 \end{pmatrix}$ は，任意の行列 $X = \begin{pmatrix} a & b \\ c & d \end{pmatrix}$ について

$$AX = \begin{pmatrix} 1 & 0 \\ 0 & 0 \end{pmatrix}\begin{pmatrix} a & b \\ c & d \end{pmatrix} = \begin{pmatrix} a & b \\ 0 & 0 \end{pmatrix} \neq \begin{pmatrix} 1 & 0 \\ 0 & 1 \end{pmatrix} = E$$

であるから，Aの逆行列は存在しない。

2 2次正方行列の逆行列

2次正方行列については，逆行列が以下のようにして得られる。

2次正方行列 $A=\begin{pmatrix} a & b \\ c & d \end{pmatrix}$ に対し，$X=\begin{pmatrix} x & u \\ y & v \end{pmatrix}$ が $AX=E$ を満たすとき

$$AX=\begin{pmatrix} a & b \\ c & d \end{pmatrix}\begin{pmatrix} x & u \\ y & v \end{pmatrix}=\begin{pmatrix} ax+by & au+bv \\ cx+dy & cu+dv \end{pmatrix}=\begin{pmatrix} 1 & 0 \\ 0 & 1 \end{pmatrix}$$

よって，次の①〜④が成り立つ。

$$\begin{cases} ax+by=1 & \cdots\cdots① \qquad au+bv=0 \quad \cdots\cdots② \\ cx+dy=0 & \cdots\cdots③ \qquad cu+dv=1 \quad \cdots\cdots④ \end{cases}$$

これらから，次の⑤〜⑧を得る。

$$\begin{cases} ①\times d-③\times b \text{ より} & (ad-bc)x=d \quad \cdots\cdots⑤ \\ ③\times a-①\times c \text{ より} & (ad-bc)y=-c \quad \cdots\cdots⑥ \\ ②\times d-④\times b \text{ より} & (ad-bc)u=-b \quad \cdots\cdots⑦ \\ ④\times a-②\times c \text{ より} & (ad-bc)v=a \quad \cdots\cdots⑧ \end{cases}$$

(i) $ad-bc \neq 0$ のとき　　← ⑤〜⑧の両辺を $ad-bc$ で割る

$$x=\frac{d}{ad-bc} \qquad y=\frac{-c}{ad-bc} \qquad u=\frac{-b}{ad-bc} \qquad v=\frac{a}{ad-bc}$$

よって　$X=\dfrac{1}{ad-bc}\begin{pmatrix} d & -b \\ -c & a \end{pmatrix}$

このとき，X は $AX=XA=E$ を満たすので，$X=A^{-1}$ である。

(ii) $ad-bc=0$ のとき　⑤，⑥から $c=d=0$ となり④に矛盾するので A^{-1} は存在しない。

以上のことから，2次の正方行列の逆行列についてまとめると次のようになる。

逆行列（2次正方行列）

$A=\begin{pmatrix} a & b \\ c & d \end{pmatrix}$ について，$|A|=ad-bc$ とおくと

$|A| \neq 0$ のとき A は正則であり　$A^{-1}=\dfrac{1}{|A|}\begin{pmatrix} d & -b \\ -c & a \end{pmatrix}$

$|A|=0$ のとき，A は正則でない。

注意　$|A|=ad-bc$ を2次正方行列 A の行列式という（3章 p. 104）。

例16 (1) $A=\begin{pmatrix}5&4\\2&3\end{pmatrix}$ について，$|A|=5\cdot3-4\cdot2=7\neq0$ であるから，A は正則であり $A^{-1}=\dfrac{1}{7}\begin{pmatrix}3&-4\\-2&5\end{pmatrix}$

(2) $B=\begin{pmatrix}1&-3\\-2&6\end{pmatrix}$ について，$|B|=1\cdot6-(-3)\cdot(-2)=0$ であるから，B は正則でない。

練習19 次の行列について，逆行列が存在すればそれを求めよ。

(1) $\begin{pmatrix}3&-2\\1&1\end{pmatrix}$　(2) $\begin{pmatrix}2&3\\4&6\end{pmatrix}$　(3) $\begin{pmatrix}4&-3\\5&-4\end{pmatrix}$

(4) $\begin{pmatrix}\cos\theta&-\sin\theta\\\sin\theta&\cos\theta\end{pmatrix}$　(5) $\begin{pmatrix}a+1&a^2\\1&a-1\end{pmatrix}$　(6) $\begin{pmatrix}a+1&a-2\\a&a+1\end{pmatrix}$

例17 $\begin{pmatrix}1&2\\2&3\end{pmatrix}\begin{pmatrix}x\\y\end{pmatrix}=\begin{pmatrix}4\\7\end{pmatrix}$ を満たす $\begin{pmatrix}x\\y\end{pmatrix}$ を，逆行列を用いて求めてみよう。

$A=\begin{pmatrix}1&2\\2&3\end{pmatrix}$ とおくと $|A|=1\times3-2\times2=-1$ であるから

$$A^{-1}=\frac{1}{-1}\begin{pmatrix}3&-2\\-2&1\end{pmatrix}=\begin{pmatrix}-3&2\\2&-1\end{pmatrix}$$

である。与式の両辺に左から A^{-1} をかけると

$$A^{-1}A\begin{pmatrix}x\\y\end{pmatrix}=A^{-1}\begin{pmatrix}4\\7\end{pmatrix}$$

$$\begin{pmatrix}1&0\\0&1\end{pmatrix}\begin{pmatrix}x\\y\end{pmatrix}=\begin{pmatrix}-3&2\\2&-1\end{pmatrix}\begin{pmatrix}4\\7\end{pmatrix}\quad\leftarrow A^{-1}A=E=\begin{pmatrix}1&0\\0&1\end{pmatrix}$$

となる。したがって $\begin{pmatrix}x\\y\end{pmatrix}=\begin{pmatrix}2\\1\end{pmatrix}$ である。

これは，与式が連立方程式 $\begin{cases}x+2y=4\\2x+3y=7\end{cases}$ を表し，その解が $\begin{cases}x=2\\y=1\end{cases}$ であることを示している。

練習20 逆行列を用いて次の連立方程式を解け。

(1) $\begin{cases}2x+y=2\\x+3y=-9\end{cases}$　(2) $\begin{cases}3x-2y=7\\4x-3y=10\end{cases}$

3 逆行列の性質

正則行列 A について $A^{-1}A=AA^{-1}=E$ であるが，これは A^{-1} の逆行列が A であることを意味する。すなわち次の式が成り立つ。

$$(A^{-1})^{-1}=A$$

A，B を正則行列とすると，AB も正則で，その逆行列は $B^{-1}A^{-1}$ であることが，次のように示される。乗法の結合法則により

$$(AB)(B^{-1}A^{-1})=A(BB^{-1})A^{-1}=AEA^{-1}=AA^{-1}=E$$

$$(B^{-1}A^{-1})(AB)=B^{-1}(A^{-1}A)B=B^{-1}EB=B^{-1}B=E$$

これは AB の逆行列が $B^{-1}A^{-1}$ であることを意味する。すなわち次の式が成り立つ。

$$(AB)^{-1}=B^{-1}A^{-1}$$

以上のことをまとめると次のようになる。

逆行列の性質

A，B が正則行列のとき

[1] $(A^{-1})^{-1}=A$　　[2] $(AB)^{-1}=B^{-1}A^{-1}$

練習21 $A=\begin{pmatrix}2&5\\1&3\end{pmatrix}$，$B=\begin{pmatrix}3&1\\2&1\end{pmatrix}$ について，次の行列を計算せよ。

(1) A^{-1}　(2) B^{-1}　(3) $A^{-1}B^{-1}$　(4) $(AB)^{-1}$

例題 4 $A=\begin{pmatrix}1&2\\3&5\end{pmatrix}$，$B=\begin{pmatrix}1&3\\2&4\end{pmatrix}$ のとき，$AX=B$ を満たす行列 X を求めよ。

解 行列 A は $|A|=1\cdot5-2\cdot3=-1\neq0$ であるから，A^{-1} が存在する。

$AX=B$ の両辺に左から A^{-1} を掛けると

$$X=A^{-1}B=\frac{1}{-1}\begin{pmatrix}5&-2\\-3&1\end{pmatrix}\begin{pmatrix}1&3\\2&4\end{pmatrix}=\begin{pmatrix}-1&-7\\1&5\end{pmatrix}$$

練習22 次の等式を満たす行列 X を求めよ。

(1) $\begin{pmatrix}2&3\\1&2\end{pmatrix}X=\begin{pmatrix}1&1\\0&2\end{pmatrix}$　(2) $X\begin{pmatrix}3&1\\4&2\end{pmatrix}=\begin{pmatrix}1&2\\2&4\end{pmatrix}$

例題 5 $A=\begin{pmatrix}1 & -1\\2 & 4\end{pmatrix}$, $P=\begin{pmatrix}1 & -1\\-1 & 2\end{pmatrix}$, $B=\begin{pmatrix}2 & 0\\0 & 3\end{pmatrix}$ について，次の問いに答えよ。

(1) $P^{-1}AP=B$ となることを確かめよ。

(2) すべての自然数について $B^n=\begin{pmatrix}2^n & 0\\0 & 3^n\end{pmatrix}$ となることを確かめよ。

(3) (1), (2)を利用して A^n を求めよ。

解 (1) $|P|=1\times2-(-1)\times(-1)=1$ より $P^{-1}=\dfrac{1}{1}\begin{pmatrix}2 & 1\\1 & 1\end{pmatrix}$ となり

$$P^{-1}AP=\begin{pmatrix}2 & 1\\1 & 1\end{pmatrix}\begin{pmatrix}1 & -1\\2 & 4\end{pmatrix}\begin{pmatrix}1 & -1\\-1 & 2\end{pmatrix}$$

$$=\begin{pmatrix}4 & 2\\3 & 3\end{pmatrix}\begin{pmatrix}1 & -1\\-1 & 2\end{pmatrix}=\begin{pmatrix}2 & 0\\0 & 3\end{pmatrix}=B$$

(2) $n=1$ のとき $B^1=\begin{pmatrix}2^1 & 0\\0 & 3^1\end{pmatrix}=\begin{pmatrix}2 & 0\\0 & 3\end{pmatrix}$ より与式は成り立つ。

$n=k$ のとき $B^k=\begin{pmatrix}2^k & 0\\0 & 3^k\end{pmatrix}$ が成り立つとすると

$$B^{k+1}=\begin{pmatrix}2^k & 0\\0 & 3^k\end{pmatrix}\begin{pmatrix}2 & 0\\0 & 3\end{pmatrix}=\begin{pmatrix}2^k\cdot2 & 0\\0 & 3^k\cdot3\end{pmatrix}=\begin{pmatrix}2^{k+1} & 0\\0 & 3^{k+1}\end{pmatrix}$$

となり，$n=k+1$ のときも与式は成り立つ。よってすべての自然数 n について成り立つといえる。

(3) $P^{-1}AP=B$ の両辺に左から P，右から P^{-1} をかけて，$A=PBP^{-1}$

より $A^n=(PBP^{-1})^n=(PBP^{-1})(PBP^{-1})\cdots(PBP^{-1})$ （n 個の積）

$$=PB(P^{-1}P)B(P^{-1}P)\cdots(P^{-1}P)BP^{-1}$$

$$=PB^nP^{-1}=\begin{pmatrix}1 & -1\\-1 & 2\end{pmatrix}\begin{pmatrix}2^n & 0\\0 & 3^n\end{pmatrix}\begin{pmatrix}2 & 1\\1 & 1\end{pmatrix}$$

$$=\begin{pmatrix}2^{n+1}-3^n & 2^n-3^n\\-2^{n+1}+2\cdot3^n & -2^n+2\cdot3^n\end{pmatrix}$$

練習23 $A=\begin{pmatrix}4 & 2\\-3 & -1\end{pmatrix}$, $P=\begin{pmatrix}1 & -2\\-1 & 3\end{pmatrix}$, $B=\begin{pmatrix}2 & 0\\0 & 1\end{pmatrix}$ について，$B^n=\begin{pmatrix}2^n & 0\\0 & 1\end{pmatrix}$ と $P^{-1}AP=B$ を利用して，A^n を求めよ。

6 転置行列

1 転置行列

行列 $A=(a_{ij})$ に対し，A の $(j,\ i)$ 成分 a_{ji} を $(i,\ j)$ 成分とする行列を A の **転置行列** といい，${}^tA$ で表す。

$$ {}^tA = {}^t\begin{pmatrix} a_{11} & a_{12} & \cdots & a_{1n} \\ a_{21} & a_{22} & \cdots & a_{2n} \\ \vdots & \vdots & & \vdots \\ a_{m1} & a_{m2} & \cdots & a_{mn} \end{pmatrix} = \begin{pmatrix} a_{11} & a_{21} & \cdots & a_{m1} \\ a_{12} & a_{22} & \cdots & a_{m2} \\ \vdots & \vdots & & \vdots \\ a_{1n} & a_{2n} & \cdots & a_{mn} \end{pmatrix} $$

転置行列 ${}^tA$ は，A の行と列を入れ換えてできる行列ともいえる。$m\times n$ 行列の転置行列は $n\times m$ 行列である。

例18 $A=\begin{pmatrix} 1 & 2 \\ 3 & 4 \end{pmatrix}$，$B=\begin{pmatrix} 1 & 2 & 3 \\ 4 & 5 & 6 \end{pmatrix}$，$C=\begin{pmatrix} 1 & 2 & 3 \\ 4 & 5 & 6 \\ 7 & 8 & 9 \end{pmatrix}$ に対し

$$ {}^tA=\begin{pmatrix} 1 & 3 \\ 2 & 4 \end{pmatrix},\ {}^tB=\begin{pmatrix} 1 & 4 \\ 2 & 5 \\ 3 & 6 \end{pmatrix},\ {}^tC=\begin{pmatrix} 1 & 4 & 7 \\ 2 & 5 & 8 \\ 3 & 6 & 9 \end{pmatrix} $$

練習24 次の行列について，転置行列を求めよ。

(1) $\begin{pmatrix} 3 & 2 \\ -1 & -4 \end{pmatrix}$　(2) $\begin{pmatrix} 2 & 0 & 1 \\ 3 & -1 & 2 \end{pmatrix}$　(3) $\begin{pmatrix} 2 & 1 & 4 \\ 3 & 1 & 0 \\ 0 & 2 & 5 \end{pmatrix}$

(4) $\begin{pmatrix} 4 & 0 \\ -1 & 1 \\ 3 & -2 \end{pmatrix}$　(5) $\begin{pmatrix} 5 \\ 2 \\ -3 \end{pmatrix}$　(6) $\begin{pmatrix} 1 & 0 & 7 \end{pmatrix}$

転置行列について，次の性質が成り立つ。

転置行列の性質

[1] ${}^t({}^tA)=A$　　[2] ${}^t(cA)=c\,{}^tA$　（c は実数）

[3] ${}^t(A+B)={}^tA+{}^tB$　　[4] ${}^t(AB)={}^tB\,{}^tA$

例19 $A=\begin{pmatrix} 1 \\ 2 \end{pmatrix}$，$B=(3\ \ 4)$ のとき $AB=\begin{pmatrix} 1\times 3 & 1\times 4 \\ 2\times 3 & 2\times 4 \end{pmatrix}=\begin{pmatrix} 3 & 4 \\ 6 & 8 \end{pmatrix}$ であり，${}^tB{}^tA=\begin{pmatrix} 3 \\ 4 \end{pmatrix}(1\ \ 2)=\begin{pmatrix} 3\times 1 & 3\times 2 \\ 4\times 1 & 4\times 2 \end{pmatrix}=\begin{pmatrix} 3 & 6 \\ 4 & 8 \end{pmatrix}={}^t(AB)$ が成り立つ。

例20 $A=\begin{pmatrix}1&0&2\\2&1&1\\1&2&0\end{pmatrix}$, $B=\begin{pmatrix}2&1&1\\0&1&1\\1&0&1\end{pmatrix}$ について

(1) $${}^t({}^tA)={}^t\left\{{}^t\begin{pmatrix}1&0&2\\2&1&1\\1&2&0\end{pmatrix}\right\}={}^t\begin{pmatrix}1&2&1\\0&1&2\\2&1&0\end{pmatrix}=\begin{pmatrix}1&0&2\\2&1&1\\1&2&0\end{pmatrix}=A$$

よって ${}^t({}^tA)=A$ が成り立つ。

(2) $${}^t(AB)={}^t\left\{\begin{pmatrix}1&0&2\\2&1&1\\1&2&0\end{pmatrix}\begin{pmatrix}2&1&1\\0&1&1\\1&0&1\end{pmatrix}\right\}={}^t\begin{pmatrix}4&1&3\\5&3&4\\2&3&3\end{pmatrix}=\begin{pmatrix}4&5&2\\1&3&3\\3&4&3\end{pmatrix}$$

$${}^tB\,{}^tA=\begin{pmatrix}2&0&1\\1&1&0\\1&1&1\end{pmatrix}\begin{pmatrix}1&2&1\\0&1&2\\2&1&0\end{pmatrix}=\begin{pmatrix}4&5&2\\1&3&3\\3&4&3\end{pmatrix}$$

よって ${}^t(AB)={}^tB\,{}^tA$ が成り立つ。

練習25 次の A, B について, ${}^t(AB)$, ${}^t(BA)$, ${}^tA\,{}^tB$, ${}^tB\,{}^tA$ を求めよ。

(1) $A=\begin{pmatrix}3&-4\\2&-1\end{pmatrix}$, $B=\begin{pmatrix}2&1\\0&2\end{pmatrix}$ (2) $A=\begin{pmatrix}3&1&1\\0&2&1\end{pmatrix}$, $B=\begin{pmatrix}1&2\\0&1\\3&0\end{pmatrix}$

練習26 転置行列の性質[1]～[4]を証明せよ。

正則行列 A に対し, 転置行列の性質[4]より

$${}^t(A^{-1})\,{}^tA={}^t(AA^{-1})={}^tE=E \qquad {}^tA\,{}^t(A^{-1})={}^t(A^{-1}A)={}^tE=E$$

であるから, ${}^tA$ も正則で, 次の性質が成り立つ。

$$({}^tA)^{-1}={}^t(A^{-1})$$

そこで $({}^tA)^{-1}$ と ${}^t(A^{-1})$ を区別せず単に ${}^tA^{-1}$ と書くこともある。

例21 $A=\begin{pmatrix}a&b\\c&d\end{pmatrix}$ が正則ならば,

$${}^t(A^{-1})={}^t\left\{\frac{1}{ad-bc}\begin{pmatrix}d&-b\\-c&a\end{pmatrix}\right\}$$

← p. 81 の公式より

$$=\frac{1}{ad-bc}\,{}^t\begin{pmatrix}d&-b\\-c&a\end{pmatrix}=\frac{1}{ad-bc}\begin{pmatrix}d&-c\\-b&a\end{pmatrix},$$

$$({}^tA)^{-1}=\begin{pmatrix}a&c\\b&d\end{pmatrix}^{-1}=\frac{1}{ad-bc}\begin{pmatrix}d&-c\\-b&a\end{pmatrix}$$

より $({}^tA)^{-1}={}^t(A^{-1})$ が成り立つ。

2 対称行列・交代行列

対称行列　${}^tA=A$ を満たす正方行列 A を **対称行列** という。このとき，$A=(a_{ij})$ とすると，任意の i, j について $(i,\ j)$ 成分と $(j,\ i)$ 成分が等しい。つまり $a_{ji}=a_{ij}$ より，対称行列の成分は，対角成分を境にして同じ値が対称に位置する。

例22 (1) $\begin{pmatrix} 3 & 2 \\ 2 & 1 \end{pmatrix}$, $\begin{pmatrix} 1 & 0 & -1 \\ 0 & -3 & 2 \\ -1 & 2 & -5 \end{pmatrix}$ は対称行列である。

(2) 対角行列も対称行列である。

(3) A が対称行列ならば，任意の実数 c について，${}^t(cA)=c\,{}^tA=cA$ だから，cA も対称行列である。

練習27 A が対称行列ならば，${}^tA$，A^{-1} も対称行列であることを示せ。

交代行列　${}^tA=-A$ となる正方行列 A を **交代行列** という。$A=(a_{ij})$ とすると任意の i, j について $(i,\ j)$ 成分は $a_{ji}=-a_{ij}$ より，交代行列の成分は，逆符号の値が対角成分を境にして対称に位置する。対角成分はすべて 0 である。

例23 $\begin{pmatrix} 0 & 1 \\ -1 & 0 \end{pmatrix}$, $\begin{pmatrix} 0 & 1 & -2 \\ -1 & 0 & 3 \\ 2 & -3 & 0 \end{pmatrix}$ は交代行列である。A が交代行列ならば，任意の実数 c について，cA も交代行列である。

練習28 A が交代行列ならば，${}^tA$，A^{-1} も交代行列であることを示せ。

例題 6 任意の正方行列 X に対し，次の(1)～(3)を示せ。

(1) $X+{}^tX$ は対称行列である。　(2) $X-{}^tX$ は交代行列である。

(3) $X=S+A$ となる対称行列 S と交代行列 A が存在する。

証明 (1) ${}^t(X+{}^tX)={}^tX+{}^t({}^tX)={}^tX+X=X+{}^tX$

(2) ${}^t(X-{}^tX)={}^tX-{}^t({}^tX)={}^tX-X=-(X-{}^tX)$

(3) $S=\dfrac{1}{2}(X+{}^tX)$，$A=\dfrac{1}{2}(X-{}^tX)$ とおくと，S は対称行列，A は交代行列であり，$S+A=\dfrac{1}{2}(X+{}^tX)+\dfrac{1}{2}(X-{}^tX)=X$

3 直交行列

${}^tA = A^{-1}$ を満たす正方行列 A を **直交行列** という。したがって直交行列 A については，次が成り立つ。

$$ {}^tAA = A\,{}^tA = E $$

例24 (1) $A = \dfrac{1}{\sqrt{2}}\begin{pmatrix} 1 & -1 \\ 1 & 1 \end{pmatrix}$ は，$|A| = \dfrac{1}{\sqrt{2}}\cdot\dfrac{1}{\sqrt{2}} - \dfrac{-1}{\sqrt{2}}\cdot\dfrac{1}{\sqrt{2}} = 1 \neq 0$ であるから正則である。A の逆行列 A^{-1} は ← p. 81

$$ A^{-1} = \frac{1}{1}\cdot\frac{1}{\sqrt{2}}\begin{pmatrix} 1 & 1 \\ -1 & 1 \end{pmatrix} = \frac{1}{\sqrt{2}}\begin{pmatrix} 1 & 1 \\ -1 & 1 \end{pmatrix} = {}^tA $$

よって，A は直交行列である。

(2) $B = \dfrac{1}{2}\begin{pmatrix} 1 & -\sqrt{3} & 0 \\ \sqrt{3} & 1 & 0 \\ 0 & 0 & 2 \end{pmatrix}$ について

$$ B\,{}^tB = \frac{1}{4}\begin{pmatrix} 1 & -\sqrt{3} & 0 \\ \sqrt{3} & 1 & 0 \\ 0 & 0 & 2 \end{pmatrix}\begin{pmatrix} 1 & \sqrt{3} & 0 \\ -\sqrt{3} & 1 & 0 \\ 0 & 0 & 2 \end{pmatrix} = \frac{1}{4}\begin{pmatrix} 4 & 0 & 0 \\ 0 & 4 & 0 \\ 0 & 0 & 4 \end{pmatrix} = E $$

$$ {}^tBB = \frac{1}{4}\begin{pmatrix} 1 & \sqrt{3} & 0 \\ -\sqrt{3} & 1 & 0 \\ 0 & 0 & 2 \end{pmatrix}\begin{pmatrix} 1 & -\sqrt{3} & 0 \\ \sqrt{3} & 1 & 0 \\ 0 & 0 & 2 \end{pmatrix} = \frac{1}{4}\begin{pmatrix} 4 & 0 & 0 \\ 0 & 4 & 0 \\ 0 & 0 & 4 \end{pmatrix} = E $$

よって，B は直交行列である。

練習29 任意の θ について，$\begin{pmatrix} \cos\theta & -\sin\theta \\ \sin\theta & \cos\theta \end{pmatrix}$ が直交行列であることを示せ。

例25 A，B が直交行列であるとき，${}^tA$，AB も直交行列である。なぜなら

$$ {}^t({}^tA) = {}^t(A^{-1}) = ({}^tA)^{-1},\quad {}^t(AB) = {}^tB\,{}^tA = B^{-1}A^{-1} = (AB)^{-1} $$ ← p. 83, 85

次ページの例題7と同様，一般に n 次の直交行列について次のことが成り立つ。

直交行列の性質

A が直交行列であるとき

[1] A の各列ベクトルはすべて大きさが1で，互いに直交する。

[2] A の各行ベクトルはすべて大きさが1で，互いに直交する。

ここで，**クロネッカーのデルタ** とよばれ，次の式で定義される記号 δ_{ij} を導入する。

$$\delta_{ij}=\begin{cases}1 & (i=j)\\ 0 & (i\neq j)\end{cases}$$

クロネッカーのデルタは，定義からわかるように単位行列 E の成分を表す記号といえる。すなわち $E=(\delta_{ij})$ である。

例題 7　3次の直交行列 A について，次の(1)〜(3)を示せ。

(1)　A の列ベクトルは，どれも大きさ1である。

(2)　A の列ベクトルは，互いに直交する。

(3)　A の行ベクトルも，大きさが1で，互いに直交する。

証明　$A=(a_{ij})$ とすると，${}^tAA=E$ は，次のように成分で表される。

$$\sum_{k=1}^{3}a_{ki}a_{kj}=a_{1i}a_{1j}+a_{2i}a_{2j}+a_{3i}a_{3j}=\delta_{ij}$$

第 i 列ベクトル $\begin{pmatrix}a_{1i}\\ a_{2i}\\ a_{3i}\end{pmatrix}$ を $\vec{a_i}$ で表すと

(1)　任意の i について

$$|\vec{a_i}|=\sqrt{{a_{1i}}^2+{a_{2i}}^2+{a_{3i}}^2}=\sqrt{a_{1i}a_{1i}+a_{2i}a_{2i}+a_{3i}a_{3i}}=\sqrt{\delta_{ii}}=1$$

(2)　任意の $i\neq j$ について

$$\vec{a_i}\cdot\vec{a_j}=a_{1i}a_{1j}+a_{2i}a_{2j}+a_{3i}a_{3j}=\delta_{ij}=0\quad よって\quad \vec{a_i}\perp\vec{a_j}$$

(3)　直交行列 A に対し，A^{-1} も直交行列である。

${}^tA=A^{-1}$ より，A^{-1} の列ベクトルの性質は，A の行ベクトルの性質である。

よって，A の行ベクトルも，大きさが1で，互いに直交する。

練習30　2次の直交行列 A について，A の列ベクトルは，どれも大きさ1で，互いに直交することを示せ。

節末問題

1. $A=\begin{pmatrix}1 & 0 & 3\\ -1 & 2 & 1\\ 2 & 1 & 4\end{pmatrix}$, $B=\begin{pmatrix}2 & 1 & 1\\ 1 & 1 & 3\\ 3 & 3 & 2\end{pmatrix}$, $C=\begin{pmatrix}1 & 1 & 2\\ 0 & -1 & 5\\ 0 & -2 & 3\end{pmatrix}$ について，次の計算をせよ。

(1) $3A-2B+C$　　(2) $A-BC$

(3) $2A+{}^tB-3C$

2. $A=\begin{pmatrix}1 & 3\\ 2 & 4\end{pmatrix}$, $B=\begin{pmatrix}2 & -1\\ 3 & 5\end{pmatrix}$, $C=\begin{pmatrix}-1 & 1\\ 3 & -2\end{pmatrix}$ について，次の計算をせよ。

(1) $A(B+C)$　　(2) ABC

(3) ${}^tA\,{}^tB\,{}^tC$　　(4) $C^{-1}AC$

3. 次の行列 A について，A^n を求めよ。

(1) $A=\begin{pmatrix}0 & 1 & 2\\ 0 & 0 & 3\\ 0 & 0 & 0\end{pmatrix}$　　(2) $A=\begin{pmatrix}1 & 2 & 3\\ 0 & 0 & 1\\ 0 & 0 & 0\end{pmatrix}$

4. 次の行列について，正則とならないような実数 k を求めよ。

(1) $\begin{pmatrix}1 & k\\ 2 & 3\end{pmatrix}$　　(2) $\begin{pmatrix}4 & 6\\ 6 & k^2\end{pmatrix}$　　(3) $\begin{pmatrix}2 & k\\ -5 & k^2+1\end{pmatrix}$

5. 次の(1)〜(3)を示せ。

(1) 対称行列 S_1，S_2 の和 S_1+S_2 は，対称行列である。

(2) 交代行列 A_1，A_2 の和 A_1+A_2 は，交代行列である。

(3) 対称行列 S と直交行列 P について，$P^{-1}SP$ は，対称行列である。

6. 任意の θ について，$\begin{pmatrix}\cos\theta & -\sin\theta & 0\\ \sin\theta & \cos\theta & 0\\ 0 & 0 & 1\end{pmatrix}$ が直交行列であることを示せ。

2 連立1次方程式と行列

1 掃き出し法

1 正則な連立1次方程式

次のような連立1次方程式の解法について考えよう。

$$\begin{cases} x+2y-3z=0 & \cdots\cdots① \\ 2x-3y-9z=-7 & \cdots\cdots② \\ 3x+8y-7z=2 & \cdots\cdots③ \end{cases}$$

①に -2 を掛けたものを②に加える　$-7y-3z=-7$　……②′

①に -3 を掛けたものを③に加える　$2y+2z=2$　……③′

③′に $\dfrac{1}{2}$ を掛ける　$y+z=1$　……③″

③″に7を掛けたものを②′に加える　$4z=0$　……②″

②″に $\dfrac{1}{4}$ を掛ける　$z=0$　……②‴

②‴に -1 を掛けたものを③″に加える　$y=1$　……③‴

②‴に3を掛けたものを①に加える　$x+2y=0$　……①′

③‴に -2 を掛けたものを①′に加える　$x=-2$　……①″

よって　$\begin{cases} x=-2 & \cdots\cdots①'' \\ y=1 & \cdots\cdots③''' \\ z=0 & \cdots\cdots②''' \end{cases}$

このように，連立1次方程式は，解が1組だけ存在する場合を **正則な連立1次方程式** という。ここで，式変形の各段階に着目すると，連立1次方程式の解法は，次の操作の繰り返しとなっている。

連立1次方程式を解く操作

[1]　ある方程式にある数 k を掛けたものを別の方程式に加える

[2]　ある方程式に0でない数 k を掛ける

[1]は，係数を0にして変数を消去する操作，[2]は，係数を1にして「$x=$」のような形にする操作であり，どんな数kを掛けるかは係数による。そして，最終的に得られる右辺の値が解である。

以上より，連立方程式を解くには，係数と右辺の値にのみ着目すればよいことがわかる。

与えられた連立1次方程式に対し，その係数を並べた行列を，その連立方程式の **係数行列** という。また，係数行列の右側に，連立方程式の右辺の値を追加した行列を **拡大係数行列** という。拡大係数行列において，行は各方程式を，列は変数の区別を表している。

例1 前ページの連立1次方程式①，②，③について

係数行列

$$\begin{pmatrix} 1 & 2 & -3 \\ 2 & -3 & -9 \\ 3 & 8 & -7 \end{pmatrix}$$

拡大係数行列

$$\begin{pmatrix} 1 & 2 & -3 & 0 \\ 2 & -3 & -9 & -7 \\ 3 & 8 & -7 & 2 \end{pmatrix}$$

注意　わかりやすくするため，$\left(\begin{array}{ccc|c} 1 & 2 & -3 & 0 \\ 2 & -3 & -9 & -7 \\ 3 & 8 & -7 & 2 \end{array}\right)$ のように縦棒を入れてもよい。

拡大係数行列を用いると，連立1次方程式①，②，③を解く過程は，次のように表される。

$$\left(\begin{array}{ccc|c} 1 & 2 & -3 & 0 \\ 2 & -3 & -9 & -7 \\ 3 & 8 & -7 & 2 \end{array}\right) \xrightarrow{\substack{\text{②}+\text{①}\times(-2)\cdots\cdots\text{②}' \\ \text{③}+\text{①}\times(-3)\cdots\cdots\text{③}'}} \left(\begin{array}{ccc|c} 1 & 2 & -3 & 0 \\ 0 & -7 & -3 & -7 \\ 0 & 2 & 2 & 2 \end{array}\right)$$

$$\xrightarrow{\text{③}'\times\frac{1}{2}\cdots\cdots\text{③}''} \left(\begin{array}{ccc|c} 1 & 2 & -3 & 0 \\ 0 & -7 & -3 & -7 \\ 0 & 1 & 1 & 1 \end{array}\right) \xrightarrow{\text{②}'+\text{③}''\times 7\cdots\cdots\text{②}''} \left(\begin{array}{ccc|c} 1 & 2 & -3 & 0 \\ 0 & 0 & 4 & 0 \\ 0 & 1 & 1 & 1 \end{array}\right)$$

$$\xrightarrow{\text{②}''\times\frac{1}{4}\cdots\cdots\text{②}'''} \left(\begin{array}{ccc|c} 1 & 2 & -3 & 0 \\ 0 & 0 & 1 & 0 \\ 0 & 1 & 1 & 1 \end{array}\right) \xrightarrow{\substack{\text{③}''+\text{②}'''\times(-1)\cdots\cdots\text{③}''' \\ \text{①}+\text{②}'''\times 3\cdots\cdots\text{①}'}} \left(\begin{array}{ccc|c} 1 & 2 & 0 & 0 \\ 0 & 0 & 1 & 0 \\ 0 & 1 & 0 & 1 \end{array}\right)$$

$$\xrightarrow{\text{①}'+\text{③}'''\times(-2)\cdots\cdots\text{①}''} \left(\begin{array}{ccc|c} 1 & 0 & 0 & -2 \\ 0 & 0 & 1 & 0 \\ 0 & 1 & 0 & 1 \end{array}\right) \xrightarrow{\text{②}'''\text{と}\text{③}'''\text{を交換}} \left(\begin{array}{ccc|c} 1 & 0 & 0 & -2 \\ 0 & 1 & 0 & 1 \\ 0 & 0 & 1 & 0 \end{array}\right)$$

この変形で用いた，次の3つの操作を **行の基本変形** という。

行の基本変形

［1］ ある行にある数 k を掛けたものを別の行に加える

［2］ ある行に0でない数 k を掛ける

［3］ ある行と別の行を入れ換える

正則な連立1次方程式を解くには，係数行列の部分（縦棒の左側）が単位行列になるように行の基本変形を繰り返せばよい。最終的に縦棒の右側に現れる値が解となる。このような解法を **掃き出し法** または **ガウスの消去法** という。

行の基本変形の前後では，その拡大係数行列の表す連立1次方程式の意味に変化はないので，解は完全に一致する。

以下では，係数行列の各行を①，②，③，…と表すことにする。

例題 1 連立1次方程式 $\begin{cases} x+3y+2z=5 \\ 2x+5y+3z=9 \\ 3x+4y+5z=6 \end{cases}$ を解け。

解

拡大係数行列 $\left(\begin{array}{ccc|c} 1 & 3 & 2 & 5 \\ 2 & 5 & 3 & 9 \\ 3 & 4 & 5 & 6 \end{array}\right)$ を変形すると

$$\left(\begin{array}{ccc|c} 1 & 3 & 2 & 5 \\ 2 & 5 & 3 & 9 \\ 3 & 4 & 5 & 6 \end{array}\right) \xrightarrow[\text{③}+\text{①}\times(-3)]{\text{②}+\text{①}\times(-2)} \left(\begin{array}{ccc|c} 1 & 3 & 2 & 5 \\ 0 & -1 & -1 & -1 \\ 0 & -5 & -1 & -9 \end{array}\right)$$

$$\xrightarrow{\text{②}\times(-1)} \left(\begin{array}{ccc|c} 1 & 3 & 2 & 5 \\ 0 & 1 & 1 & 1 \\ 0 & -5 & -1 & -9 \end{array}\right) \xrightarrow{\text{③}+\text{②}\times 5} \left(\begin{array}{ccc|c} 1 & 3 & 2 & 5 \\ 0 & 1 & 1 & 1 \\ 0 & 0 & 4 & -4 \end{array}\right)$$

$$\xrightarrow{\text{③}\times\frac{1}{4}} \left(\begin{array}{ccc|c} 1 & 3 & 2 & 5 \\ 0 & 1 & 1 & 1 \\ 0 & 0 & 1 & -1 \end{array}\right) \xrightarrow[\text{②}+\text{③}\times(-1)]{\text{①}+\text{③}\times(-2)} \left(\begin{array}{ccc|c} 1 & 3 & 0 & 7 \\ 0 & 1 & 0 & 2 \\ 0 & 0 & 1 & -1 \end{array}\right)$$

$$\xrightarrow{\text{①}+\text{②}\times(-3)} \left(\begin{array}{ccc|c} 1 & 0 & 0 & 1 \\ 0 & 1 & 0 & 2 \\ 0 & 0 & 1 & -1 \end{array}\right) \quad \text{よって} \quad \begin{cases} x=1 \\ y=2 \\ z=-1 \end{cases}$$

練習1 掃き出し法により，次の連立1次方程式を解け。

(1) $\begin{cases} x+2y+3z=10 \\ 3x-3y+7z=10 \\ -x+4y-9z=-4 \end{cases}$　　(2) $\begin{cases} 2x+y-2z=-4 \\ 3x-y+3z=1 \\ -x+y+4z=11 \end{cases}$

n 個の変数からなる連立1次方程式を **n 元連立1次方程式** という。n 元連立1次方程式についても，同様に，掃き出し法が考えられる。

例題2 4元連立1次方程式 $\begin{cases} x+y+z+w=2 \\ 2x+3y-z+2w=6 \\ x+y+2z+3w=0 \\ 3x-y+2z-w=2 \end{cases}$ を解け。

解

$$\left(\begin{array}{cccc|c} 1 & 1 & 1 & 1 & 2 \\ 2 & 3 & -1 & 2 & 6 \\ 1 & 1 & 2 & 3 & 0 \\ 3 & -1 & 2 & -1 & 2 \end{array}\right) \xrightarrow[\text{④}+\text{①}\times(-3)]{\text{②}+\text{①}\times(-2),\ \text{③}+\text{①}\times(-1)} \left(\begin{array}{cccc|c} 1 & 1 & 1 & 1 & 2 \\ 0 & 1 & -3 & 0 & 2 \\ 0 & 0 & 1 & 2 & -2 \\ 0 & -4 & -1 & -4 & -4 \end{array}\right)$$

$$\xrightarrow[\text{④}+\text{③}]{\text{①}+\text{③}\times(-1),\ \text{②}+\text{③}\times 3} \left(\begin{array}{cccc|c} 1 & 1 & 0 & -1 & 4 \\ 0 & 1 & 0 & 6 & -4 \\ 0 & 0 & 1 & 2 & -2 \\ 0 & -4 & 0 & -2 & -6 \end{array}\right) \xrightarrow{\text{④}\times\left(-\frac{1}{2}\right)} \left(\begin{array}{cccc|c} 1 & 1 & 0 & -1 & 4 \\ 0 & 1 & 0 & 6 & -4 \\ 0 & 0 & 1 & 2 & -2 \\ 0 & 2 & 0 & 1 & 3 \end{array}\right)$$

$$\xrightarrow[\text{④}+\text{②}\times(-2)]{\text{①}+\text{②}\times(-1)} \left(\begin{array}{cccc|c} 1 & 0 & 0 & -7 & 8 \\ 0 & 1 & 0 & 6 & -4 \\ 0 & 0 & 1 & 2 & -2 \\ 0 & 0 & 0 & -11 & 11 \end{array}\right) \xrightarrow{\text{④}\times\left(-\frac{1}{11}\right)} \left(\begin{array}{cccc|c} 1 & 0 & 0 & -7 & 8 \\ 0 & 1 & 0 & 6 & -4 \\ 0 & 0 & 1 & 2 & -2 \\ 0 & 0 & 0 & 1 & -1 \end{array}\right)$$

$$\xrightarrow[\text{③}+\text{④}\times(-2)]{\text{①}+\text{④}\times 7,\ \text{②}+\text{④}\times(-6)} \left(\begin{array}{cccc|c} 1 & 0 & 0 & 0 & 1 \\ 0 & 1 & 0 & 0 & 2 \\ 0 & 0 & 1 & 0 & 0 \\ 0 & 0 & 0 & 1 & -1 \end{array}\right)$$

よって $\begin{cases} \boldsymbol{x=1} \\ \boldsymbol{y=2} \\ \boldsymbol{z=0} \\ \boldsymbol{w=-1} \end{cases}$

練習2 掃き出し法により，次の連立1次方程式を解け。

(1) $\begin{cases} 3x-3y=10 \\ -x+4y=-4 \end{cases}$　　(2) $\begin{cases} x+y+2z-w=3 \\ 2x+3y-2z+3w=3 \\ x+y+3z+3w=-6 \\ x-y+z+2w=-4 \end{cases}$

2 正則でない連立1次方程式

次の連立1次方程式のように，拡大係数行列の係数部分（縦棒の左側）を単位行列に変形できない場合がある。

(1) $\begin{cases} x+y+2z=1 \\ 2x+3y+5z=3 \\ 3x+4y+7z=5 \end{cases}$　　(2) $\begin{cases} x+y+2z=1 \\ 2x+3y+5z=3 \\ 3x+4y+7z=4 \end{cases}$

不能　(1)の拡大係数行列を変形すると，次のように行き詰まり，係数部分を単位行列にできない。

$$\left(\begin{array}{ccc|c} 1 & 1 & 2 & 1 \\ 2 & 3 & 5 & 3 \\ 3 & 4 & 7 & 5 \end{array}\right) \xrightarrow[\text{③}+\text{①}\times(-3)]{\text{②}+\text{①}\times(-2)} \left(\begin{array}{ccc|c} 1 & 1 & 2 & 1 \\ 0 & 1 & 1 & 1 \\ 0 & 1 & 1 & 2 \end{array}\right) \xrightarrow[\text{③}+\text{②}\times(-1)]{\text{①}+\text{②}\times(-1)} \left(\begin{array}{ccc|c} 1 & 0 & 1 & 0 \\ 0 & 1 & 1 & 1 \\ 0 & 0 & 0 & 1 \end{array}\right)$$

ここで，最終形の第3行は

$$0x+0y+0z=1$$

を意味するが，これを満たす x，y，z の組は存在しない，すなわち，(1)は解をもたない。このような場合を **不能** という。

不定　(2)の場合，係数部分を単位行列にできないが，解は存在する。実際，(2)の拡大係数行列は，次のように変形される。

$$\left(\begin{array}{ccc|c} 1 & 1 & 2 & 1 \\ 2 & 3 & 5 & 3 \\ 3 & 4 & 7 & 4 \end{array}\right) \xrightarrow[\text{③}+\text{①}\times(-3)]{\text{②}+\text{①}\times(-2)} \left(\begin{array}{ccc|c} 1 & 1 & 2 & 1 \\ 0 & 1 & 1 & 1 \\ 0 & 1 & 1 & 1 \end{array}\right) \xrightarrow[\text{③}+\text{②}\times(-1)]{\text{①}+\text{②}\times(-1)} \left(\begin{array}{ccc|c} 1 & 0 & 1 & 0 \\ 0 & 1 & 1 & 1 \\ 0 & 0 & 0 & 0 \end{array}\right)$$

最終形の第3行は

$$0x+0y+0z=0$$

を意味し，どんな x，y，z でも成り立つ。すると，第1行，第2行により

$$\begin{cases} x \quad\;\; +z=0 \\ \quad\;\; y+z=1 \end{cases}$$

であるから，t を任意の実数として $z=t$ とおけば

$$x=-t, \quad y=1-t, \quad z=t$$

が解となる。t の選び方によって無数の解をもつことになる。このような場合を **不定** という。

例題 3 掃き出し法により，次の連立1次方程式の解について調べよ。

(1) $\begin{cases} x+y+2z=3 \\ x+2y+4z=4 \\ 2x-y-2z=3 \end{cases}$ (2) $\begin{cases} x+y+2z=3 \\ x+2y+4z=4 \\ 2x-y-2z=2 \end{cases}$

解 (1) 拡大係数行列を変形すると

$$\left(\begin{array}{ccc|c} 1 & 1 & 2 & 3 \\ 1 & 2 & 4 & 4 \\ 2 & -1 & -2 & 3 \end{array}\right) \xrightarrow[\text{③}+\text{①}\times(-2)]{\text{②}+\text{①}\times(-1)} \left(\begin{array}{ccc|c} 1 & 1 & 2 & 3 \\ 0 & 1 & 2 & 1 \\ 0 & -3 & -6 & -3 \end{array}\right)$$

$$\xrightarrow{\text{③}+\text{②}\times 3} \left(\begin{array}{ccc|c} 1 & 1 & 2 & 3 \\ 0 & 1 & 2 & 1 \\ 0 & 0 & 0 & 0 \end{array}\right) \xrightarrow{\text{①}+\text{②}\times(-1)} \left(\begin{array}{ccc|c} 1 & 0 & 0 & 2 \\ 0 & 1 & 2 & 1 \\ 0 & 0 & 0 & 0 \end{array}\right)$$

最終形を連立方程式に戻すと

$$\begin{cases} x=2 \\ y+2z=1 \end{cases}$$

であるから，$z=t$ とおくと，与式の解は次のように表せる。

$x=2$，$y=1-2t$，$z=t$ （t は任意の実数）

よって，この連立方程式は，不定である。

(2) (1)の解と同じ変形で拡大係数行列を変形すると

$$\left(\begin{array}{ccc|c} 1 & 1 & 2 & 3 \\ 1 & 2 & 4 & 4 \\ 2 & -1 & -2 & 2 \end{array}\right) \to \left(\begin{array}{ccc|c} 1 & 1 & 2 & 3 \\ 0 & 1 & 2 & 1 \\ 0 & -3 & -6 & -4 \end{array}\right) \to \left(\begin{array}{ccc|c} 1 & 1 & 2 & 3 \\ 0 & 1 & 2 & 1 \\ 0 & 0 & 0 & -1 \end{array}\right)$$

最終形の第3行は $0x+0y+0z=-1$ を意味するが，これを満たす x，y，z の組は存在しない。

よってこの連立方程式は，不能である。

練習 3 掃き出し法により，次の連立1次方程式の解について調べよ。

(1) $\begin{cases} x+2y+z=1 \\ y+z=0 \\ 2x+3y+z=2 \end{cases}$ (2) $\begin{cases} x-y+2z=-2 \\ x+y+2z=2 \\ 2x-3y+4z=-6 \end{cases}$

2 掃き出し法と逆行列

逆行列の求め方　行の基本変形によって，逆行列が求められることを示そう。$A=(a_{ij})$ を2次の正則行列とし，$A^{-1}=(x_{ij})$ とおく。逆行列は $AA^{-1}=E$，すなわち

$$\begin{pmatrix} a_{11}x_{11}+a_{12}x_{21} & a_{11}x_{12}+a_{12}x_{22} \\ a_{21}x_{11}+a_{22}x_{21} & a_{21}x_{12}+a_{22}x_{22} \end{pmatrix}=\begin{pmatrix} 1 & 0 \\ 0 & 1 \end{pmatrix}$$

を満たすから，次の4元連立1次方程式を解いて，x_{11}，x_{12}，x_{21}，x_{22} を決定すればよい。

$$a_{11}x_{11}+a_{12}x_{21}=1 \quad \cdots\cdots① \qquad a_{11}x_{12}+a_{12}x_{22}=0 \quad \cdots\cdots②$$

$$a_{21}x_{11}+a_{22}x_{21}=0 \quad \cdots\cdots③ \qquad a_{21}x_{12}+a_{22}x_{22}=1 \quad \cdots\cdots④$$

ところで，x_{11} と x_{21} は，左の2式だけにあるので，2元連立方程式①，③の解として得られる。同様に，x_{12} と x_{22} は，2元連立方程式②，④から得られる。それぞれの拡大係数行列は

$$\left(\begin{array}{cc|c} a_{11} & a_{12} & 1 \\ a_{21} & a_{22} & 0 \end{array}\right) \quad \text{および} \quad \left(\begin{array}{cc|c} a_{11} & a_{12} & 0 \\ a_{21} & a_{22} & 1 \end{array}\right)$$

であるが，これらの係数行列の部分（縦棒の左側）は同一なので，掃き出し法の基本変形もまったく同じでよい。

そこで，2つをまとめた次のような行列を考え，掃き出し法を実行する。

$$\left(\begin{array}{cc|cc} a_{11} & a_{12} & 1 & 0 \\ a_{21} & a_{22} & 0 & 1 \end{array}\right)$$

基本変形を繰り返し，係数行列の部分（縦棒の左側）が単位行列になったとき，縦棒の右側には解 x_{11}，x_{12}，x_{21}，x_{22} が現れ，これがちょうど逆行列 A^{-1} の配置になっている。

$$\left(\begin{array}{cc|cc} a_{11} & a_{12} & 1 & 0 \\ a_{21} & a_{22} & 0 & 1 \end{array}\right) \xrightarrow{\text{行の基本変形}} \left(\begin{array}{cc|cc} 1 & 0 & x_{11} & x_{12} \\ 0 & 1 & x_{21} & x_{22} \end{array}\right)$$

一般の n 次正則行列についても，同様にして逆行列を求められる。

逆行列の求め方

[1]　A の右側に単位行列を付加した $(A \mid E)$ を考える

[2]　$(A \mid E)$ に行の基本変形を繰り返し，左側を E にする

[3]　最終形の右側が A^{-1} である

例2　$\left(\begin{array}{cc|cc} 1 & 0 & 1 & 0 \\ 1 & 1 & 0 & 1 \end{array}\right) \xrightarrow{②+①\times(-1)} \left(\begin{array}{cc|cc} 1 & 0 & 1 & 0 \\ 0 & 1 & -1 & 1 \end{array}\right)$

より $\begin{pmatrix} 1 & 0 \\ 1 & 1 \end{pmatrix}^{-1} = \begin{pmatrix} 1 & 0 \\ -1 & 1 \end{pmatrix}$ である。

練習4　次の行列について，行の基本変形により，逆行列を求めよ。

(1) $\begin{pmatrix} 1 & 2 \\ 3 & 7 \end{pmatrix}$　　(2) $\begin{pmatrix} 3 & -8 \\ 2 & -5 \end{pmatrix}$　　(3) $\begin{pmatrix} 1 & 2 \\ 3 & 4 \end{pmatrix}$

例題4　$A = \begin{pmatrix} 1 & 0 & 1 \\ 1 & 1 & 1 \\ 2 & 1 & 1 \end{pmatrix}$ の逆行列 A^{-1} を求めよ。

解

$$\left(\begin{array}{ccc|ccc} 1 & 0 & 1 & 1 & 0 & 0 \\ 1 & 1 & 1 & 0 & 1 & 0 \\ 2 & 1 & 1 & 0 & 0 & 1 \end{array}\right) \xrightarrow[③+①\times(-2)]{②+①\times(-1)} \left(\begin{array}{ccc|ccc} 1 & 0 & 1 & 1 & 0 & 0 \\ 0 & 1 & 0 & -1 & 1 & 0 \\ 0 & 1 & -1 & -2 & 0 & 1 \end{array}\right)$$

$$\xrightarrow{③+②\times(-1)} \left(\begin{array}{ccc|ccc} 1 & 0 & 1 & 1 & 0 & 0 \\ 0 & 1 & 0 & -1 & 1 & 0 \\ 0 & 0 & -1 & -1 & -1 & 1 \end{array}\right) \xrightarrow{③\times(-1)} \left(\begin{array}{ccc|ccc} 1 & 0 & 1 & 1 & 0 & 0 \\ 0 & 1 & 0 & -1 & 1 & 0 \\ 0 & 0 & 1 & 1 & 1 & -1 \end{array}\right)$$

$$\xrightarrow{①+③\times(-1)} \left(\begin{array}{ccc|ccc} 1 & 0 & 0 & 0 & -1 & 1 \\ 0 & 1 & 0 & -1 & 1 & 0 \\ 0 & 0 & 1 & 1 & 1 & -1 \end{array}\right)$$

よって　$A^{-1} = \begin{pmatrix} 0 & -1 & 1 \\ -1 & 1 & 0 \\ 1 & 1 & -1 \end{pmatrix}$

練習5　次の行列の逆行列を求めよ。

(1) $\begin{pmatrix} 1 & 2 & 0 \\ 0 & 1 & 1 \\ 0 & 2 & 1 \end{pmatrix}$　　(2) $\begin{pmatrix} 1 & 1 & 0 \\ 2 & 0 & -1 \\ 1 & 2 & 1 \end{pmatrix}$　　(3) $\begin{pmatrix} 1 & 3 & 1 \\ 2 & 5 & 4 \\ 3 & 6 & 8 \end{pmatrix}$

練習6　次の行列の逆行列を求めよ。

(1) $\begin{pmatrix} 1 & 1 & 2 & 1 \\ 0 & 1 & 1 & 2 \\ 0 & 1 & 2 & 2 \\ 1 & 2 & 1 & 2 \end{pmatrix}$　　(2) $\begin{pmatrix} 0 & 0 & 1 & 0 \\ 1 & 0 & 0 & -1 \\ -1 & 1 & -1 & 1 \\ 0 & -1 & 0 & 1 \end{pmatrix}$

3 行列の階数

行の基本変形の類似として，**列の基本変形** が考えられる。

列の基本変形

［1］ ある列にある数 k を掛けたものを別の列に加える

［2］ ある列に 0 でない数 k を掛ける

［3］ ある列と別の列を入れ換える

注意 掃き出し法において，列の基本変形はしない。なぜなら係数行列の各列は変数の区別を表すので，それをすると別の未知数の方程式になるからである。

今後，係数行列の各列を$\boxed{1}$，$\boxed{2}$，$\boxed{3}$，…と表すことにする。

例3 $$\begin{pmatrix}0&2&0\\1&0&3\\0&0&0\end{pmatrix}\xrightarrow{\boxed{3}+\boxed{1}\times(-3)}\begin{pmatrix}0&2&0\\1&0&0\\0&0&0\end{pmatrix}\xrightarrow{\boxed{2}\times\frac{1}{2}}\begin{pmatrix}0&1&0\\1&0&0\\0&0&0\end{pmatrix}\xrightarrow{\boxed{1}と\boxed{2}を交換}\begin{pmatrix}1&0&0\\0&1&0\\0&0&0\end{pmatrix}$$

階数 一般に，$m\times n$ 行列 A に対し，行と列の基本変形により，E_r を r 次の単位行列，$*$ の部分を $r\times(n-r)$ 行列として A を次の形に変形できる。

$$\begin{pmatrix}E_r & * \\ O & O\end{pmatrix} \quad \cdots\cdots ①$$

このとき，r を A の **階数** といい，$\mathrm{rank}\,A$ で表す。

例4 $$A=\begin{pmatrix}1&1&1\\2&3&2\\1&1&2\end{pmatrix}\xrightarrow[③+①\times(-1)]{②+①\times(-2)}\begin{pmatrix}1&1&1\\0&1&0\\0&0&1\end{pmatrix}\xrightarrow[\boxed{3}+\boxed{1}\times(-1)]{\boxed{2}+\boxed{1}\times(-1)}\begin{pmatrix}1&0&0\\0&1&0\\0&0&1\end{pmatrix}$$

$$B=\begin{pmatrix}1&3&1\\2&7&4\\3&9&3\end{pmatrix}\xrightarrow[③+①\times(-3)]{②+①\times(-2)}\begin{pmatrix}1&3&1\\0&1&2\\0&0&0\end{pmatrix}\xrightarrow{\boxed{2}+\boxed{1}\times(-3)}\begin{pmatrix}1&0&1\\0&1&2\\0&0&0\end{pmatrix}$$

よって，$\mathrm{rank}\,A=3$，$\mathrm{rank}\,B=2$

練習7 次の行列について，階数を求めよ。

(1) $\begin{pmatrix}1&2\\2&3\end{pmatrix}$ (2) $\begin{pmatrix}1&3&1\\2&4&1\\1&1&0\end{pmatrix}$ (3) $\begin{pmatrix}2&5&3&0\\1&3&1&1\\2&7&1&4\end{pmatrix}$

連立1次方程式が解をもつための必要十分条件について，階数を用いると，次のように表すことができる。

連立1次方程式が解をもつ条件

係数行列 A と拡大係数行列 A' について

$$\operatorname{rank} A = \operatorname{rank} A' \iff \text{連立方程式は解をもつ}$$

例5 p. 95 の(1)，(2)の係数行列 A と拡大係数行列 A' を比べる。

(1) $\begin{cases} x+y+2z=1 \\ 2x+3y+5z=3 \\ 3x+4y+7z=5 \end{cases}$

A，A' それぞれの階数を求めるため，基本変形をすると

$$A=\begin{pmatrix}1&1&2\\2&3&5\\3&4&7\end{pmatrix}\xrightarrow[③+①\times(-3)]{②+①\times(-2)}\begin{pmatrix}1&1&2\\0&1&1\\0&1&1\end{pmatrix}\xrightarrow[③+②\times(-1)]{①+②\times(-1)}\begin{pmatrix}1&0&1\\0&1&1\\0&0&0\end{pmatrix}$$

$$A'=\begin{pmatrix}1&1&2&1\\2&3&5&3\\3&4&7&5\end{pmatrix}\xrightarrow[③+①\times(-3)]{②+①\times(-2)}\begin{pmatrix}1&1&2&1\\0&1&1&1\\0&1&1&2\end{pmatrix}$$

$$\xrightarrow[③+②\times(-1)]{①+②\times(-1)}\begin{pmatrix}1&0&1&0\\0&1&1&1\\0&0&0&1\end{pmatrix}\xrightarrow{②+③\times(-1)}\begin{pmatrix}1&0&1&0\\0&1&1&0\\0&0&0&1\end{pmatrix}$$

$$\xrightarrow{\boxed{3}\text{と}\boxed{4}\text{を交換}}\begin{pmatrix}1&0&0&1\\0&1&0&1\\0&0&1&0\end{pmatrix}$$

よって，$\operatorname{rank} A=2$，$\operatorname{rank} A'=3$ である。

$\operatorname{rank} A \neq \operatorname{rank} A'$ より，この連立1次方程式は解をもたない。

(2)については，p. 95 で行った行変形の結果だけから $\operatorname{rank} A=2$，$\operatorname{rank} A'=2$ がわかる。

$\operatorname{rank} A = \operatorname{rank} A'$ より，この連立方程式は解をもつ。

練習8 次の連立1次方程式が解をもつかどうかを調べよ。

$$\begin{cases} x+y+2z=1 \\ 2x+y+5z=1 \\ x+2y+z=1 \end{cases}$$

節末問題

1. 掃き出し法により，次の連立1次方程式を解け。

(1) $\begin{cases} 3x+y+z=6 \\ 2x+2y+z=3 \\ 2x+y+3z=6 \end{cases}$　　(2) $\begin{cases} x+3y+2z=-3 \\ -4x+2y-6z=3 \\ -2x+4y-4z=1 \end{cases}$

2. 掃き出し法により，次の連立1次方程式を解け。

(1) $\begin{cases} 3x+y+2z=4 \\ 3x+2y+z=5 \\ 2x+y+z=3 \end{cases}$　　(2) $\begin{cases} 5x+4y+6z=13 \\ 2x+5y-z=12 \end{cases}$

3. 次の行列について，階数を求めよ。

(1) $\begin{pmatrix} 4 & 1 & 6 \\ 3 & 3 & 9 \\ 1 & 2 & 5 \end{pmatrix}$　　(2) $\begin{pmatrix} 3 & 7 & 6 & 2 \\ 2 & 5 & 5 & 1 \\ 3 & 6 & 4 & 5 \end{pmatrix}$　　(3) $\begin{pmatrix} 2 & 4 & 3 & 3 \\ 3 & 5 & 5 & 4 \\ 1 & 3 & 1 & 2 \end{pmatrix}$

4. 次の行列について，逆行列を求めよ。

(1) $\begin{pmatrix} -1 & 0 & 1 \\ 0 & -1 & 1 \\ 1 & 1 & -1 \end{pmatrix}$　　(2) $\begin{pmatrix} 2 & 1 & 0 \\ 2 & 2 & 3 \\ 0 & 1 & 2 \end{pmatrix}$　　(3) $\begin{pmatrix} 1 & -1 & 1 & 0 \\ 0 & 1 & -1 & 0 \\ 0 & 0 & 1 & 0 \\ 0 & 0 & 0 & -1 \end{pmatrix}$

5. $m\times n$ 行列 A について，$\mathrm{rank}\,A \leqq m$，$\mathrm{rank}\,A \leqq n$ が成り立つことを示せ。

6. ベクトル $\vec{v}=\begin{pmatrix} x \\ y \\ z \end{pmatrix}$ が，連立方程式

$$\begin{cases} -x-y+z=-3 \\ 2x+3y-z=8 \\ 3x+4y-2z=11 \end{cases}$$

を満たすとき，t を任意の実数として，$\vec{v}=\begin{pmatrix} 1 \\ 2 \\ 0 \end{pmatrix}+t\begin{pmatrix} 2 \\ -1 \\ 1 \end{pmatrix}$ と表されることを示せ。

第 3 章

行列式

1

行列式の定義と性質

2

行列式の応用

行列式が考えられるようになったのは16世紀であり，19世紀中頃から考えられた行列よりも遥か昔にさかのぼる。歴史的には，与えられた連立1次方程式が解けるかどうかを判定するものとして行列式の概念は生まれた。行列式は，行列の正則性やベクトルの1次独立性の判定など，線形代数における最も重要な指標の1つであり，工学や経済学などの分野で応用されている。

この章では，1つの行列に対して，あるルールによってただ1つきまる値である行列式の概念を学び，行列式の計算に慣れることから始める。その上で行列式を利用した連立1次方程式の解の公式について考える。さらに一方で，行列式の計算が図形の面積や体積を求めるのに有効であることを学ぶ。

◆1◆ 行列式の定義と性質

1 2次の行列式

1 2次の行列式の定義

2次正方行列 $A=\begin{pmatrix} a & b \\ c & d \end{pmatrix}$ に対して，A の成分 a，b，c，d からなる多項式 $ad-bc$ を A の行列式といい，$|A|$ または $\det A$ で表す。また，$\begin{vmatrix} a & b \\ c & d \end{vmatrix}$ と書く。2次正方行列の行列式のことを **2次の行列式** という。

$|A|=ad-bc$ であるから a，b，c，d が実数のとき $|A|$ も実数となる。行列式 $|A|$ は，p. 81 で学んだように逆行列の存在条件や，逆行列の公式に現れる。

例題 1 行列 $A=\begin{pmatrix} 1 & 2 \\ 3 & 4 \end{pmatrix}$ について $|A|$ を計算し，A が正則であるかどうかを判定せよ。正則な場合は逆行列 A^{-1} を求めて $AA^{-1}=A^{-1}A=E$ となることを確かめよ。

解 $|A|=\begin{vmatrix} 1 & 2 \\ 3 & 4 \end{vmatrix}=1\cdot4-2\cdot3=-2$ である。$|A|\neq0$ より A は正則で

$$A^{-1}=\begin{pmatrix} 1 & 2 \\ 3 & 4 \end{pmatrix}^{-1}=\frac{1}{-2}\begin{pmatrix} 4 & -2 \\ -3 & 1 \end{pmatrix}=\begin{pmatrix} -2 & 1 \\ \frac{3}{2} & -\frac{1}{2} \end{pmatrix}$$ ← p. 81

$$\begin{pmatrix} 1 & 2 \\ 3 & 4 \end{pmatrix}\begin{pmatrix} -2 & 1 \\ \frac{3}{2} & -\frac{1}{2} \end{pmatrix}=\begin{pmatrix} 1\cdot(-2)+2\cdot\frac{3}{2} & 1\cdot1+2\cdot\left(-\frac{1}{2}\right) \\ 3\cdot(-2)+4\cdot\frac{3}{2} & 3\cdot1+4\cdot\left(-\frac{1}{2}\right) \end{pmatrix}=\begin{pmatrix} 1 & 0 \\ 0 & 1 \end{pmatrix}$$

$$\begin{pmatrix} -2 & 1 \\ \frac{3}{2} & -\frac{1}{2} \end{pmatrix}\begin{pmatrix} 1 & 2 \\ 3 & 4 \end{pmatrix}=\begin{pmatrix} -2\cdot1+1\cdot3 & -2\cdot2+1\cdot4 \\ \frac{3}{2}\cdot1+\left(-\frac{1}{2}\right)\cdot3 & \frac{3}{2}\cdot2+\left(-\frac{1}{2}\right)\cdot4 \end{pmatrix}=\begin{pmatrix} 1 & 0 \\ 0 & 1 \end{pmatrix}$$

練習 1 次の行列 A が正則であるかどうかを調べ，正則ならば逆行列 A^{-1} を求めよ。

(1) $A=\begin{pmatrix} 2 & -1 \\ 2 & 1 \end{pmatrix}$ (2) $A=\begin{pmatrix} 1 & 0 \\ 0 & 1 \end{pmatrix}$ (3) $A=\begin{pmatrix} 4 & -5 \\ 1 & 2 \end{pmatrix}$ (4) $A=\begin{pmatrix} 2 & 1 \\ 6 & 3 \end{pmatrix}$

2　2次の行列式の性質

2次正方行列 A とその転置行列 ${}^tA$ (p. 85) の行列式を比べると，

$$|A|=\begin{vmatrix} a & b \\ c & d \end{vmatrix}=ad-bc, \qquad |{}^tA|=\begin{vmatrix} a & c \\ b & d \end{vmatrix}=ad-cb$$

したがって，次のことが成り立つ。

転置行列の行列式

2次の正方行列 A について　$|A|=|{}^tA|$

次に，2次の行列式に対して，行の基本変形と行列式の値の変化を調べてみよう。行の基本変形とは，p. 93 [1]〜[3]の操作を繰り返して，別の行列を導くことであった。

以下では，p. 93 の[3]，[2]，[1]の順に調べてみよう。

2つの行を入れ換えること

$$\begin{vmatrix} c & d \\ a & b \end{vmatrix}=cb-da=-(ad-bc)=-\begin{vmatrix} a & b \\ c & d \end{vmatrix}$$

であるから，

2つの行を入れ換えると，行列式の符号は変化する

このような性質を，行列式の **交代性** という。

とくに1行目と2行目が等しい行列式の場合は，交代性により，

$\begin{vmatrix} a & b \\ a & b \end{vmatrix}=-\begin{vmatrix} a & b \\ a & b \end{vmatrix}$ が成り立つから，$\begin{vmatrix} a & b \\ a & b \end{vmatrix}=0$ となる。つまり，

2つの行が等しい行列式の値は0である

ある行に0でない数 k を掛けること

$$\begin{vmatrix} ka & kb \\ c & d \end{vmatrix}=kad-kbc=k(ad-bc)=k\begin{vmatrix} a & b \\ c & d \end{vmatrix}$$

であるから，

1つの行の共通因数 k は行列式の因数としてくくりだすことができる

ある行にある数 k を掛けたものを別の行に加えること

まず，次のことが成り立つ。

$$\begin{vmatrix} a_1+a_2 & b_1+b_2 \\ c & d \end{vmatrix} = (a_1+a_2)d-(b_1+b_2)c$$

$$= (a_1d-b_1c)+(a_2d-b_2c) = \begin{vmatrix} a_1 & b_1 \\ c & d \end{vmatrix} + \begin{vmatrix} a_2 & b_2 \\ c & d \end{vmatrix}$$

つまり，

1つの行の各成分が2数の和のとき行列式は2つの行列式の和にできる

この性質と[2]，[3]の性質を用いると次のことが成り立つ。

$$\begin{vmatrix} a+kc & b+kd \\ c & d \end{vmatrix} = \begin{vmatrix} a & b \\ c & d \end{vmatrix} + k\begin{vmatrix} c & d \\ c & d \end{vmatrix} = \begin{vmatrix} a & b \\ c & d \end{vmatrix}$$

つまり，

ある行にある数 k を掛けて別の行に加えても行列式の値は変わらない

以上の性質は，行列式の値は転置によって変化しないので，列についても成り立つ。まとめると，次の性質が成り立つ。

2次の行列式の性質

[1]　1つの行（列）の各成分が2数の和として表されているとき，行列式はその行以外はすべて元の行列と同じである2つの行列式の和で表される。

[2]　1つの行（列）のすべての成分に共通な因数は，行列式の因数としてくくりだすことができる。

[3]　2つの行（列）を入れ換えると，行列式の符号が変化する。

例1　$\begin{vmatrix} 10 & 5 \\ 3 & 4 \end{vmatrix} = 10\cdot4-5\cdot3=25$ であるが，上の性質[1]，[2]を用いると

$$\begin{vmatrix} 10 & 5 \\ 3 & 4 \end{vmatrix} \overset{[1]}{=} \begin{vmatrix} 10 & 0 \\ 3 & 4 \end{vmatrix} + \begin{vmatrix} 0 & 5 \\ 3 & 4 \end{vmatrix} = 10\cdot4-0+0-5\cdot3=25$$

$$\begin{vmatrix} 10 & 5 \\ 3 & 4 \end{vmatrix} \overset{[2]}{=} 5\times\begin{vmatrix} 2 & 1 \\ 3 & 4 \end{vmatrix} = 5\times(2\cdot4-1\cdot3)=25$$

また，[3]の性質を用いると，たとえば1行目と2行目を入れ換えたとき

$$\begin{vmatrix} 3 & 4 \\ 10 & 5 \end{vmatrix} = 3\cdot5-4\cdot10=-25 \quad \text{より} \quad \begin{vmatrix} 10 & 5 \\ 3 & 4 \end{vmatrix} = -\begin{vmatrix} 3 & 4 \\ 10 & 5 \end{vmatrix}$$

2 n 次の行列式

2次正方行列の行列式は，逆行列の存在条件や，逆行列の公式に現れる数であった(p. 81)。一般の n 次正方行列に対しても，同様な役割をもつものを行列式として定義しよう。

1 n 次の行列式の定義

n 次正方行列

$$A=\begin{pmatrix} a_{11} & a_{12} & \cdots & a_{1n} \\ a_{21} & a_{22} & \cdots & a_{2n} \\ \vdots & \vdots & \ddots & \vdots \\ a_{n1} & a_{n2} & \cdots & a_{nn} \end{pmatrix}$$

に対して，A の成分 a_{11}，a_{12}，$\cdots$，a_{nn} からなる多項式で，次の条件[1]，[2]，[3]，[4]を満たすものを A の **行列式** といい，次のように表す。

$$|A|=\begin{vmatrix} a_{11} & a_{12} & \cdots & a_{1n} \\ a_{21} & a_{22} & \cdots & a_{2n} \\ \vdots & \vdots & \ddots & \vdots \\ a_{n1} & a_{n2} & \cdots & a_{nn} \end{vmatrix}$$

n 次正方行列の行列式のことをとくに **n 次の行列式** という。

[1]　1つの行の各成分が2数の和として表されているとき，行列式はその行以外はすべて元の行列と同じであるような2つの行列式の和で表される。

$$\begin{vmatrix} a_{11} & a_{12} & \cdots & a_{1n} \\ \vdots & \vdots & \ddots & \vdots \\ a_{i1}+a'_{i1} & a_{i2}+a'_{i2} & \cdots & a_{in}+a'_{in} \\ \vdots & \vdots & \ddots & \vdots \\ a_{n1} & a_{n2} & \cdots & a_{nn} \end{vmatrix}=\begin{vmatrix} a_{11} & a_{12} & \cdots & a_{1n} \\ \vdots & \vdots & \ddots & \vdots \\ a_{i1} & a_{i2} & \cdots & a_{in} \\ \vdots & \vdots & \ddots & \vdots \\ a_{n1} & a_{n2} & \cdots & a_{nn} \end{vmatrix}+\begin{vmatrix} a_{11} & a_{12} & \cdots & a_{1n} \\ \vdots & \vdots & \ddots & \vdots \\ a'_{i1} & a'_{i2} & \cdots & a'_{in} \\ \vdots & \vdots & \ddots & \vdots \\ a_{n1} & a_{n2} & \cdots & a_{nn} \end{vmatrix}$$

[2]　1つの行のすべての成分に共通な因数は，行列式の因数としてくくりだすことができる。

$$\begin{vmatrix} a_{11} & a_{12} & \cdots & a_{1n} \\ \vdots & \vdots & \ddots & \vdots \\ ka_{i1} & ka_{i2} & \cdots & ka_{in} \\ \vdots & \vdots & \ddots & \vdots \\ a_{n1} & a_{n2} & \cdots & a_{nn} \end{vmatrix}=k\begin{vmatrix} a_{11} & a_{12} & \cdots & a_{1n} \\ \vdots & \vdots & \ddots & \vdots \\ a_{i1} & a_{i2} & \cdots & a_{in} \\ \vdots & \vdots & \ddots & \vdots \\ a_{n1} & a_{n2} & \cdots & a_{nn} \end{vmatrix}$$

[3]　2つの行を入れ換えると，行列式の符号が変化する。

$$\begin{vmatrix} a_{11} & a_{12} & \cdots & a_{1n} \\ \vdots & \vdots & \ddots & \vdots \\ a_{i1} & a_{i2} & \cdots & a_{in} \\ \vdots & \vdots & \ddots & \vdots \\ a_{j1} & a_{j2} & \cdots & a_{jn} \\ \vdots & \vdots & \ddots & \vdots \\ a_{n1} & a_{n2} & \cdots & a_{nn} \end{vmatrix} = (-1) \times \begin{vmatrix} a_{11} & a_{12} & \cdots & a_{1n} \\ \vdots & \vdots & \ddots & \vdots \\ a_{j1} & a_{j2} & \cdots & a_{jn} \\ \vdots & \vdots & \ddots & \vdots \\ a_{i1} & a_{i2} & \cdots & a_{in} \\ \vdots & \vdots & \ddots & \vdots \\ a_{n1} & a_{n2} & \cdots & a_{nn} \end{vmatrix}$$

[4]　単位行列の行列式は1である。

$$|E| = \begin{vmatrix} 1 & 0 & \cdots & 0 \\ 0 & 1 & \cdots & 0 \\ \vdots & \vdots & \ddots & \vdots \\ 0 & 0 & \cdots & 1 \end{vmatrix} = 1$$

上の定義の条件[1]～[4]を満たす$|A|$は，行列Aごとに存在して一通りであることが知られている。

今後は，この条件を使ってさまざまな行列式を計算しよう。

注意　$|A|$は$\det A$と表すこともある。Aの成分が実数のとき$|A|$も実数になる。

例2

$$\begin{vmatrix} 0 & 5 & 0 & 0 \\ 0 & 0 & 0 & 1 \\ 1 & 0 & 0 & 0 \\ 0 & 0 & 3 & 0 \end{vmatrix} \overset{②\leftrightarrow③}{=} (-1) \times \begin{vmatrix} 0 & 5 & 0 & 0 \\ 1 & 0 & 0 & 0 \\ 0 & 0 & 0 & 1 \\ 0 & 0 & 3 & 0 \end{vmatrix} \overset{\substack{①\leftrightarrow②\\③\leftrightarrow④}}{=} (-1) \times (-1)^2 \times \begin{vmatrix} 1 & 0 & 0 & 0 \\ 0 & 5 & 0 & 0 \\ 0 & 0 & 3 & 0 \\ 0 & 0 & 0 & 1 \end{vmatrix}$$

$$\overset{\substack{②\text{から}5\text{をくくり出す}\\③\text{から}3\text{をくくり出す}}}{=} (-1)^3 \times 5 \times 3 \times \begin{vmatrix} 1 & 0 & 0 & 0 \\ 0 & 1 & 0 & 0 \\ 0 & 0 & 1 & 0 \\ 0 & 0 & 0 & 1 \end{vmatrix} \overset{\substack{\text{定義の}\\\text{条件[4]}}}{=} -15 \times 1 = -15$$

ここで，青字の②↔③は，直前の行列式の2行目と3行目の入れ換えを表す。値が変わらないような変形をしているので，行列式と行列式の間は等号 = で結び，→ ではつなげないこととする。= の上に，変形の手順を必ず書くようにしよう。

練習2　次の行列式の値を求めよ。

(1) $\begin{vmatrix} 0 & 0 & 2 \\ 0 & 1 & 0 \\ 3 & 0 & 0 \end{vmatrix}$　(2) $\begin{vmatrix} 0 & 4 & 0 \\ 0 & 0 & -1 \\ 3 & 0 & 0 \end{vmatrix}$　(3) $\begin{vmatrix} 0 & 0 & 0 & 1 \\ 1 & 0 & 0 & 0 \\ 0 & 1 & 0 & 0 \\ 0 & 0 & 1 & 0 \end{vmatrix}$　(4) $\begin{vmatrix} 0 & 0 & 2 & 0 \\ 0 & 3 & 0 & 0 \\ 4 & 0 & 0 & 0 \\ 0 & 0 & 0 & 5 \end{vmatrix}$

2 n 次の行列式の性質

ここでは一般の n 次の行列式に対しても，2 次の行列式と同様の性質が成り立つことを見てみよう。また，そのことを利用して，さまざまな行列式の値が計算できるようにしよう。以下，n を自然数とする。

一般に，正方行列 A の行と列を入れ換えてできる行列である転置行列 ${}^tA$（p. 85）について，次が成り立つことが知られている。

n 次の行列式の性質 I

n 次正方行列 A に対して $|A|=|{}^tA|$

この性質から，行列式の行について成り立つことは，列についても成り立つことがわかる。つまり，行列式の定義の条件[1]，[2]，[3]は行についての条件であるが，列についての条件としてよい。次の例は，定義の条件[1]（p. 107）を，列についての条件として変形している。

例 3　第 3 列以外は保ったまま次のように変形することができる。

$$\begin{vmatrix} 1 & 4 & 1+4 \\ 2 & 5 & 2+5 \\ 3 & 6 & 3+6 \end{vmatrix} = \begin{vmatrix} 1 & 4 & 1 \\ 2 & 5 & 2 \\ 3 & 6 & 3 \end{vmatrix} + \begin{vmatrix} 1 & 4 & 4 \\ 2 & 5 & 5 \\ 3 & 6 & 6 \end{vmatrix}$$

さらに行列式の性質を調べていこう。

2 つの行が等しい行列式を考える。たとえば次のような 1 行目と 2 行目が等しい行列式に対して 1 行目と 2 行目を入れ換えると，行列式の定義の条件[3]から，

$$\begin{vmatrix} 2 & 3 & 4 \\ 2 & 3 & 4 \\ 1 & 5 & 6 \end{vmatrix} = (-1) \times \begin{vmatrix} 2 & 3 & 4 \\ 2 & 3 & 4 \\ 1 & 5 & 6 \end{vmatrix}$$

のように，符号が変化する。右辺を左辺に移項すると，

$$2 \times \begin{vmatrix} 2 & 3 & 4 \\ 2 & 3 & 4 \\ 1 & 5 & 6 \end{vmatrix} = 0 \text{ となり，} \begin{vmatrix} 2 & 3 & 4 \\ 2 & 3 & 4 \\ 1 & 5 & 6 \end{vmatrix} = 0 \text{ がわかる。}$$

以上と同じ方法で，一般に次のことを示すことができる。

2 つの行が等しい行列式の値は 0 である。 ……①

次に，たとえば下のような行列式の変形を考えてみよう。まず，行列式の定義の条件[1]を用いて2つの行列式の和の形にし，さらに定義の条件[2]を用いて k をくくり出す。最後は前ページの①を用いて変形している。

$$\begin{vmatrix} a_{11}+ka_{21} & a_{12}+ka_{22} & a_{13}+ka_{23} \\ a_{21} & a_{22} & a_{23} \\ a_{31} & a_{32} & a_{33} \end{vmatrix} \overset{\text{定義の条件[1]}}{=} \begin{vmatrix} a_{11} & a_{12} & a_{13} \\ a_{21} & a_{22} & a_{23} \\ a_{31} & a_{32} & a_{33} \end{vmatrix} + \begin{vmatrix} ka_{21} & ka_{22} & ka_{23} \\ a_{21} & a_{22} & a_{23} \\ a_{31} & a_{32} & a_{33} \end{vmatrix}$$

$$\overset{\text{定義の条件[2]}}{=} \begin{vmatrix} a_{11} & a_{12} & a_{13} \\ a_{21} & a_{22} & a_{23} \\ a_{31} & a_{32} & a_{33} \end{vmatrix} + k\begin{vmatrix} a_{21} & a_{22} & a_{23} \\ a_{21} & a_{22} & a_{23} \\ a_{31} & a_{32} & a_{33} \end{vmatrix} \overset{\text{前ページの①}}{=} \begin{vmatrix} a_{11} & a_{12} & a_{13} \\ a_{21} & a_{22} & a_{23} \\ a_{31} & a_{32} & a_{33} \end{vmatrix} + k\times 0 = \begin{vmatrix} a_{11} & a_{12} & a_{13} \\ a_{21} & a_{22} & a_{23} \\ a_{31} & a_{32} & a_{33} \end{vmatrix}$$

左辺の1行目は右辺の1行目に2行目の k 倍を足したものである。

1つの行に他の行の何倍かしたものを足しても行列式の値は変わらない

以上と同じ方法で，一般に次のことが成り立つことを示すことができる。

n 次行列式の性質Ⅱ

1) 2つの行（列）が等しい行列式の値は0である。
2) 1つの行（列）に他の行（列）の何倍かしたものを足しても，行列式の値は変わらない。
3) すべての成分が0である行（列）をもつ行列式の値は0である。

2)において，i 行に j 行の k 倍を加えた変形は次のとおりである。

$$\begin{vmatrix} a_{11} & a_{12} & \cdots & a_{1n} \\ \vdots & \vdots & \ddots & \vdots \\ a_{i1} & a_{i2} & \cdots & a_{in} \\ \vdots & \vdots & \ddots & \vdots \\ a_{j1} & a_{j2} & \cdots & a_{jn} \\ \vdots & \vdots & \ddots & \vdots \\ a_{n1} & a_{n2} & \cdots & a_{nn} \end{vmatrix} = \begin{vmatrix} a_{11} & a_{12} & \cdots & a_{1n} \\ \vdots & \vdots & \ddots & \vdots \\ a_{i1}+ka_{j1} & a_{i2}+ka_{j2} & \cdots & a_{in}+ka_{jn} \\ \vdots & \vdots & \ddots & \vdots \\ a_{j1} & a_{j2} & \cdots & a_{jn} \\ \vdots & \vdots & \ddots & \vdots \\ a_{n1} & a_{n2} & \cdots & a_{nn} \end{vmatrix}$$

実際の計算では，＝の上に ⓘ＋ⓙ×k と書くようにする（p. 93）。ⓘは実際に変化する行番号 i 行目を指す。

例4 $$\begin{vmatrix} 1 & 4 & 5 \\ 2 & 5 & 7 \\ 3 & 6 & 9 \end{vmatrix} \overset{\text{②+①×(−1), ③+①×(−2)}}{=} \begin{vmatrix} 1 & 4+1\times(-1) & 5+1\times(-2) \\ 2 & 5+2\times(-1) & 7+2\times(-2) \\ 3 & 6+3\times(-1) & 9+3\times(-2) \end{vmatrix} = \begin{vmatrix} 1 & 3 & 3 \\ 2 & 3 & 3 \\ 3 & 3 & 3 \end{vmatrix} = 0$$

さらに前ページの[性質Ⅱ]を用いて，対角成分よりも下の成分がすべて0であるような行列式を変形してみよう。

$$\begin{vmatrix} a_{11} & a_{12} & a_{13} \\ 0 & a_{22} & a_{23} \\ 0 & 0 & a_{33} \end{vmatrix} \overset{\text{③から}a_{33}\text{をくくり出す}}{=} a_{33}\times\begin{vmatrix} a_{11} & a_{12} & a_{13} \\ 0 & a_{22} & a_{23} \\ 0 & 0 & 1 \end{vmatrix} \overset{\substack{①+③\times(-a_{13}) \\ ②+③\times(-a_{23})}}{=} a_{33}\times\begin{vmatrix} a_{11} & a_{12} & 0 \\ 0 & a_{22} & 0 \\ 0 & 0 & 1 \end{vmatrix}$$

$$\overset{\text{②から}a_{22}\text{をくくり出す}}{=} a_{33}\times a_{22}\times\begin{vmatrix} a_{11} & a_{12} & 0 \\ 0 & 1 & 0 \\ 0 & 0 & 1 \end{vmatrix} \overset{①+②\times(-a_{12})}{=} a_{33}\times a_{22}\times\begin{vmatrix} a_{11} & 0 & 0 \\ 0 & 1 & 0 \\ 0 & 0 & 1 \end{vmatrix}$$

$$\overset{\text{①から}a_{11}\text{をくくり出す}}{=} a_{33}\times a_{22}\times a_{11}\times\begin{vmatrix} 1 & 0 & 0 \\ 0 & 1 & 0 \\ 0 & 0 & 1 \end{vmatrix} \overset{\text{定義の条件[4]}}{=} a_{33}a_{22}a_{11}$$

左辺の行列式の値は対角成分の積となることがわかる。同様に対角成分より上の成分がすべて0であるような行列式の値も対角成分の積になることが示せる。

以上と同じ方法で，一般に次のことが成り立つことを示すことができる。

n 次の行列式の性質Ⅲ

$$\begin{vmatrix} a_{11} & a_{12} & \cdots & a_{1n} \\ 0 & a_{22} & \cdots & a_{2n} \\ \vdots & \ddots & \ddots & \vdots \\ 0 & \cdots & 0 & a_{nn} \end{vmatrix} = a_{11}a_{22}\cdots a_{nn} \qquad \begin{vmatrix} a_{11} & 0 & \cdots & 0 \\ a_{21} & a_{22} & \ddots & \vdots \\ \vdots & \vdots & \ddots & 0 \\ a_{n1} & a_{n2} & \cdots & a_{nn} \end{vmatrix} = a_{11}a_{22}\cdots a_{nn}$$

練習3　次の行列式の値を求めよ。

(1) $\begin{vmatrix} 2 & 3 & 1 \\ 0 & 1 & 4 \\ 0 & 0 & -3 \end{vmatrix}$　　(2) $\begin{vmatrix} 3 & 0 & 0 \\ 0 & -1 & 0 \\ 3 & 7 & -2 \end{vmatrix}$

(3) $\begin{vmatrix} 4 & 0 & 0 & 0 \\ 1 & -3 & 0 & 0 \\ 0 & 1 & 2 & 0 \\ 0 & 0 & 1 & 1 \end{vmatrix}$　　(4) $\begin{vmatrix} 2 & 8 & 2 & 0 \\ 0 & -3 & 0 & 0 \\ 0 & 0 & -1 & 0 \\ 0 & 0 & 0 & 5 \end{vmatrix}$

例5

$$\begin{vmatrix} 1 & 2 & 3 \\ 4 & 5 & 6 \\ 7 & 8 & 9 \end{vmatrix} \overset{\substack{②+①\times(-1) \\ ③+①\times(-1)}}{=} \begin{vmatrix} 1 & 2 & 3 \\ 3 & 3 & 3 \\ 6 & 6 & 6 \end{vmatrix} \overset{\substack{[1]+[3]\times(-1) \\ [2]+[3]\times(-1)}}{=} \begin{vmatrix} -2 & -1 & 3 \\ 0 & 0 & 3 \\ 0 & 0 & 6 \end{vmatrix} \overset{\text{性質Ⅲ}}{=} -2\cdot0\cdot6=0$$

$$\begin{vmatrix} 1 & 3 & 1 \\ 0 & 1 & 0 \\ 2 & 0 & 3 \end{vmatrix} \overset{③+①\times(-2)}{=} \begin{vmatrix} 1 & 3 & 1 \\ 0 & 1 & 0 \\ 0 & -6 & 1 \end{vmatrix} \overset{③+②\times6}{=} \begin{vmatrix} 1 & 3 & 1 \\ 0 & 1 & 0 \\ 0 & 0 & 1 \end{vmatrix} \overset{\text{性質Ⅲ}}{=} 1\cdot1\cdot1=1$$

最後に，正方行列において第1列目に着目したとき，2行目から下の成分がすべて0の場合の行列式について考えよう。

たとえば3次の行列式$\begin{vmatrix} 2 & 3 & 4 \\ 0 & 5 & 6 \\ 0 & 7 & 8 \end{vmatrix}$を考える。$\begin{pmatrix} 5 & 6 \\ 7 & 8 \end{pmatrix}$の部分の行列式は，$n$次行列式の定義の条件[2](p. 107)，[性質Ⅱ]，[性質Ⅲ]を用いて次のように変形できる。

$$\begin{vmatrix} 5 & 6 \\ 7 & 8 \end{vmatrix} \overset{\substack{①から5を\\くくり出す}}{=} 5\times\begin{vmatrix} 1 & \frac{6}{5} \\ 7 & 8 \end{vmatrix} \overset{②+①\times(-7)}{=} 5\times\begin{vmatrix} 1 & \frac{6}{5} \\ 0 & -\frac{2}{5} \end{vmatrix} = 5\times1\times\left(-\frac{2}{5}\right) \quad \cdots\cdots①$$

元の3次行列式を計算するとき，次のように①とまったく同じ変形をすればよいことがわかる。

$$\begin{vmatrix} 2 & 3 & 4 \\ 0 & 5 & 6 \\ 0 & 7 & 8 \end{vmatrix} \overset{\substack{②から5を\\くくり出す}}{=} 5\times\begin{vmatrix} 2 & 3 & 4 \\ 0 & 1 & \frac{6}{5} \\ 0 & 7 & 8 \end{vmatrix} \overset{③+②\times(-7)}{=} 5\times\begin{vmatrix} 2 & 3 & 4 \\ 0 & 1 & \frac{6}{5} \\ 0 & 0 & -\frac{2}{5} \end{vmatrix} = 5\times2\times1\times\left(-\frac{2}{5}\right)$$

よって，$\begin{vmatrix} 2 & 3 & 4 \\ 0 & 5 & 6 \\ 0 & 7 & 8 \end{vmatrix} = 2\times\begin{vmatrix} 5 & 6 \\ 7 & 8 \end{vmatrix}$が成り立つ。

以上と同じ方法で，一般に第1列の2行目から下の成分がすべて0の行列式について，次の1)が成り立つことを示せる。[性質Ⅰ]より，次の2)も成り立つ。

n次行列式の性質Ⅳ

1) $$\begin{vmatrix} a_{11} & a_{12} & \cdots & a_{1n} \\ 0 & a_{22} & \cdots & a_{2n} \\ \vdots & \vdots & \ddots & \vdots \\ 0 & a_{n2} & \cdots & a_{nn} \end{vmatrix} = a_{11}\times\begin{vmatrix} a_{22} & \cdots & a_{2n} \\ \vdots & \ddots & \vdots \\ a_{n2} & \cdots & a_{nn} \end{vmatrix}$$

2) $$\begin{vmatrix} a_{11} & 0 & \cdots & 0 \\ a_{21} & a_{22} & \cdots & a_{2n} \\ \vdots & \vdots & \ddots & \vdots \\ a_{n1} & a_{n2} & \cdots & a_{nn} \end{vmatrix} = a_{11}\times\begin{vmatrix} a_{22} & \cdots & a_{2n} \\ \vdots & \ddots & \vdots \\ a_{n2} & \cdots & a_{nn} \end{vmatrix}$$

以下では行列式の定義の条件[1]〜[4](p. 107〜108)，[性質Ⅰ]〜[性質Ⅳ]を用いて，行列式の計算を具体的に実行してみよう。

$\begin{vmatrix} 2 & 3 & 4 \\ 4 & 7 & 9 \\ 6 & 10 & 15 \end{vmatrix} \overset{\substack{②+①\times(-2)\\③+①\times(-3)}}{=} \begin{vmatrix} 2 & 3 & 4 \\ 0 & 1 & 1 \\ 0 & 1 & 3 \end{vmatrix} \overset{[性質IV]}{=} 2\times\begin{vmatrix} 1 & 1 \\ 1 & 3 \end{vmatrix} = 2\times(3-1) = 4$

例題 2

行列式 $\begin{vmatrix} 1 & -2 & 3 & 1 \\ -1 & 4 & -4 & 0 \\ 1 & 1 & 5 & 2 \\ 2 & 1 & 6 & -1 \end{vmatrix}$ の値を，行または列の基本変形を用いて2次の行列式まで次数下げを行う方法で求めよ。

解

$$\begin{vmatrix} 1 & -2 & 3 & 1 \\ -1 & 4 & -4 & 0 \\ 1 & 1 & 5 & 2 \\ 2 & 1 & 6 & -1 \end{vmatrix}$$

$$\overset{\substack{②+①\\③+①\times(-1)\\④+①\times(-2)}}{=} \begin{vmatrix} 1 & -2 & 3 & 1 \\ 0 & 2 & -1 & 1 \\ 0 & 3 & 2 & 1 \\ 0 & 5 & 0 & -3 \end{vmatrix}$$
←[性質II]を用いて1列目の2行目以下を0にする

$$\overset{[性質IV]}{=} 1\times\begin{vmatrix} 2 & -1 & 1 \\ 3 & 2 & 1 \\ 5 & 0 & -3 \end{vmatrix} \overset{[1]\leftrightarrow[3]}{=} -\begin{vmatrix} 1 & -1 & 2 \\ 1 & 2 & 3 \\ -3 & 0 & 5 \end{vmatrix}$$
←(1, 1)成分を1にする

$$\overset{\substack{②+①\times(-1)\\③+①\times3}}{=} -\begin{vmatrix} 1 & -1 & 2 \\ 0 & 3 & 1 \\ 0 & -3 & 11 \end{vmatrix}$$
←[性質II]を用いて1列目の2行目以下を0にする

$$\overset{[性質IV]}{=} -\begin{vmatrix} 3 & 1 \\ -3 & 11 \end{vmatrix} \overset{[1]の3をくくり出す}{=} -3\begin{vmatrix} 1 & 1 \\ -1 & 11 \end{vmatrix}$$

$$= -3\{1\times11-1\times(-1)\} = \mathbf{-36}$$

練習4 基本変形を使って，次の行列式の値を求めよ。

(1) $\begin{vmatrix} 1 & 3 & 2 \\ 2 & 5 & 4 \\ 3 & 6 & 7 \end{vmatrix}$

(2) $\begin{vmatrix} 1 & 1 & 1 & 1 \\ 1 & 2 & 2 & 2 \\ 1 & 2 & 3 & 3 \\ 1 & 2 & 3 & 6 \end{vmatrix}$

(3) $\begin{vmatrix} 2 & 3 & 6 & 1 \\ -1 & 1 & -4 & -3 \\ 0 & 2 & 5 & -2 \\ 3 & 1 & 4 & 0 \end{vmatrix}$

(4) $\begin{vmatrix} 3 & 0 & 1 & 6 \\ 1 & 2 & 2 & -1 \\ 2 & -1 & 5 & 0 \\ 1 & 4 & 1 & 1 \end{vmatrix}$

3 行列式の展開

1 余因子

ここでは，n 次の行列式を $n-1$ 次の行列式を用いて表す方法を考えよう。n 次の行列式 $|A|$ から第 i 行と第 j 列を取り除くと，$n-1$ 次の行列式が得られる。これを，A の **$(i,\ j)$ 小行列式** といい，D_{ij} で表す。

$$D_{ij}=\begin{vmatrix} a_{11} & \cdots & a_{1j} & \cdots & a_{1n} \\ \vdots & \cdots & \cdots & \cdots & \vdots \\ a_{i1} & \cdots & a_{ij} & \cdots & a_{in} \\ \vdots & \cdots & \cdots & \cdots & \vdots \\ a_{n1} & \cdots & a_{nj} & \cdots & a_{nn} \end{vmatrix} \leftarrow \text{第 } i \text{ 行を取り除く}$$

↑
第 j 列を取り除く

例7 $A=\begin{pmatrix} a_{11} & a_{12} & a_{13} \\ a_{21} & a_{22} & a_{23} \\ a_{31} & a_{32} & a_{33} \end{pmatrix}$ の (2, 3)，(3, 3) 小行列式はそれぞれ

$$D_{23}=\begin{vmatrix} a_{11} & a_{12} & a_{13} \\ a_{21} & a_{22} & a_{23} \\ a_{31} & a_{32} & a_{33} \end{vmatrix}=\begin{vmatrix} a_{11} & a_{12} \\ a_{31} & a_{32} \end{vmatrix},\quad D_{33}=\begin{vmatrix} a_{11} & a_{12} & a_{13} \\ a_{21} & a_{22} & a_{23} \\ a_{31} & a_{32} & a_{33} \end{vmatrix}=\begin{vmatrix} a_{11} & a_{12} \\ a_{21} & a_{22} \end{vmatrix}$$

さらに，A の $(i,\ j)$ 小行列式 D_{ij} に符号 $(-1)^{i+j}$ を付けたものを A の **$(i,\ j)$ 余因子** といい，$\tilde{a}_{ij}$ で表す。すなわち，

$$\tilde{a}_{ij}=(-1)^{i+j}D_{ij}$$

である。

例8 3次の正方行列 $A=\begin{pmatrix} a_{11} & a_{12} & a_{13} \\ a_{21} & a_{22} & a_{23} \\ a_{31} & a_{32} & a_{33} \end{pmatrix}$ の (1, 2) 小行列式は

$$D_{12}=\begin{vmatrix} a_{11} & a_{12} & a_{13} \\ a_{21} & a_{22} & a_{23} \\ a_{31} & a_{32} & a_{33} \end{vmatrix}=\begin{vmatrix} a_{21} & a_{23} \\ a_{31} & a_{33} \end{vmatrix}\ (=a_{21}a_{33}-a_{23}a_{31})$$

であり，A の (1, 2) 余因子は

$$\tilde{a}_{12}=(-1)^{1+2}\begin{vmatrix} a_{21} & a_{23} \\ a_{31} & a_{33} \end{vmatrix}=-a_{21}a_{33}+a_{23}a_{31}$$

例9 $B=\begin{pmatrix}1&2&3\\4&5&6\\7&8&9\end{pmatrix}$ の (3, 2) 小行列式は $D_{32}=\begin{vmatrix}1&2&3\\4&5&6\\7&8&9\end{vmatrix}=\begin{vmatrix}1&3\\4&6\end{vmatrix}$

$$=1\cdot6-3\cdot4=-6,$$

(3, 2) 余因子は $\tilde{b}_{32}=(-1)^{3+2}\begin{vmatrix}1&3\\4&6\end{vmatrix}=6$

練習5 例9の3次の正方行列 B について，D_{21}，$\tilde{b}_{21}$，D_{13}，$\tilde{b}_{13}$ を求めよ。

2 余因子展開

行列式 $|A|$ が，任意の行の各成分とその余因子を用いて表されることを示そう。たとえば，3次の正方行列 A について，第1行に着目した変形を考えてみる。

$$|A|=\begin{vmatrix}a_{11}&a_{12}&a_{13}\\a_{21}&a_{22}&a_{23}\\a_{31}&a_{32}&a_{33}\end{vmatrix}=\begin{vmatrix}a_{11}+0+0&0+a_{12}+0&0+0+a_{13}\\a_{21}&a_{22}&a_{23}\\a_{31}&a_{32}&a_{33}\end{vmatrix}$$

$$=\begin{vmatrix}a_{11}&0&0\\a_{21}&a_{22}&a_{23}\\a_{31}&a_{32}&a_{33}\end{vmatrix}+\begin{vmatrix}0&a_{12}&0\\a_{21}&a_{22}&a_{23}\\a_{31}&a_{32}&a_{33}\end{vmatrix}+\begin{vmatrix}0&0&a_{13}\\a_{21}&a_{22}&a_{23}\\a_{31}&a_{32}&a_{33}\end{vmatrix}$$

第2項 [1]↔[2]
第3項 [2]↔[3]
[1]↔[2]

$$=\begin{vmatrix}a_{11}&0&0\\a_{21}&a_{22}&a_{23}\\a_{31}&a_{32}&a_{33}\end{vmatrix}+(-1)^1\begin{vmatrix}a_{12}&0&0\\a_{22}&a_{21}&a_{23}\\a_{32}&a_{31}&a_{33}\end{vmatrix}+(-1)^2\begin{vmatrix}a_{13}&0&0\\a_{23}&a_{21}&a_{22}\\a_{33}&a_{31}&a_{32}\end{vmatrix}$$

ここで各項は，列交換1回ごとに行列式につく正負の符号が変わるのであるが (p. 108 定義の条件[3]と p. 109 性質Iより)，この符号をあらためて次のように表してみよう。

第1項は列交換0回として　$(-1)^{1+1}$ をつけることとする。

第2項は列交換1回として，指数 $1+1$ の後ろの数字を1増やし $(-1)^{1+2}$,

第3項は列交換2回として，指数 $1+1$ の後ろの数字を2増やし $(-1)^{1+3}$,

このようにすると，

$$|A|=(-1)^{1+1}\begin{vmatrix}a_{11}&0&0\\a_{21}&a_{22}&a_{23}\\a_{31}&a_{32}&a_{33}\end{vmatrix}+(-1)^{1+2}\begin{vmatrix}a_{12}&0&0\\a_{22}&a_{21}&a_{23}\\a_{32}&a_{31}&a_{33}\end{vmatrix}+(-1)^{1+3}\begin{vmatrix}a_{13}&0&0\\a_{23}&a_{21}&a_{22}\\a_{33}&a_{31}&a_{32}\end{vmatrix}$$

[性質IV]

$$=a_{11}\cdot(-1)^{1+1}\begin{vmatrix}a_{22}&a_{23}\\a_{32}&a_{33}\end{vmatrix}+a_{12}\cdot(-1)^{1+2}\begin{vmatrix}a_{21}&a_{23}\\a_{31}&a_{33}\end{vmatrix}+a_{13}\cdot(-1)^{1+3}\begin{vmatrix}a_{21}&a_{22}\\a_{31}&a_{32}\end{vmatrix}$$

$$=a_{11}\tilde{a}_{11}+a_{12}\tilde{a}_{12}+a_{13}\tilde{a}_{13}$$

この式は，3次の行列式を，2次の行列式の和として表しているとみることができる。右辺はAの第1行の各成分a_{1j}と対応する余因子$\tilde{a}_{1j}$の積の和である。これを，行列式$|A|$の第1行に関する **余因子展開** という。

次に，第2行に着目して前ページと同様の変形をすると次のようになることがわかる。右辺の係数の中の$(-1)^{i+j}$の指数については，第1項は行交換のみ1回行って得られた項なので，指数$1+1$の前の数字を1増やし$2+1$としている。同様に，第2項は行交換1回と列交換1回で$2+2$，第3項は行交換1回と列交換2回で$2+3$である。

$$\begin{vmatrix} a_{11} & a_{12} & a_{13} \\ a_{21} & a_{22} & a_{23} \\ a_{31} & a_{32} & a_{33} \end{vmatrix} = a_{21}\cdot(-1)^{2+1}\begin{vmatrix} a_{11} & a_{12} & a_{13} \\ a_{21} & a_{22} & a_{23} \\ a_{31} & a_{32} & a_{33} \end{vmatrix}$$

$$+ a_{22}\cdot(-1)^{2+2}\begin{vmatrix} a_{11} & a_{12} & a_{13} \\ a_{21} & a_{22} & a_{23} \\ a_{31} & a_{32} & a_{33} \end{vmatrix}$$

$$+ a_{23}\cdot(-1)^{2+3}\begin{vmatrix} a_{11} & a_{12} & a_{13} \\ a_{21} & a_{22} & a_{23} \\ a_{31} & a_{32} & a_{33} \end{vmatrix}$$

$$= a_{21}\tilde{a}_{21} + a_{22}\tilde{a}_{22} + a_{23}\tilde{a}_{23}$$

右辺を，行列式$|A|$の第2行に関する余因子展開という。

各行の余因子展開だけではなく，各列での余因子展開も成立する。たとえば第3列に着目して前ページと同様の変形をすると，次のようになることがわかる。

$$\begin{vmatrix} a_{11} & a_{12} & a_{13} \\ a_{21} & a_{22} & a_{23} \\ a_{31} & a_{32} & a_{33} \end{vmatrix} = a_{13}\cdot(-1)^{1+3}\begin{vmatrix} a_{11} & a_{12} & a_{13} \\ a_{21} & a_{22} & a_{23} \\ a_{31} & a_{32} & a_{33} \end{vmatrix}$$

$$+ a_{23}\cdot(-1)^{2+3}\begin{vmatrix} a_{11} & a_{12} & a_{13} \\ a_{21} & a_{22} & a_{23} \\ a_{31} & a_{32} & a_{33} \end{vmatrix}$$

$$+ a_{33}\cdot(-1)^{3+3}\begin{vmatrix} a_{11} & a_{12} & a_{13} \\ a_{21} & a_{22} & a_{23} \\ a_{31} & a_{32} & a_{33} \end{vmatrix}$$

$$= a_{13}\tilde{a}_{13} + a_{23}\tilde{a}_{23} + a_{33}\tilde{a}_{33}$$

右辺を，行列式$|A|$の第3列に関する余因子展開という。

以上と同じ方法で一般の正方行列 A について，次が成り立つことを示せる。

行列式の余因子展開

n 次の行列 A の $(i,\ j)$ 小行列式を D_{ij}，$(i,\ j)$ 余因子を $\tilde{a}_{ij}$ とおく。

$|A|$ の第 i 行に関する余因子展開

$$|A| = (-1)^{i+1}a_{i1}D_{i1} + (-1)^{i+2}a_{i2}D_{i2} + \cdots + (-1)^{i+n}a_{in}D_{in}$$
$$= a_{i1}\tilde{a}_{i1} + a_{i2}\tilde{a}_{i2} + \cdots + a_{in}\tilde{a}_{in}$$

$|A|$ の第 j 列に関する余因子展開

$$|A| = (-1)^{1+j}a_{1j}D_{1j} + (-1)^{2+j}a_{2j}D_{2j} + \cdots + (-1)^{n+j}a_{nj}D_{nj}$$
$$= a_{1j}\tilde{a}_{1j} + a_{2j}\tilde{a}_{2j} + \cdots + a_{nj}\tilde{a}_{nj}$$

例題 3　次の行列式の値を（　）の行または列に関する余因子展開により求めよ。

(1) $\begin{vmatrix} 2 & 3 & 0 \\ 0 & 2 & -3 \\ 1 & 0 & 2 \end{vmatrix}$ （第 1 行）　　(2) $\begin{vmatrix} 2 & 0 & 1 \\ 3 & 2 & 0 \\ 0 & -3 & 2 \end{vmatrix}$ （第 2 列）

解

(1)
$$\begin{vmatrix} 2 & 3 & 0 \\ 0 & 2 & -3 \\ 1 & 0 & 2 \end{vmatrix} = 2\cdot(-1)^{1+1}\begin{vmatrix} 2 & 3 & 0 \\ 0 & 2 & -3 \\ 1 & 0 & 2 \end{vmatrix} + 3\cdot(-1)^{1+2}\begin{vmatrix} 2 & 3 & 0 \\ 0 & 2 & -3 \\ 1 & 0 & 2 \end{vmatrix}$$
$$+0\cdot(-1)^{1+3}\begin{vmatrix} 2 & 3 & 0 \\ 0 & 2 & -3 \\ 1 & 0 & 2 \end{vmatrix}$$ ← $a_{11}\tilde{a}_{11} + a_{12}\tilde{a}_{12} + a_{13}\tilde{a}_{13}$
$$= 2\cdot\begin{vmatrix} 2 & -3 \\ 0 & 2 \end{vmatrix} - 3\cdot\begin{vmatrix} 0 & -3 \\ 1 & 2 \end{vmatrix} + 0\cdot\begin{vmatrix} 0 & 2 \\ 1 & 0 \end{vmatrix}$$
$$= 2\cdot\{2\times2-(-3)\times0\} - 3\cdot\{0\times2-(-3)\times1\} + 0$$
$$= -1$$

(2)
$$\begin{vmatrix} 2 & 0 & 1 \\ 3 & 2 & 0 \\ 0 & -3 & 2 \end{vmatrix} = 0\cdot(-1)^{1+2}\begin{vmatrix} 3 & 0 \\ 0 & 2 \end{vmatrix} + 2\cdot(-1)^{2+2}\begin{vmatrix} 2 & 1 \\ 0 & 2 \end{vmatrix}$$
$$+(-3)\cdot(-1)^{3+2}\begin{vmatrix} 2 & 1 \\ 3 & 0 \end{vmatrix}$$ ← $a_{12}\tilde{a}_{12} + a_{22}\tilde{a}_{22} + a_{32}\tilde{a}_{32}$
$$= -0 + 2(2\times2-1\times0) + 3(2\times0-1\times3)$$
$$= -1$$ ←(1)と(2)は転置行列なので，値は等しくなる

例10

$$\begin{vmatrix} 1 & 0 & 2 & 1 \\ 2 & 1 & 0 & 0 \\ 0 & 1 & 0 & 3 \\ 2 & 0 & 1 & 2 \end{vmatrix} = \underset{\substack{\uparrow \\ (3,\ 1)\text{成分}}}{0}\cdot(-1)^{3+1}\begin{vmatrix} 0 & 2 & 1 \\ 1 & 0 & 0 \\ 0 & 1 & 2 \end{vmatrix} + \underset{\substack{\uparrow \\ (3,\ 2)\text{成分}}}{1}\cdot(-1)^{3+2}\begin{vmatrix} 1 & 2 & 1 \\ 2 & 0 & 0 \\ 2 & 1 & 2 \end{vmatrix}$$

$$+ \underset{\substack{\uparrow \\ (3,\ 3)\text{成分}}}{0}\cdot(-1)^{3+3}\begin{vmatrix} 1 & 0 & 1 \\ 2 & 1 & 0 \\ 2 & 0 & 2 \end{vmatrix} + \underset{\substack{\uparrow \\ (3,\ 4)\text{成分}}}{3}\cdot(-1)^{3+4}\begin{vmatrix} 1 & 0 & 2 \\ 2 & 1 & 0 \\ 2 & 0 & 1 \end{vmatrix}$$

例題 4

行列式 $\begin{vmatrix} 5 & 4 & 3 & 2 \\ 0 & 1 & 0 & 1 \\ 7 & 5 & 4 & 2 \\ 1 & 0 & 2 & 1 \end{vmatrix}$ の値を第3列に関する余因子展開により求めよ。

解

$$\begin{vmatrix} 5 & 4 & 3 & 2 \\ 0 & 1 & 0 & 1 \\ 7 & 5 & 4 & 2 \\ 1 & 0 & 2 & 1 \end{vmatrix} = \underset{\substack{\uparrow \\ (1,\ 3)\text{成分}}}{3}\cdot(-1)^{1+3}\begin{vmatrix} 0 & 1 & 1 \\ 7 & 5 & 2 \\ 1 & 0 & 1 \end{vmatrix} + \underset{\substack{\uparrow \\ (2,\ 3)\text{成分}}}{0}\cdot(-1)^{2+3}\begin{vmatrix} 5 & 4 & 2 \\ 7 & 5 & 2 \\ 1 & 0 & 1 \end{vmatrix}$$

$$+ \underset{\substack{\uparrow \\ (3,\ 3)\text{成分}}}{4}\cdot(-1)^{3+3}\begin{vmatrix} 5 & 4 & 2 \\ 0 & 1 & 1 \\ 1 & 0 & 1 \end{vmatrix} + \underset{\substack{\uparrow \\ (4,\ 3)\text{成分}}}{2}\cdot(-1)^{4+3}\begin{vmatrix} 5 & 4 & 2 \\ 0 & 1 & 1 \\ 7 & 5 & 2 \end{vmatrix}$$

第1項 ③＋②×(−1)
第3項 ①＋③×(−5)
第4項 ③＋②×(−1)

$$= 3\begin{vmatrix} 0 & 1 & 0 \\ 7 & 5 & -3 \\ 1 & 0 & 1 \end{vmatrix} - 0 + 4\begin{vmatrix} 0 & 4 & -3 \\ 0 & 1 & 1 \\ 1 & 0 & 1 \end{vmatrix} - 2\begin{vmatrix} 5 & 4 & -2 \\ 0 & 1 & 0 \\ 7 & 5 & -3 \end{vmatrix}$$

1つの行または列に0を多くつくり，それに関して余因子展開

$$= 3\left\{0 + 1\cdot(-1)^{1+2}\begin{vmatrix} 7 & -3 \\ 1 & 1 \end{vmatrix} + 0\right\} + 4\left\{0 + 0 + 1\cdot(-1)^{3+1}\begin{vmatrix} 4 & -3 \\ 1 & 1 \end{vmatrix}\right\}$$

$$- 2\left\{0 + 1\cdot(-1)^{2+2}\begin{vmatrix} 5 & -2 \\ 7 & -3 \end{vmatrix} + 0\right\}$$

$$= 3\cdot(-1)\{7\cdot 1 - (-3)\cdot 1\} + 4\{4\cdot 1 - (-3)\cdot 1\} - 2\{5\cdot(-3) - (-2)\cdot 7\}$$

$$= 0$$

練習6 次の行列式の値を（ ）の行または列に関する余因子展開により求めよ。

(1) $\begin{vmatrix} 2 & 1 & -4 & 0 \\ 4 & -1 & 2 & 1 \\ 3 & 5 & -3 & 1 \\ 1 & 2 & 0 & 1 \end{vmatrix}$ （第2行）　　(2) $\begin{vmatrix} 1 & 9 & -7 & 6 \\ 0 & 8 & 1 & 6 \\ 1 & 0 & -3 & 0 \\ 4 & -8 & 9 & 1 \end{vmatrix}$ （第4列）

3 サラスの方法

3 次の行列式の計算にだけ使える 1 つの方法を紹介しよう。3 次の行列式

$$\begin{vmatrix} a_{11} & a_{12} & a_{13} \\ a_{21} & a_{22} & a_{23} \\ a_{31} & a_{32} & a_{33} \end{vmatrix} \overset{\text{第1行に関する展開}}{=} a_{11}\cdot(-1)^{1+1}\begin{vmatrix} a_{22} & a_{23} \\ a_{32} & a_{33} \end{vmatrix} + a_{12}\cdot(-1)^{1+2}\begin{vmatrix} a_{21} & a_{23} \\ a_{31} & a_{33} \end{vmatrix} + a_{13}\cdot(-1)^{1+3}\begin{vmatrix} a_{21} & a_{22} \\ a_{31} & a_{32} \end{vmatrix}$$

$$= a_{11}(a_{22}a_{33} - a_{23}a_{32}) - a_{12}(a_{21}a_{33} - a_{23}a_{31}) + a_{13}(a_{21}a_{32} - a_{22}a_{31})$$

$$= a_{11}a_{22}a_{33} + a_{12}a_{23}a_{31} + a_{13}a_{21}a_{32} - a_{11}a_{23}a_{32} - a_{12}a_{21}a_{33} - a_{13}a_{22}a_{31}$$

に対して，正符号の 3 項は次の左図，負符号の 3 項は右図のように視覚的に導出することができる。この計算法を **サラスの方法** という。

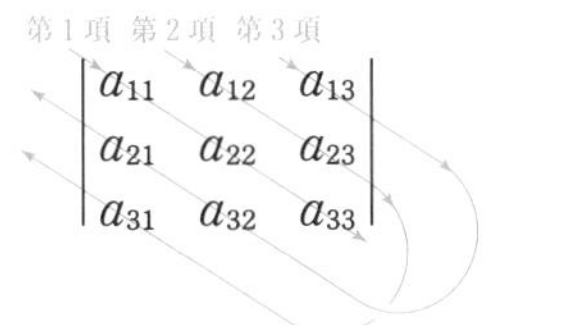

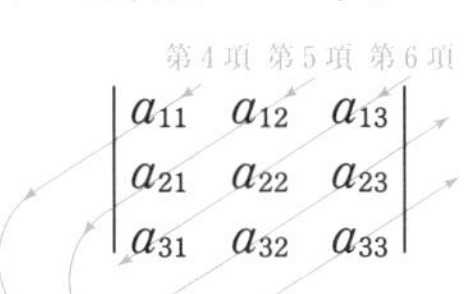

注意　サラスの方法は，3 次の行列式の値を求めるときだけに用いる。

例題 5　次の行列式の値をサラスの方法で求めよ。

(1) $\begin{vmatrix} 1 & 2 & 3 \\ 4 & 5 & 6 \\ 7 & 8 & 9 \end{vmatrix}$　　(2) $\begin{vmatrix} 2 & -1 & 0 \\ -1 & 2 & -1 \\ 0 & -1 & 2 \end{vmatrix}$

解

(1) $\begin{vmatrix} 1 & 2 & 3 \\ 4 & 5 & 6 \\ 7 & 8 & 9 \end{vmatrix} = 1\cdot5\cdot9 + 2\cdot6\cdot7 + 3\cdot8\cdot4 - 1\cdot8\cdot6 - 2\cdot4\cdot9 - 3\cdot5\cdot7 = 0$

(2) $\begin{vmatrix} 2 & -1 & 0 \\ -1 & 2 & -1 \\ 0 & -1 & 2 \end{vmatrix} = 2^3 + (-1)^2\cdot0 + 0\cdot(-1)^2 - 2\cdot(-1)^2 - (-1)^2\cdot2 - 0\cdot2\cdot0 = 4$

練習 7　次の行列式の値をサラスの方法で求めよ。

(1) $\begin{vmatrix} 1 & 1 & 0 \\ 0 & 1 & 1 \\ 1 & 0 & 1 \end{vmatrix}$　　(2) $\begin{vmatrix} 1 & 2 & 3 \\ 2 & 3 & 6 \\ 3 & 6 & 7 \end{vmatrix}$　　(3) $\begin{vmatrix} a & d & f \\ 0 & b & e \\ 0 & 0 & c \end{vmatrix}$

4 文字を含む行列式

成分に文字を含んだ行列式は，行列式の性質を使った工夫により因数分解できることがある。

例11 行列式 $\begin{vmatrix} 1 & 1 & 1 \\ a & b & c \\ a^2 & b^2 & c^2 \end{vmatrix}$ は次のように因数分解される。

$$\begin{vmatrix} 1 & 1 & 1 \\ a & b & c \\ a^2 & b^2 & c^2 \end{vmatrix} \overset{\substack{[2]+[1]\times(-1) \\ [3]+[1]\times(-1)}}{=} \begin{vmatrix} 1 & 0 & 0 \\ a & b-a & c-a \\ a^2 & b^2-a^2 & c^2-a^2 \end{vmatrix}$$

$$\overset{[\text{性質IV}]}{=} 1\times\begin{vmatrix} b-a & c-a \\ b^2-a^2 & c^2-a^2 \end{vmatrix} = \begin{vmatrix} b-a & c-a \\ (b+a)(b-a) & (c+a)(c-a) \end{vmatrix}$$

$$\overset{\substack{[1]\text{の } b-a \\ [2]\text{の } c-a \text{ を} \\ \text{くくり出す}}}{=} (b-a)(c-a)\begin{vmatrix} 1 & 1 \\ b+a & c+a \end{vmatrix}$$

$$= (b-a)(c-a)\{(c+a)-(b+a)\} = (a-b)(b-c)(c-a)$$

例 11 の形式の n 次の行列式を **ファンデルモンドの行列式** という。

例12 $\begin{vmatrix} a & b & c \\ c & a & b \\ b & c & a \end{vmatrix} = a^3+b^3+c^3-3abc$ ← サラスの方法より

この式の因数分解は次のように得られる。

$$\begin{vmatrix} a & b & c \\ c & a & b \\ b & c & a \end{vmatrix} \overset{\substack{①+② \\ ①+③}}{=} \begin{vmatrix} a+b+c & a+b+c & a+b+c \\ c & a & b \\ b & c & a \end{vmatrix}$$

$$\overset{\substack{a+b+c\text{ を} \\ \text{くくり出す}}}{=} (a+b+c)\begin{vmatrix} 1 & 1 & 1 \\ c & a & b \\ b & c & a \end{vmatrix}$$

$$\overset{\text{余因子展開}}{=} (a+b+c)\left\{\begin{vmatrix} a & b \\ c & a \end{vmatrix} - \begin{vmatrix} c & b \\ b & a \end{vmatrix} + \begin{vmatrix} c & a \\ b & c \end{vmatrix}\right\}$$

$$= (a+b+c)(a^2+b^2+c^2-ab-bc-ca)$$

練習8 次の行列式を因数分解せよ。

(1) $\begin{vmatrix} 1 & 1 & 1 \\ bc & ca & ab \\ a^2 & b^2 & c^2 \end{vmatrix}$ (2) $\begin{vmatrix} 1 & a & b \\ 1 & b & a \\ b & a & 1 \end{vmatrix}$

例題 6 次の方程式を解け。

(1) $\begin{vmatrix} 1 & 1 & 1 \\ 1 & 2 & x \\ 1 & 4 & x^2 \end{vmatrix} = 0$　　(2) $\begin{vmatrix} x-1 & 1 & 1 \\ 1 & x-1 & 1 \\ 1 & 1 & x-1 \end{vmatrix} = 0$

解

(1) $\begin{vmatrix} 1 & 1 & 1 \\ 1 & 2 & x \\ 1 & 4 & x^2 \end{vmatrix} \overset{\substack{[2]+[1]\times(-1)\\ [3]+[1]\times(-1)}}{=} \begin{vmatrix} 1 & 0 & 0 \\ 0 & 1 & x-1 \\ 0 & 3 & x^2-1 \end{vmatrix}$

$\overset{[\text{性質IV}]}{=} \begin{vmatrix} 1 & x-1 \\ 3 & (x+1)(x-1) \end{vmatrix} \overset{\substack{[2]\text{の } x-1 \text{ を}\\ \text{くくり出す}}}{=} (x-1)\begin{vmatrix} 1 & 1 \\ 3 & x+1 \end{vmatrix}$

$= (x-1)\{(x+1)-3\} = (x-1)(x-2)$

よって，与式は $(x-1)(x-2)=0$ であるから $x=1,\ 2$

(2) $\begin{vmatrix} x-1 & 1 & 1 \\ 1 & x-1 & 1 \\ 1 & 1 & x-1 \end{vmatrix} \overset{\substack{[1]+[2]\\ [1]+[3]}}{=} \begin{vmatrix} x+1 & 1 & 1 \\ x+1 & x-1 & 1 \\ x+1 & 1 & x-1 \end{vmatrix}$

$\overset{\substack{x+1\text{ を}\\ \text{くくり出す}}}{=} (x+1)\begin{vmatrix} 1 & 1 & 1 \\ 1 & x-1 & 1 \\ 1 & 1 & x-1 \end{vmatrix} \overset{\substack{②+①\times(-1)\\ ③+①\times(-1)}}{=} (x+1)\begin{vmatrix} 1 & 1 & 1 \\ 0 & x-2 & 0 \\ 0 & 0 & x-2 \end{vmatrix}$

$\overset{[\text{性質IV}]}{=} (x+1)\begin{vmatrix} x-2 & 0 \\ 0 & x-2 \end{vmatrix}$

$= (x+1)(x-2)^2$

よって，与式は $(x+1)(x-2)^2$ であるから $x=-1,\ 2$

練習 9 次の方程式を解け。

(1) $\begin{vmatrix} x & 1 & 1 \\ 1 & x & 1 \\ 1 & 1 & x \end{vmatrix} = 0$　　(2) $\begin{vmatrix} 3-x & 1 & 1 \\ 1 & 1-x & 3 \\ 1 & 3 & 1-x \end{vmatrix} = 0$

(3) $\begin{vmatrix} x-1 & 1 & 1 & 0 \\ 1 & x-1 & 0 & 1 \\ 1 & 0 & x-1 & 1 \\ 0 & 1 & 1 & x-1 \end{vmatrix} = 0$

5 行列の積の行列式

A，Bをn次の正方行列とするとき，積ABの行列式を計算してみよう。ここでは簡単のため $n=2$ の場合について考えるが，一般のnの場合も同様である。

$A=\begin{pmatrix} a_{11} & a_{12} \\ a_{21} & a_{22} \end{pmatrix}$，$B=\begin{pmatrix} b_{11} & b_{12} \\ b_{21} & b_{22} \end{pmatrix}$ のとき

$$AB=\begin{pmatrix} a_{11} & a_{12} \\ a_{21} & a_{22} \end{pmatrix}\begin{pmatrix} b_{11} & b_{12} \\ b_{21} & b_{22} \end{pmatrix}=\begin{pmatrix} a_{11}b_{11}+a_{12}b_{21} & a_{11}b_{12}+a_{12}b_{22} \\ a_{21}b_{11}+a_{22}b_{21} & a_{21}b_{12}+a_{22}b_{22} \end{pmatrix}$$

であるから，行列式の性質を用いて

$$|AB|=\begin{vmatrix} a_{11}b_{11}+a_{12}b_{21} & a_{11}b_{12}+a_{12}b_{22} \\ a_{21}b_{11}+a_{22}b_{21} & a_{21}b_{12}+a_{22}b_{22} \end{vmatrix}$$

$$=\begin{vmatrix} a_{11}b_{11} & a_{11}b_{12}+a_{12}b_{22} \\ a_{21}b_{11} & a_{21}b_{12}+a_{22}b_{22} \end{vmatrix}+\begin{vmatrix} a_{12}b_{21} & a_{11}b_{12}+a_{12}b_{22} \\ a_{22}b_{21} & a_{21}b_{12}+a_{22}b_{22} \end{vmatrix}$$

← p. 107 定義の条件[1]

$$=\begin{vmatrix} a_{11}b_{11} & a_{11}b_{12} \\ a_{21}b_{11} & a_{21}b_{12} \end{vmatrix}+\begin{vmatrix} a_{11}b_{11} & a_{12}b_{22} \\ a_{21}b_{11} & a_{22}b_{22} \end{vmatrix}$$

$$+\begin{vmatrix} a_{12}b_{21} & a_{11}b_{12} \\ a_{22}b_{21} & a_{21}b_{12} \end{vmatrix}+\begin{vmatrix} a_{12}b_{21} & a_{12}b_{22} \\ a_{22}b_{21} & a_{22}b_{22} \end{vmatrix}$$

← p. 107 定義の条件[1]

$$=\begin{vmatrix} a_{11} & a_{11} \\ a_{21} & a_{21} \end{vmatrix}b_{11}b_{12}+\begin{vmatrix} a_{11} & a_{12} \\ a_{21} & a_{22} \end{vmatrix}b_{11}b_{22}$$

$$+\begin{vmatrix} a_{12} & a_{11} \\ a_{22} & a_{21} \end{vmatrix}b_{21}b_{12}+\begin{vmatrix} a_{12} & a_{12} \\ a_{22} & a_{22} \end{vmatrix}b_{21}b_{22}$$

← p. 107 定義の条件[2]

$$=0+\begin{vmatrix} a_{11} & a_{12} \\ a_{21} & a_{22} \end{vmatrix}b_{11}b_{22}-\begin{vmatrix} a_{11} & a_{12} \\ a_{21} & a_{22} \end{vmatrix}b_{21}b_{12}+0$$

← p. 110［性質Ⅱ］

$$=\begin{vmatrix} a_{11} & a_{12} \\ a_{21} & a_{22} \end{vmatrix}(b_{11}b_{22}-b_{12}b_{21})$$

$$=\begin{vmatrix} a_{11} & a_{12} \\ a_{21} & a_{22} \end{vmatrix}\begin{vmatrix} b_{11} & b_{12} \\ b_{21} & b_{22} \end{vmatrix}$$

$$=|A||B|$$

一般に次のことが成り立つことが知られている。

行列の積の行列式

A，Bをn次の正方行列とするとき

$$|AB|=|A||B|$$

例13 正方行列 A に対して，$|AA|=|A||A|$ より

$$|A^2|=|A|^2$$

となる。

例14 $\left|\begin{pmatrix}1&2\\3&4\end{pmatrix}\begin{pmatrix}1&2\\3&4\end{pmatrix}\right|=\begin{vmatrix}1\cdot1+2\cdot3&1\cdot2+2\cdot4\\3\cdot1+4\cdot3&3\cdot2+4\cdot4\end{vmatrix}=7\cdot22-10\cdot15=4$

一方

$\begin{vmatrix}1&2\\3&4\end{vmatrix}=1\cdot4-2\cdot3=-2$ より $\begin{vmatrix}1&2\\3&4\end{vmatrix}^2=(-2)^2=4$

となりこちらの方が簡単である。

一般に，自然数 n に対して，次が成り立つ。

$$|A^n|=|A|^n$$

例題 7 正方行列 A が正則行列のとき，$|A|\neq0$，$|A^{-1}|=\dfrac{1}{|A|}$ であることを証明せよ。

証明 A が正則とすると逆行列 A^{-1} が存在し

$$A^{-1}A=E$$ ← p. 80 ①

両辺の行列式を求めると

$$|A^{-1}A|=|E|$$

より

$$|A^{-1}||A|=1$$ ← p. 108 [4]

したがって

$$|A|\neq0,\ |A^{-1}|=\frac{1}{|A|}$$ 終

練習10 正方行列 A が ${}^tAA=E$ を満たしているとき，$|A|=\pm1$ であることを証明せよ。

練習11 n 次正方行列 P を正則行列とするとき，任意の n 次正方行列 A に対し $|P^{-1}AP|=|A|$ が成り立つことを証明せよ。

節末問題

1. 次の行列について行列式の値を計算し，正則行列であるかどうかを判定せよ。また，正則行列である場合は逆行列を求めよ。

(1) $\begin{pmatrix} 1 & 2 \\ 3 & 1 \end{pmatrix}$ (2) $\begin{pmatrix} 0 & -2 \\ 6 & 10 \end{pmatrix}$ (3) $\begin{pmatrix} 1 & -2 \\ -1 & 2 \end{pmatrix}$ (4) $\begin{pmatrix} 4 & 2 \\ 2 & 1 \end{pmatrix}$

2. 行列式 $\begin{vmatrix} 1 & 1 & 1 \\ 2 & -1 & -3 \\ 4 & 5 & 6 \end{vmatrix}$ の値を，以下の 3 つの方法で計算せよ。

(1) 基本変形 (2) 第 1 行での余因子展開 (3) サラスの方法

3. 次の行列式の値を，行または列の基本変形を用いて 2 次の行列式まで次数下げを行う方法によって求めよ。

(1) $\begin{vmatrix} 1 & 2 & -2 \\ 8 & 1 & 3 \\ 0 & 5 & 1 \end{vmatrix}$ (2) $\begin{vmatrix} 1 & 4 & 3 & 2 \\ 2 & 1 & 4 & 3 \\ 3 & 2 & 1 & 4 \\ 4 & 3 & 2 & 1 \end{vmatrix}$ (3) $\begin{vmatrix} 1 & 1 & 2 & -1 \\ 2 & -1 & -3 & 4 \\ 0 & -3 & 6 & 4 \\ 4 & 5 & 7 & 2 \end{vmatrix}$

4. 行列式 $\begin{vmatrix} 1 & 1 & 1 \\ a^2 & b^2 & c^2 \\ (b+c)^2 & (c+a)^2 & (a+b)^2 \end{vmatrix}$ を因数分解せよ。

5. 方程式 $\begin{vmatrix} 1 & x & x \\ 1 & x & 1 \\ x & 1 & 1 \end{vmatrix} = 0$ を解け。

6. 奇数次の正方行列 A が ${}^tA = -A$ を満たしているとき，$|A| = 0$ であることを証明せよ。

研究 順列を用いた行列式の定義

順列の考え方を用いた行列式の定義を紹介しよう。これは本節で述べた行列式の定義と同値であることが知られている。

n を自然数とするとき，1から n までの自然数をすべて並べたものを **順列** といい

$$P=(p_1,\ p_2,\ \cdots,\ p_n)$$

で表す。とくに，小さいほうから順に並んでいる順列 $(1,\ 2,\ \cdots,\ n)$ を **基本順列** という。順列の総数は $n!$ 個である。

順列の中の2つの数を交換する操作を何回か行って基本順列に変形するとき，その操作の回数が偶数回となる順列を **偶順列**，奇数回となる順列を **奇順列** という。とくに，基本順列は偶順列である。

例　1，2，3，4を並べてできる順列の総数は $4!=24$ 個あり，基本順列は(1，2，3，4)である。この中の1つの順列(2，3，4，1)は，

$$(2,\ 3,\ 4,\ 1)\to(1,\ 3,\ 4,\ 2)\to(1,\ 2,\ 4,\ 3)\to(1,\ 2,\ 3,\ 4)$$

と変形すると，3回の操作で基本順列に変形できるので奇順列である。

注意　1つの順列に対して，操作の回数が偶数回であるか奇数回であるかは，変形のしかたによらない。

例題　1, 2, 3を並べてできる順列をすべてあげ，各順列が偶順列か奇順列であるかを調べよ。

解　順列の総数は $3!=6$ 個ある。

順列 P	変形	偶・奇
(1，2，3)		偶順列
(1，3，2)	→ (1，2，3)	奇順列
(2，1，3)	→ (1，2，3)	奇順列
(2，3，1)	→ (1，3，2) → (1，2，3)	偶順列
(3，1，2)	→ (1，3，2) → (1，2，3)	偶順列
(3，2，1)	→ (1，2，3)	奇順列

演習1 次の順列が偶順列であるか奇順列であるか調べよ。

(1) (4, 3, 5, 2, 1)　　(2) (3, 6, 1, 4, 5, 2)

一般の n 次の正方行列

$$A=(a_{ij})=\begin{pmatrix} a_{11} & a_{12} & \cdots & a_{1n} \\ a_{21} & a_{22} & \cdots & a_{2n} \\ \vdots & \vdots & \ddots & \vdots \\ a_{n1} & a_{n2} & \cdots & a_{nn} \end{pmatrix}$$

に対して，行列式 $|A|$ を順列を用いて次のように定義する。

$$|A|=\begin{vmatrix} a_{11} & a_{12} & \cdots & a_{1n} \\ a_{21} & a_{22} & \cdots & a_{2n} \\ \vdots & \vdots & \ddots & \vdots \\ a_{n1} & a_{n2} & \cdots & a_{nn} \end{vmatrix}=\sum_P \varepsilon_P a_{1p_1}a_{2p_2}\cdots a_{np_n}$$

ここで，$P=(p_1,\ p_2,\ \cdots,\ p_n)$ は 1 から n までの自然数の順列であり，$\sum\limits_P$ は，すべての順列 P についての和をとることを意味する。また，ε_P は順列 P の **符号** といい

$$\varepsilon_P=\begin{cases} +1 & (P\text{が偶順列のとき}) \\ -1 & (P\text{が奇順列のとき}) \end{cases}$$

とする。

例 1 を並べてできる順列は，(1) の 1 つ。これは偶順列であるので 1 次の行列式は a_{11} である。

1, 2 を並べてできる順列は，(1, 2) と (2, 1) の 2 つ。(1, 2) は偶順列であるので $a_{11}a_{22}$ の符号は + であり，(2, 1) は奇順列であるので $a_{12}a_{21}$ の符号は − である。これらの和をとると，$a_{11}a_{22}-a_{12}a_{21}$ となり，2 次の行列式の定義と一致する。

演習2 1, 2, 3 を並べてできる順列により定義される行列式が，3 次の行列式の定義に一致することを確認せよ。

COLUMN 阿弥陀籤（あみだくじ）

順列をあみだくじで実現してみよう。

たとえば p. 125 の例の順列 (2, 3, 4, 1) は

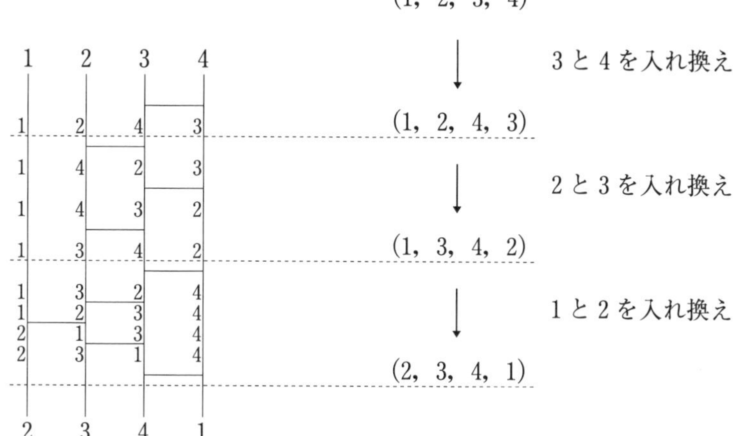

このように (2, 3, 4, 1) のあみだくじができる。

あみだくじでは横棒を1本入れることで，隣どうしの数字を入れ換えている。隣どうしの入れ換えなので数字の順番を換えていく能率は悪いが，望みの順列はあみだくじで必ず実現できる。

ところで，1つの順列を実現するあみだくじのつくり方はいくらでもあるにもかかわらず，横棒の本数が偶数本であるか奇数本であるかは，その順列によりきまっている（p. 125 の 注意）。

たとえば，順列 (2, 3, 4, 1) を実現するあみだくじはどんなにがんばっても横棒の本数が奇数のものしかつくれない。なぜなのか考えてみよう。

演習3 順列 (4, 3, 5, 2, 1) を実現するあみだくじをつくってみよう。また，その横棒の数を数えて (4, 3, 5, 2, 1) が偶順列であるか奇順列であるかを判別しよう。

2 行列式の応用

1 行列式と逆行列

ここでは行列 A の逆行列 A^{-1} を，行列式を用いて表すことを考えよう。以下では 3 次正方行列について考えるが，一般の n 次正方行列の場合も同様である。

まず，準備として $A=\begin{pmatrix} a_{11} & a_{12} & a_{13} \\ a_{21} & a_{22} & a_{23} \\ a_{31} & a_{32} & a_{33} \end{pmatrix}$ について，その成分と余因子との関係式を 2 式用意しよう。次の①，②である。

(i) A の $(i,\ j)$ 余因子を $\tilde{a}_{ij}$ とすると $|A|$ の第 k 行に関する余因子展開 (p. 115)

$$|A|=a_{k1}\tilde{a}_{k1}+a_{k2}\tilde{a}_{k2}+a_{k3}\tilde{a}_{k3} \quad (k=1,2,3)$$

は，次のようにも表せる。

$$a_{l1}\tilde{a}_{k1}+a_{l2}\tilde{a}_{k2}+a_{l3}\tilde{a}_{k3}=|A| \quad (l=k \text{ のとき}) \quad \cdots\cdots ①$$

(ii) 一方，次の式が成り立つ。

$$a_{l1}\tilde{a}_{k1}+a_{l2}\tilde{a}_{k2}+a_{l3}\tilde{a}_{k3}=0 \quad (l\neq k \text{ のとき}) \quad \cdots\cdots ②$$

たとえば $a_{11}\tilde{a}_{21}+a_{12}\tilde{a}_{22}+a_{13}\tilde{a}_{23}=0$ が成り立つことを示そう。他の場合も同様に示せる。

$$\text{左辺}=a_{11}\cdot(-1)^{2+1}\cdot\begin{vmatrix} a_{11} & a_{12} & a_{13} \\ a_{21} & a_{22} & a_{23} \\ a_{31} & a_{32} & a_{33} \end{vmatrix}+a_{12}\cdot(-1)^{2+2}\cdot\begin{vmatrix} a_{11} & a_{12} & a_{13} \\ a_{21} & a_{22} & a_{23} \\ a_{31} & a_{32} & a_{33} \end{vmatrix}$$

$$+a_{13}\cdot(-1)^{2+3}\begin{vmatrix} a_{11} & a_{12} & a_{13} \\ a_{21} & a_{22} & a_{23} \\ a_{31} & a_{32} & a_{33} \end{vmatrix}$$

$$=a_{11}\cdot(-1)\begin{vmatrix} a_{12} & a_{13} \\ a_{32} & a_{33} \end{vmatrix}+a_{12}\cdot(+1)\begin{vmatrix} a_{11} & a_{13} \\ a_{31} & a_{33} \end{vmatrix}+a_{13}\cdot(-1)\begin{vmatrix} a_{11} & a_{12} \\ a_{31} & a_{32} \end{vmatrix}$$

$$=\begin{vmatrix} a_{11} & a_{12} & a_{13} \\ a_{11} & a_{12} & a_{13} \\ a_{31} & a_{32} & a_{33} \end{vmatrix}$$ ← 第 2 行に関する余因子展開（の逆）

$$=0$$ ← p.110［性質Ⅱ］

注意　クロネッカーのデルタ（p. 89）を用いて①と②をまとめると次の式となる。

$$a_{l1}\tilde{a}_{k1}+a_{l2}\tilde{a}_{k2}+a_{l3}\tilde{a}_{k3}=\delta_{lk}|A| \quad (l=1,2,3\ ;\ k=1,2,3)$$

次に，行列 A の $(i,\ j)$ 余因子 $\widetilde{a}_{ij}$ を次のように並べた行列を考えよう。

$$\widetilde{A}=\begin{pmatrix}\widetilde{a}_{11} & \widetilde{a}_{21} & \widetilde{a}_{31}\\ \widetilde{a}_{12} & \widetilde{a}_{22} & \widetilde{a}_{32}\\ \widetilde{a}_{13} & \widetilde{a}_{23} & \widetilde{a}_{33}\end{pmatrix}={}^t\!\begin{pmatrix}\widetilde{a}_{11} & \widetilde{a}_{12} & \widetilde{a}_{13}\\ \widetilde{a}_{21} & \widetilde{a}_{22} & \widetilde{a}_{23}\\ \widetilde{a}_{31} & \widetilde{a}_{32} & \widetilde{a}_{33}\end{pmatrix}$$

$\widetilde{A}$ を A の **余因子行列** という。$\widetilde{a}_{ij}$ が「j 行 i 列成分」になっていることに注意する。

$A\widetilde{A}$ を計算し，前ページの①，②を用いると次のようになる。

$$A\widetilde{A}=\begin{pmatrix}a_{11} & a_{12} & a_{13}\\ a_{21} & a_{22} & a_{23}\\ a_{31} & a_{32} & a_{33}\end{pmatrix}\begin{pmatrix}\widetilde{a}_{11} & \widetilde{a}_{21} & \widetilde{a}_{31}\\ \widetilde{a}_{12} & \widetilde{a}_{22} & \widetilde{a}_{32}\\ \widetilde{a}_{13} & \widetilde{a}_{23} & \widetilde{a}_{33}\end{pmatrix}$$

$$=\begin{pmatrix}|A| & 0 & 0\\ 0 & |A| & 0\\ 0 & 0 & |A|\end{pmatrix}$$

← 対角成分は①より
その他の成分は②より

$$=|A|E$$

←E は3次の単位行列（p. 77）

ここで，$|A|\neq 0$ のとき，両辺を $|A|$ で割ると $A\left(\dfrac{1}{|A|}\widetilde{A}\right)=E$

同様に $\left(\dfrac{1}{|A|}\widetilde{A}\right)A=E$ も示せる。

したがって，A が正則のとき，A の逆行列 A^{-1} は，余因子行列 $\widetilde{A}$ により

$$A^{-1}=\frac{1}{|A|}\widetilde{A}$$

で与えられる。前節の例題7（p. 123）と合わせて次のことが得られる。

正則条件と逆行列

A が正則であるための必要十分条件は，$|A|\neq 0$ であり，このとき

$$A^{-1}=\frac{1}{|A|}\widetilde{A}$$

例 1 $A=\begin{pmatrix}a & b\\ c & d\end{pmatrix}$ において $|A|=ad-bc\neq 0$ とすると

$$A^{-1}=\frac{1}{|A|}\begin{pmatrix}\widetilde{a}_{11} & \widetilde{a}_{21}\\ \widetilde{a}_{12} & \widetilde{a}_{22}\end{pmatrix}=\frac{1}{|A|}\begin{pmatrix}(-1)^{1+1}d & (-1)^{2+1}b\\ (-1)^{1+2}c & (-1)^{2+2}a\end{pmatrix}$$

$$=\frac{1}{ad-bc}\begin{pmatrix}d & -b\\ -c & a\end{pmatrix}$$

これは p. 81 の結果と一致する。

例題 1 次の行列が正則であるかどうか調べよ。正則ならば逆行列を求めよ。

$$A=\begin{pmatrix}2 & 1 & -1\\ 1 & -2 & 2\\ 2 & 1 & 1\end{pmatrix}$$

解 $|A|=-10\neq 0$ であるから，A は正則である。A のすべての余因子を求めると，$\tilde{a}_{ij}=(-1)^{i+j}D_{ij}$ (p. 114) より

$$\tilde{a}_{11}=\begin{vmatrix}-2 & 2\\ 1 & 1\end{vmatrix}=-4,\quad \tilde{a}_{12}=-\begin{vmatrix}1 & 2\\ 2 & 1\end{vmatrix}=3,\quad \tilde{a}_{13}=\begin{vmatrix}1 & -2\\ 2 & 1\end{vmatrix}=5,$$

$$\tilde{a}_{21}=-\begin{vmatrix}1 & -1\\ 1 & 1\end{vmatrix}=-2,\quad \tilde{a}_{22}=\begin{vmatrix}2 & -1\\ 2 & 1\end{vmatrix}=4,\quad \tilde{a}_{23}=-\begin{vmatrix}2 & 1\\ 2 & 1\end{vmatrix}=0,$$

$$\tilde{a}_{31}=\begin{vmatrix}1 & -1\\ -2 & 2\end{vmatrix}=0,\quad \tilde{a}_{32}=-\begin{vmatrix}2 & -1\\ 1 & 2\end{vmatrix}=-5,\quad \tilde{a}_{33}=\begin{vmatrix}2 & 1\\ 1 & -2\end{vmatrix}=-5$$

であるから，A の余因子行列は次のようになる。

$$\tilde{A}=\begin{pmatrix}\tilde{a}_{11} & \tilde{a}_{21} & \tilde{a}_{31}\\ \tilde{a}_{12} & \tilde{a}_{22} & \tilde{a}_{32}\\ \tilde{a}_{13} & \tilde{a}_{23} & \tilde{a}_{33}\end{pmatrix}=\begin{pmatrix}-4 & -2 & 0\\ 3 & 4 & -5\\ 5 & 0 & -5\end{pmatrix}$$

← 対角成分以外の上下の位置に注意

したがって，逆行列は

$$A^{-1}=\frac{1}{-10}\begin{pmatrix}-4 & -2 & 0\\ 3 & 4 & -5\\ 5 & 0 & -5\end{pmatrix}=\begin{pmatrix}\frac{2}{5} & \frac{1}{5} & 0\\ -\frac{3}{10} & -\frac{2}{5} & \frac{1}{2}\\ -\frac{1}{2} & 0 & \frac{1}{2}\end{pmatrix}$$

である。

練習 1 次の行列の逆行列を求めよ。

(1) $\begin{pmatrix}2 & 3\\ 1 & -5\end{pmatrix}$ (2) $\begin{pmatrix}3 & 2 & 1\\ 1 & -4 & 2\\ 1 & 3 & -3\end{pmatrix}$ (3) $\begin{pmatrix}1 & 1 & 2\\ 4 & 3 & 8\\ -2 & 0 & -4\end{pmatrix}$

2 行列式と連立1次方程式

今後，簡単のためにベクトル $\vec{a}$，$\vec{b}$，$\vec{x}$，$\vec{y}$ 等を太字で $\boldsymbol{a}$，$\boldsymbol{b}$，$\boldsymbol{x}$，$\boldsymbol{y}$ 等と表す。

1 正則な連立1次方程式

ここでは，解がただ1組存在する連立1次方程式について，p. 91 とは別の解法を考える。まず，x_1，x_2 を未知数とする連立1次方程式

$$\begin{cases} a_{11}x_1 + a_{12}x_2 = b_1 & \cdots\cdots① \\ a_{21}x_1 + a_{22}x_2 = b_2 & \cdots\cdots② \end{cases}$$

の解を求める公式を導こう。

①$\times a_{22}$＋②$\times(-a_{12})$ から

$$(a_{11}a_{22} - a_{12}a_{21})x_1 = a_{22}b_1 - a_{12}b_2 \quad \cdots\cdots③$$

また，①$\times(-a_{21})$＋②$\times a_{11}$ から

$$(a_{11}a_{22} - a_{12}a_{21})x_2 = a_{11}b_2 - a_{21}b_1 \quad \cdots\cdots④$$

したがって，$a_{11}a_{22} - a_{12}a_{21} \neq 0$ のとき③，④より次の式が成り立つ。

$$x_1 = \frac{a_{22}b_1 - a_{12}b_2}{a_{11}a_{22} - a_{12}a_{21}}, \qquad x_2 = \frac{a_{11}b_2 - a_{21}b_1}{a_{11}a_{22} - a_{12}a_{21}}$$

よって $$x_1 = \frac{\begin{vmatrix} b_1 & a_{12} \\ b_2 & a_{22} \end{vmatrix}}{\begin{vmatrix} a_{11} & a_{12} \\ a_{21} & a_{22} \end{vmatrix}}, \qquad x_2 = \frac{\begin{vmatrix} a_{11} & b_1 \\ a_{21} & b_2 \end{vmatrix}}{\begin{vmatrix} a_{11} & a_{12} \\ a_{21} & a_{22} \end{vmatrix}} \quad \cdots\cdots⑤$$

以上の計算を，今度は行列を用いて行ってみよう。

列ベクトルを用いて，①と②は次のように表せる。

$$A = \begin{pmatrix} a_{11} & a_{12} \\ a_{21} & a_{22} \end{pmatrix},\ \boldsymbol{x} = \begin{pmatrix} x_1 \\ x_2 \end{pmatrix},\ \boldsymbol{b} = \begin{pmatrix} b_1 \\ b_2 \end{pmatrix} \text{ とおくとき，} A\boldsymbol{x} = \boldsymbol{b} \quad \cdots\cdots⑥$$

ここで $|A| = a_{11}a_{22} - a_{12}a_{21} \neq 0$ のときは A^{-1} が存在するので，⑥の両辺に左から A^{-1} をかけて $A^{-1}A\boldsymbol{x} = A^{-1}\boldsymbol{b}$，よって $\boldsymbol{x} = A^{-1}\boldsymbol{b}$ となる。すなわち

$$\begin{pmatrix} x_1 \\ x_2 \end{pmatrix} = \frac{1}{|A|}\begin{pmatrix} a_{22} & -a_{12} \\ -a_{21} & a_{11} \end{pmatrix}\begin{pmatrix} b_1 \\ b_2 \end{pmatrix} = \frac{1}{|A|}\begin{pmatrix} a_{22}b_1 - a_{12}b_2 \\ -a_{21}b_1 + a_{11}b_2 \end{pmatrix}$$

したがって $x_1 = \dfrac{a_{22}b_1 - a_{12}b_2}{|A|}$，$x_2 = \dfrac{a_{11}b_2 - a_{21}b_1}{|A|}$ となり，⑤を得る。

連立1次方程式の解を与える前ページの⑤式を，**クラメルの公式** という。

クラメルの公式（2次）

x_1，x_2 を未知数とする連立1次方程式 $\begin{cases} a_{11}x_1 + a_{12}x_2 = b_1 \\ a_{21}x_1 + a_{22}x_2 = b_2 \end{cases}$ において

$A = \begin{pmatrix} a_{11} & a_{12} \\ a_{21} & a_{22} \end{pmatrix}$ とおくとき，$|A| = a_{11}a_{22} - a_{12}a_{21} \neq 0$ ならば，

この連立方程式の解 x_1，x_2 の組はただ1組だけ存在し，

$$x_1 = \frac{1}{|A|}\begin{vmatrix} b_1 & a_{12} \\ b_2 & a_{22} \end{vmatrix}, \qquad x_2 = \frac{1}{|A|}\begin{vmatrix} a_{11} & b_1 \\ a_{21} & b_2 \end{vmatrix}$$

例2 次の連立方程式の解をクラメルの公式によって求めてみよう。

$$\begin{cases} 3x_1 + \ \ x_2 = 1 \\ -2x_1 + 2x_2 = 5 \end{cases} \quad \text{すなわち} \quad \begin{pmatrix} 3 & 1 \\ -2 & 2 \end{pmatrix}\begin{pmatrix} x_1 \\ x_2 \end{pmatrix} = \begin{pmatrix} 1 \\ 5 \end{pmatrix}$$

解はクラメルの公式より次の計算で得られる。

$$x_1 = \frac{\begin{vmatrix} 1 & 1 \\ 5 & 2 \end{vmatrix}}{\begin{vmatrix} 3 & 1 \\ -2 & 2 \end{vmatrix}} = -\frac{3}{8}, \qquad x_2 = \frac{\begin{vmatrix} 3 & 1 \\ -2 & 5 \end{vmatrix}}{\begin{vmatrix} 3 & 1 \\ -2 & 2 \end{vmatrix}} = \frac{17}{8}$$

練習2 次の連立1次方程式を，クラメルの公式を用いて解け。

(1) $\begin{cases} x_1 + x_2 = 1 \\ 2x_1 + 3x_2 = 4 \end{cases}$　　(2) $\begin{cases} 2x_1 + 3x_2 = 6 \\ 5x_1 - 2x_2 = 7 \end{cases}$

次に，x_1，x_2，x_3 を未知数とする連立1次方程式の解の公式も，前ページ後半で述べた方法で得られることを示そう。

$$\begin{cases} a_{11}x_1 + a_{12}x_2 + a_{13}x_3 = b_1 \\ a_{21}x_1 + a_{22}x_2 + a_{23}x_3 = b_2 \\ a_{31}x_1 + a_{32}x_2 + a_{33}x_3 = b_3 \end{cases} \text{は} \ A = \begin{pmatrix} a_{11} & a_{12} & a_{13} \\ a_{21} & a_{22} & a_{23} \\ a_{31} & a_{32} & a_{33} \end{pmatrix}, \ \boldsymbol{x} = \begin{pmatrix} x_1 \\ x_2 \\ x_3 \end{pmatrix}, \ \boldsymbol{b} = \begin{pmatrix} b_1 \\ b_2 \\ b_3 \end{pmatrix}$$

とおくと

$$A\boldsymbol{x} = \boldsymbol{b}$$

と表せる。$|A| \neq 0$ のとき A は逆行列が存在するので，この式の両辺に左から A^{-1} を掛けると $A^{-1}A\boldsymbol{x} = A^{-1}\boldsymbol{b}$，よって $\boldsymbol{x} = A^{-1}\boldsymbol{b}$ である。この式に p. 129

の方法で求めた A^{-1} を代入すると

$$\begin{pmatrix} x_1 \\ x_2 \\ x_3 \end{pmatrix} = \frac{1}{|A|}\widetilde{A}\begin{pmatrix} b_1 \\ b_2 \\ b_3 \end{pmatrix} = \frac{1}{|A|}\begin{pmatrix} \widetilde{a}_{11} & \widetilde{a}_{21} & \widetilde{a}_{31} \\ \widetilde{a}_{12} & \widetilde{a}_{22} & \widetilde{a}_{32} \\ \widetilde{a}_{13} & \widetilde{a}_{23} & \widetilde{a}_{33} \end{pmatrix}\begin{pmatrix} b_1 \\ b_2 \\ b_3 \end{pmatrix}$$

であるから

$$x_1 = \frac{1}{|A|}(b_1\widetilde{a}_{11} + b_2\widetilde{a}_{21} + b_3\widetilde{a}_{31}) = \frac{1}{|A|}\begin{vmatrix} b_1 & a_{12} & a_{13} \\ b_2 & a_{22} & a_{23} \\ b_3 & a_{32} & a_{33} \end{vmatrix}$$

← 第1列に関する余因子展開 (p. 116)

同様にして $x_2 = \frac{1}{|A|}\begin{vmatrix} a_{11} & b_1 & a_{13} \\ a_{21} & b_2 & a_{23} \\ a_{31} & b_3 & a_{33} \end{vmatrix}$, $x_3 = \frac{1}{|A|}\begin{vmatrix} a_{11} & a_{12} & b_1 \\ a_{21} & a_{22} & b_2 \\ a_{31} & a_{32} & b_3 \end{vmatrix}$

これらも，**クラメルの公式** という。

クラメルの公式（3次）

x_1，x_2，x_3 を未知数とする連立1次方程式

$$\begin{cases} a_{11}x_1 + a_{12}x_2 + a_{13}x_3 = b_1 \\ a_{21}x_1 + a_{22}x_2 + a_{23}x_3 = b_2 \\ a_{31}x_1 + a_{32}x_2 + a_{33}x_3 = b_3 \end{cases}$$

において $A = \begin{pmatrix} a_{11} & a_{12} & a_{13} \\ a_{21} & a_{22} & a_{23} \\ a_{31} & a_{32} & a_{33} \end{pmatrix}$ とおくとき，

$|A| \neq 0$ ならば，この連立方程式の解 x_1，x_2，x_3 の組はただ1組だけ存在し，

$$x_1 = \frac{1}{|A|}\begin{vmatrix} b_1 & a_{12} & a_{13} \\ b_2 & a_{22} & a_{23} \\ b_3 & a_{32} & a_{33} \end{vmatrix}, \qquad x_2 = \frac{1}{|A|}\begin{vmatrix} a_{11} & b_1 & a_{13} \\ a_{21} & b_2 & a_{23} \\ a_{31} & b_3 & a_{33} \end{vmatrix},$$

$$x_3 = \frac{1}{|A|}\begin{vmatrix} a_{11} & a_{12} & b_1 \\ a_{21} & a_{22} & b_2 \\ a_{31} & a_{32} & b_3 \end{vmatrix}$$

例 3 $\begin{cases} 2x + y - z = 2 \\ x - 2y + 2z = 1 \\ 2x + y + z = 4 \end{cases}$ において $A = \begin{pmatrix} 2 & 1 & -1 \\ 1 & -2 & 2 \\ 2 & 1 & 1 \end{pmatrix}$ とすると，p.130の

例題1より $|A| = -10 \neq 0$ であるから

$$x = \frac{1}{-10}\begin{vmatrix} 2 & 1 & -1 \\ 1 & -2 & 2 \\ 4 & 1 & 1 \end{vmatrix} \overset{\substack{[1]+[3]\times 2 \\ [2]+[3]\times 1}}{=} \frac{1}{-10}\begin{vmatrix} 0 & 0 & -1 \\ 5 & 0 & 2 \\ 6 & 2 & 1 \end{vmatrix}$$

$$\overset{\text{第3列余因子展開}}{=} \frac{1}{-10}\cdot(-1)(-1)^{3+1}\begin{vmatrix} 5 & 0 \\ 6 & 2 \end{vmatrix} = 1$$

例題 2 次の連立1次方程式をクラメルの公式を用いて解け。

$$\begin{cases} x_1+2x_2+x_3=6 \\ 2x_1+4x_2-x_3=3 \\ 4x_1-2x_2+3x_3=5 \end{cases}$$

解

$$|A|=\begin{vmatrix} 1 & 2 & 1 \\ 2 & 4 & -1 \\ 4 & -2 & 3 \end{vmatrix} \overset{[2]+[1]\times(-2)}{=} \begin{vmatrix} 1 & 0 & 1 \\ 2 & 0 & -1 \\ 4 & -10 & 3 \end{vmatrix}$$

$$\overset{\text{第2列余因子展開}}{=} (-10)\cdot(-1)\begin{vmatrix} 1 & 1 \\ 2 & -1 \end{vmatrix} = 10\{1\cdot(-1)-1\cdot2\}=-30 \neq 0$$

よりただ1組の解が存在する。クラメルの公式を用いて以下のように x_1, x_2, x_3 が求められる。(行列式部分の計算は，さまざまな方法で行っている。)

$$x_1=\frac{1}{|A|}\begin{vmatrix} 6 & 2 & 1 \\ 3 & 4 & -1 \\ 5 & -2 & 3 \end{vmatrix} \overset{②+①\times(-2),\ ③+①}{=} \frac{1}{|A|}\begin{vmatrix} 6 & 2 & 1 \\ -9 & 0 & -3 \\ 11 & 0 & 4 \end{vmatrix}$$

$$\overset{\text{②から}-3\text{をくくり出す}}{=} \frac{-3}{|A|}\begin{vmatrix} 6 & 2 & 1 \\ 3 & 0 & 1 \\ 11 & 0 & 4 \end{vmatrix} \overset{\text{第2列余因子展開}}{=} \frac{-3\cdot2\cdot(-1)}{|A|}\begin{vmatrix} 3 & 1 \\ 11 & 4 \end{vmatrix}$$

$$=\frac{6}{-30}(3\cdot4-1\cdot11)=-\frac{1}{5}$$

$$x_2=\frac{1}{|A|}\begin{vmatrix} 1 & 6 & 1 \\ 2 & 3 & -1 \\ 4 & 5 & 3 \end{vmatrix} \overset{\text{サラスの方法}}{=} \frac{1}{-30}\{9-24+10+5-36-12\}=\frac{8}{5}$$

$$x_3=\frac{1}{|A|}\begin{vmatrix} 1 & 2 & 6 \\ 2 & 4 & 3 \\ 4 & -2 & 5 \end{vmatrix} \overset{②+①\times(-2)}{=} \frac{1}{|A|}\begin{vmatrix} 1 & 2 & 6 \\ 0 & 0 & -9 \\ 4 & -2 & 5 \end{vmatrix}$$

$$\overset{\text{第2行余因子展開}}{=} \frac{-9\times(-1)}{|A|}\begin{vmatrix} 1 & 2 \\ 4 & -2 \end{vmatrix} = \frac{9}{-30}\{1\cdot(-2)-2\cdot4\}=3$$

練習3 次の連立1次方程式をクラメルの公式を用いて解け。

(1) $$\begin{cases} -2x_1+x_2+2x_3=3 \\ 3x_1+2x_2+5x_3=11 \\ x_1+3x_2-3x_3=8 \end{cases}$$

(2) $$\begin{cases} x_1+3x_2+2x_3=1 \\ 2x_1+x_2+3x_3=1 \\ 3x_1+2x_2+x_3=1 \end{cases}$$

研究　クラメルの公式（n 次）

n 元連立1次方程式に対しても同様にクラメルの公式が成り立つ。

n 元連立1次方程式

$$\begin{cases} a_{11}x_1 + a_{12}x_2 + \cdots + a_{1n}x_n = b_1 \\ a_{21}x_1 + a_{22}x_2 + \cdots + a_{2n}x_n = b_2 \\ \qquad\qquad\vdots \\ a_{n1}x_1 + a_{n2}x_2 + \cdots + a_{nn}x_n = b_n \end{cases}$$

は，行列を用いて次の形で表される。

$$\begin{pmatrix} a_{11} & a_{12} & \cdots & a_{1n} \\ a_{21} & a_{22} & \cdots & a_{2n} \\ \vdots & \vdots & \ddots & \vdots \\ a_{n1} & a_{n2} & \cdots & a_{nn} \end{pmatrix} \begin{pmatrix} x_1 \\ x_2 \\ \vdots \\ x_n \end{pmatrix} = \begin{pmatrix} b_1 \\ b_2 \\ \vdots \\ b_n \end{pmatrix}$$

これを

$$A\boldsymbol{x} = \boldsymbol{b}$$

で表す。$|A| \fallingdotseq 0$ のとき A^{-1} が存在するので，両辺に左から A^{-1} を掛けて $A^{-1}A\boldsymbol{x} = A^{-1}\boldsymbol{b}$，つまり次の式が得られる。

$$\boldsymbol{x} = A^{-1}\boldsymbol{b}$$

よって p. 133 と同様，連立1次方程式の解 x_1，x_2，…，x_n がただ1組きまり，次の形で求められる。

$$x_1 = \frac{1}{|A|}\begin{vmatrix} b_1 & a_{12} & \cdots & a_{1n} \\ b_2 & a_{22} & \cdots & a_{2n} \\ \vdots & \vdots & \ddots & \vdots \\ b_n & a_{n2} & \cdots & a_{nn} \end{vmatrix}, \quad x_2 = \frac{1}{|A|}\begin{vmatrix} a_{11} & b_1 & \cdots & a_{1n} \\ a_{21} & b_2 & \cdots & a_{2n} \\ \vdots & \vdots & \ddots & \vdots \\ a_{n1} & b_n & \cdots & a_{nn} \end{vmatrix},$$

$$\cdots\cdots, \quad x_n = \frac{1}{|A|}\begin{vmatrix} a_{11} & a_{12} & \cdots & b_1 \\ a_{21} & a_{22} & \cdots & b_2 \\ \vdots & \vdots & \ddots & \vdots \\ a_{n1} & a_{n2} & \cdots & b_n \end{vmatrix}$$

注意　実際に連立方程式を解く計算には，基本変形を利用することがより適当であり，クラメルの公式は適さないことを注意しておく。

2 無数の解をもつ連立１次方程式

連立１次方程式は係数行列 A を用いて $A\boldsymbol{x}=\boldsymbol{b}$ の形で表せた。ここでは特に $\boldsymbol{b}=\boldsymbol{0}$ の場合を考えよう。このとき $\boldsymbol{x}=\boldsymbol{0}$ は必ず解になる。これは自明な解である。自明な解以外の解をもつことに関して次のことが成り立ち，このとき解は不定 (p. 95)，つまり無数の解が存在することになる。

自明な解以外の解をもつ条件

A を正方行列とするとき，連立１次方程式 $A\boldsymbol{x}=\boldsymbol{0}$ が自明な解 $\boldsymbol{x}=\boldsymbol{0}$ 以外の解をもつための必要十分条件は $|A|=0$ である。

練習4 上のことを証明せよ。

例題 3 右の連立１次方程式が $\boldsymbol{x}=\boldsymbol{0}$ 以外の解をもつように定数 k の値を定めよ。また，そのときの解を求めよ。

$$\begin{cases} x_1+x_2+2x_3=0 \\ 2x_1+x_2+x_3=0 \\ 5x_1+2x_2+kx_3=0 \end{cases}$$

解 $\boldsymbol{x}=\boldsymbol{0}$ 以外の解をもつとき，係数行列の行列式は 0 だから

$$\begin{vmatrix} 1 & 1 & 2 \\ 2 & 1 & 1 \\ 5 & 2 & k \end{vmatrix} \overset{\text{サラスの方法}}{=} k+5+8-2-2k-10=-k+1=0 \text{ より } k=1$$

$k=1$ とおき，拡大係数行列 (p. 92) において行の基本変形を行うと

$$\left(\begin{array}{ccc|c} 1 & 1 & 2 & 0 \\ 2 & 1 & 1 & 0 \\ 5 & 2 & 1 & 0 \end{array}\right) \xrightarrow[\text{③}+\text{①}\times(-5)]{\text{②}+\text{①}\times(-2)} \left(\begin{array}{ccc|c} 1 & 1 & 2 & 0 \\ 0 & -1 & -3 & 0 \\ 0 & -3 & -9 & 0 \end{array}\right) \to\cdots\to \left(\begin{array}{ccc|c} 1 & 0 & -1 & 0 \\ 0 & 1 & 3 & 0 \\ 0 & 0 & 0 & 0 \end{array}\right)$$

方程式の形に戻すと $\begin{cases} 1x_1+0x_2-1x_3=0 \\ 0x_1+1x_2+3x_3=0 \\ 0x_1+0x_2+0x_3=0 \end{cases}$ つまり $\begin{cases} x_1=x_3 \\ x_2=-3x_3 \end{cases}$

したがって $x_3=t$ とおくと次の形の解が得られる。

$x_1=t,\ x_2=-3t,\ x_3=t$ （t は任意の実数）

練習5 右の連立１次方程式が $\boldsymbol{x}=\boldsymbol{0}$ 以外の解をもつように定数 k の値を定めよ。また，そのときの解を求めよ。

$$\begin{cases} x_1+x_2-2x_3=0 \\ 2x_1-x_2+x_3=0 \\ 5x_1-4x_2+kx_3=0 \end{cases}$$

3 行列式の図形的意味

ベクトルの成分は，行ベクトルまたは列ベクトルを用いて表すが，今後，ベクトルを成分表示するときは，主に列ベクトルを用いることにする。

1 行列式の図形的意味

2次の行列式　2つの1次独立な平面ベクトル $\boldsymbol{a}$，$\boldsymbol{b}$ は平行四辺形を定める。とくに $\boldsymbol{a}=\begin{pmatrix}a_1\\a_2\end{pmatrix}$，$\boldsymbol{b}=\begin{pmatrix}b_1\\b_2\end{pmatrix}$ と成分表示が与えられていれば，その面積 S は，$S=|a_1b_2-b_1a_2|$ であった (p. 27)。

よって次のことが成り立つ。

平行四辺形の面積

1次独立な2つのベクトル $\boldsymbol{a}$，$\boldsymbol{b}$ の定める平行四辺形の面積 S は

$\boldsymbol{a}=\begin{pmatrix}a_1\\a_2\end{pmatrix}$，$\boldsymbol{b}=\begin{pmatrix}b_1\\b_2\end{pmatrix}$ のとき $S=\left|\begin{vmatrix}a_1 & b_1\\a_2 & b_2\end{vmatrix}\right|$ （行列式の絶対値）

例4　$\boldsymbol{a}=\begin{pmatrix}2\\0\end{pmatrix}$，$\boldsymbol{b}=\begin{pmatrix}2\\3\end{pmatrix}$ の定める平行四辺形の面積 S は　$S=\left|\begin{vmatrix}2 & 2\\0 & 3\end{vmatrix}\right|=|6|=6$

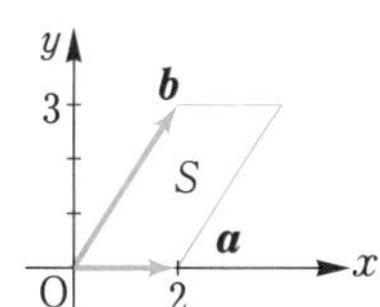

例題 4　平面上の3点 A(1, 2)，B(−3, 2)，C(−1, 4) について，AB，AC を2辺とする平行四辺形の面積 S を求めよ。

解　$\overrightarrow{AB}=\overrightarrow{AO}+\overrightarrow{OB}=\overrightarrow{OB}-\overrightarrow{OA}=\begin{pmatrix}-3\\2\end{pmatrix}-\begin{pmatrix}1\\2\end{pmatrix}=\begin{pmatrix}-4\\0\end{pmatrix}$，

$\overrightarrow{AC}=\overrightarrow{AO}+\overrightarrow{OC}=\overrightarrow{OC}-\overrightarrow{OA}=\begin{pmatrix}-1\\4\end{pmatrix}-\begin{pmatrix}1\\2\end{pmatrix}=\begin{pmatrix}-2\\2\end{pmatrix}$ であるから

$$S=\left|\begin{vmatrix}-4 & -2\\0 & 2\end{vmatrix}\right|=|(-4)\times 2-(-2)\times 0|=|-8|=8$$

練習6　平面上の3点 A(4, 3)，B(−3, 5)，C(1, −2) について △ABC の面積 S を求めよ。

3次の行列式　3つの1次独立な空間ベクトル $\boldsymbol{a}$, $\boldsymbol{b}$, $\boldsymbol{c}$ は平行六面体を定める。外積を用いてその体積 V を求めよう (p. 64「研究」を参照)。底面を $\boldsymbol{a}$ と $\boldsymbol{b}$ が定める平行四辺形とするとその面積 S は $|\boldsymbol{a}\times\boldsymbol{b}|$ であり，高さ h は，$\boldsymbol{a}\times\boldsymbol{b}$ と $\boldsymbol{c}$ とのなす角 φ（ただし $0\leqq\varphi\leqq\dfrac{\pi}{2}$ とする）を用いて

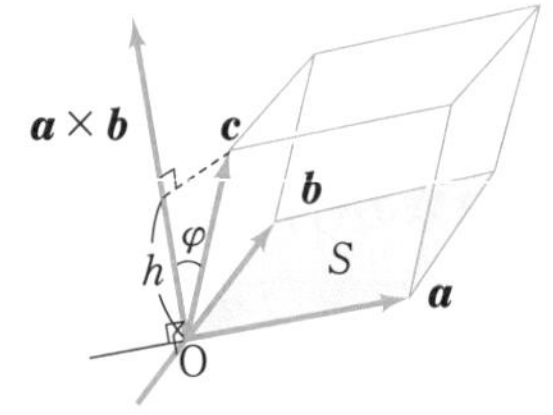

$h=|\boldsymbol{c}||\cos\varphi|$ と表せる。よって

$$V=Sh=|\boldsymbol{a}\times\boldsymbol{b}||\boldsymbol{c}||\cos\varphi|=|(\boldsymbol{a}\times\boldsymbol{b})\cdot\boldsymbol{c}|$$

$\boldsymbol{a}=\begin{pmatrix}a_1\\a_2\\a_3\end{pmatrix}$, $\boldsymbol{b}=\begin{pmatrix}b_1\\b_2\\b_3\end{pmatrix}$, $\boldsymbol{c}=\begin{pmatrix}c_1\\c_2\\c_3\end{pmatrix}$ とすると

$$(\boldsymbol{a}\times\boldsymbol{b})\cdot\boldsymbol{c}=(a_2b_3-a_3b_2)c_1-(a_1b_3-a_3b_1)c_2+(a_1b_2-a_2b_1)c_3$$

← p. 64 より

$$=\begin{vmatrix}a_1&b_1&c_1\\a_2&b_2&c_2\\a_3&b_3&c_3\end{vmatrix}$$

第3行に関する余因子展開になっている

であり，V について，次がいえる。

平行六面体の体積

1次独立な3つのベクトル $\boldsymbol{a}$, $\boldsymbol{b}$, $\boldsymbol{c}$ が定める平行六面体の体積 V は

$\boldsymbol{a}=\begin{pmatrix}a_1\\a_2\\a_3\end{pmatrix}$, $\boldsymbol{b}=\begin{pmatrix}b_1\\b_2\\b_3\end{pmatrix}$, $\boldsymbol{c}=\begin{pmatrix}c_1\\c_2\\c_3\end{pmatrix}$ のとき　$V=\left|\begin{vmatrix}a_1&b_1&c_1\\a_2&b_2&c_2\\a_3&b_3&c_3\end{vmatrix}\right|$ （行列式の絶対値）

例5　$\boldsymbol{a}=\begin{pmatrix}2\\0\\0\end{pmatrix}$, $\boldsymbol{b}=\begin{pmatrix}0\\3\\0\end{pmatrix}$, $\boldsymbol{c}=\begin{pmatrix}1\\2\\3\end{pmatrix}$ が定める平行六面体

の体積 V は　$V=\left|\begin{vmatrix}2&0&1\\0&3&2\\0&0&3\end{vmatrix}\right|=18$

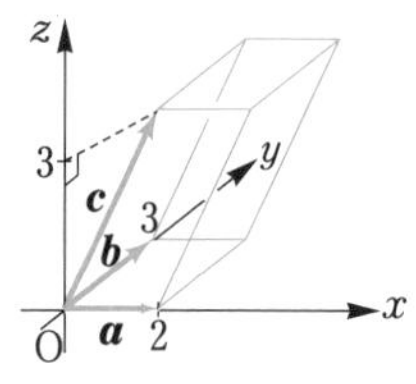

練習7　$\boldsymbol{a}=\begin{pmatrix}1\\1\\2\end{pmatrix}$, $\boldsymbol{b}=\begin{pmatrix}2\\-1\\1\end{pmatrix}$, $\boldsymbol{c}=\begin{pmatrix}-1\\2\\-1\end{pmatrix}$ とするとき，次の問いに答えよ。

(1) $\boldsymbol{a}$, $\boldsymbol{b}$, $\boldsymbol{c}$ の定める平行六面体の体積を求めよ。

(2) $\boldsymbol{a}+\boldsymbol{b}$, $\boldsymbol{b}+\boldsymbol{c}$, $\boldsymbol{c}+\boldsymbol{a}$ の定める平行六面体の体積を求めよ。

2 1次独立・1次従属

平面ベクトル　平面上のベクトル $\boldsymbol{a}=\begin{pmatrix}a_1\\a_2\end{pmatrix}$, $\boldsymbol{b}=\begin{pmatrix}b_1\\b_2\end{pmatrix}$ が1次独立とする。

このとき，$\boldsymbol{a}$ と $\boldsymbol{b}$ は平行でないから，$\boldsymbol{a}$ と $\boldsymbol{b}$ の定める平行四辺形の面積は0でない（p. 137）。したがって，次の式が成り立つ。

$$\begin{vmatrix}a_1 & b_1\\a_2 & b_2\end{vmatrix} \neq 0 \quad \cdots\cdots①$$

この逆も成り立つことを示そう。①を仮定したとき，等式

$$\lambda\boldsymbol{a}+\mu\boldsymbol{b}=\boldsymbol{0} \quad \cdots\cdots②$$

を満たす実数λ, μが，$\lambda=\mu=0$ のみであることを示せばよい（p. 19）。②は，

$$\lambda\begin{pmatrix}a_1\\a_2\end{pmatrix}+\mu\begin{pmatrix}b_1\\b_2\end{pmatrix}=\begin{pmatrix}0\\0\end{pmatrix} \text{ つまり } \begin{cases}a_1\lambda+b_1\mu=0\\a_2\lambda+b_2\mu=0\end{cases} \text{ より } \begin{pmatrix}a_1 & b_1\\a_2 & b_2\end{pmatrix}\begin{pmatrix}\lambda\\\mu\end{pmatrix}=\begin{pmatrix}0\\0\end{pmatrix}$$

と表せる。①より係数行列は逆行列をもつので，両辺に左からそれを掛けて

$$\begin{pmatrix}\lambda\\\mu\end{pmatrix}=\begin{pmatrix}a_1 & b_1\\a_2 & b_2\end{pmatrix}^{-1}\begin{pmatrix}0\\0\end{pmatrix}=\begin{pmatrix}0\\0\end{pmatrix} \qquad \text{よって}\quad \lambda=0 \text{ かつ } \mu=0$$

したがって $\boldsymbol{a}$ と $\boldsymbol{b}$ は1次独立である。

空間ベクトル　$\boldsymbol{a}=\begin{pmatrix}a_1\\a_2\\a_3\end{pmatrix}$, $\boldsymbol{b}=\begin{pmatrix}b_1\\b_2\\b_3\end{pmatrix}$, $\boldsymbol{c}=\begin{pmatrix}c_1\\c_2\\c_3\end{pmatrix}$ が1次独立であるとする。

このとき，$\boldsymbol{a}$, $\boldsymbol{b}$, $\boldsymbol{c}$ は同一平面上のベクトルでないから，これらの定める平行六面体の体積（p. 138）は0でない。したがって，次の式が成り立つ。

$$\begin{vmatrix}a_1 & b_1 & c_1\\a_2 & b_2 & c_2\\a_3 & b_3 & c_3\end{vmatrix} \neq 0 \quad \cdots\cdots③$$

逆の成り立つことは，③を仮定したとき等式

$$\lambda\boldsymbol{a}+\mu\boldsymbol{b}+\nu\boldsymbol{c}=\boldsymbol{0} \quad \cdots\cdots④$$

を満たす実数λ, μ, νが，$\lambda=\mu=\nu=0$ のみであることを示せばよい（p. 46）。これは上で述べた平面ベクトルの場合と同様に示すことができる。

練習8　$\begin{vmatrix}a_1 & b_1 & c_1\\a_2 & b_2 & c_2\\a_3 & b_3 & c_3\end{vmatrix} \neq 0$ のとき，$\boldsymbol{a}=\begin{pmatrix}a_1\\a_2\\a_3\end{pmatrix}$, $\boldsymbol{b}=\begin{pmatrix}b_1\\b_2\\b_3\end{pmatrix}$, $\boldsymbol{c}=\begin{pmatrix}c_1\\c_2\\c_3\end{pmatrix}$ は1次独立であることを示せ。

n 次元ベクトル　n 個の数の組からなるベクトルを **n 次元ベクトル** という。平面ベクトルは 2 次元ベクトル，空間ベクトルは 3 次元ベクトルである。一般に，k 個の n 次元ベクトルが 1 次独立であることを次のように定義する。

k 個の n 次元ベクトル $\boldsymbol{a}_1,\ \boldsymbol{a}_2,\ \cdots,\ \boldsymbol{a}_k$ と実数 $c_1,\ c_2,\ \cdots,\ c_k$ について

$$c_1\boldsymbol{a}_1 + c_2\boldsymbol{a}_2 + \cdots + c_k\boldsymbol{a}_k = \boldsymbol{0} \iff c_1 = c_2 = \cdots = c_k = 0$$

が成り立つとき $\boldsymbol{a}_1,\ \boldsymbol{a}_2,\ \cdots,\ \boldsymbol{a}_k$ は **1 次独立** であるという。

次のことが成り立つことは前ページの平面ベクトルの場合と同様に示せる。

1 次独立であるための条件

$$\boldsymbol{a}_1 = \begin{pmatrix} a_{11} \\ a_{21} \\ \vdots \\ a_{n1} \end{pmatrix},\ \boldsymbol{a}_2 = \begin{pmatrix} a_{12} \\ a_{22} \\ \vdots \\ a_{n2} \end{pmatrix},\ \cdots,\ \boldsymbol{a}_n = \begin{pmatrix} a_{1n} \\ a_{2n} \\ \vdots \\ a_{nn} \end{pmatrix}$$

が 1 次独立であるための必要十分条件は

$$\begin{vmatrix} a_{11} & a_{12} & \cdots & a_{1n} \\ a_{21} & a_{22} & \cdots & a_{2n} \\ \vdots & \vdots & \ddots & \vdots \\ a_{n1} & a_{n2} & \cdots & a_{nn} \end{vmatrix} \neq 0$$

例題 5　次のベクトルの組が 1 次独立か，1 次従属かを調べよ。

(1)　$\boldsymbol{a} = \begin{pmatrix} 3 \\ -4 \end{pmatrix},\ \boldsymbol{b} = \begin{pmatrix} -6 \\ 8 \end{pmatrix}$　　(2)　$\boldsymbol{a} = \begin{pmatrix} 1 \\ 1 \\ 3 \end{pmatrix},\ \boldsymbol{b} = \begin{pmatrix} 3 \\ 2 \\ 1 \end{pmatrix},\ \boldsymbol{c} = \begin{pmatrix} 1 \\ 4 \\ 9 \end{pmatrix}$

解　(1)　$\begin{vmatrix} 3 & -6 \\ -4 & 8 \end{vmatrix} = 24 - 24 = 0$　より，1 次従属。

(2)　$\begin{vmatrix} 1 & 3 & 1 \\ 1 & 2 & 4 \\ 3 & 1 & 9 \end{vmatrix} \overset{\substack{②+①\times(-1) \\ ③+①\times(-3)}}{=} \begin{vmatrix} 1 & 3 & 1 \\ 0 & -1 & 3 \\ 0 & -8 & 6 \end{vmatrix} \overset{\text{サラスの方法}}{=} -6 + 24 \neq 0$　より，1 次独立。

注意　(1)の $\boldsymbol{a},\ \boldsymbol{b}$ は平行である。

(2)の $\boldsymbol{a},\ \boldsymbol{b},\ \boldsymbol{c}$ は平行六面体を定め，その体積は 18 である。(p. 138)

練習9　次のベクトルの組は1次独立か，1次従属かを調べよ。

(1) $\boldsymbol{a}=\begin{pmatrix}1\\3\end{pmatrix}$, $\boldsymbol{b}=\begin{pmatrix}2\\4\end{pmatrix}$　　(2) $\boldsymbol{a}=\begin{pmatrix}1\\2\\0\end{pmatrix}$, $\boldsymbol{b}=\begin{pmatrix}-1\\1\\3\end{pmatrix}$, $\boldsymbol{c}=\begin{pmatrix}1\\5\\3\end{pmatrix}$

(3) $\boldsymbol{a}=\begin{pmatrix}2\\4\\1\end{pmatrix}$, $\boldsymbol{b}=\begin{pmatrix}2\\1\\-5\end{pmatrix}$, $\boldsymbol{c}=\begin{pmatrix}1\\2\\-1\end{pmatrix}$

練習10　次のベクトルの組が1次従属となるように x の値を定めよ。(p. 121 練習 9 参照)

(1) $\begin{pmatrix}x\\1\\1\end{pmatrix}$, $\begin{pmatrix}1\\x\\1\end{pmatrix}$, $\begin{pmatrix}1\\1\\x\end{pmatrix}$　　(2) $\begin{pmatrix}3-x\\1\\1\end{pmatrix}$, $\begin{pmatrix}1\\1-x\\3\end{pmatrix}$, $\begin{pmatrix}1\\3\\1-x\end{pmatrix}$

節末問題

1. 行列 $\begin{pmatrix}-4 & 2 & 1\\ 2 & -1 & 1\\ 3 & 3 & 3\end{pmatrix}$ について余因子 $\tilde{a}_{31}$, $\tilde{a}_{32}$, $\tilde{a}_{33}$ を求めよ。

2. 次の行列を A とおくとき，A の余因子行列 $\widetilde{A}$ と逆行列 A^{-1} を求めよ。

(1) $\begin{pmatrix}2 & 1 & 1\\ 1 & -1 & 2\\ 0 & 3 & 1\end{pmatrix}$　　(2) $\begin{pmatrix}-1 & 0 & 1\\ 0 & -1 & 1\\ 1 & 1 & -1\end{pmatrix}$　　(3) $\begin{pmatrix}2 & 1 & 0\\ 2 & 2 & 3\\ 0 & 1 & 2\end{pmatrix}$

(4) $\begin{pmatrix}1 & -1 & 1 & 0\\ 0 & 1 & -1 & 0\\ 0 & 0 & 1 & 0\\ 0 & 0 & 0 & -1\end{pmatrix}$　　(5) $\begin{pmatrix}1 & a & b\\ 0 & 1 & c\\ 0 & 0 & 1\end{pmatrix}$

3. 3次の行列 A, B の余因子行列をそれぞれ $\widetilde{A}$, $\widetilde{B}$ と書く。このとき，A^{-1}, B^{-1} が存在するならば $\widetilde{AB}=\widetilde{B}\widetilde{A}$ が成り立つことを示せ。

4. n 次正方行列 A の余因子行列 $\widetilde{A}$ の行列式 $|\widetilde{A}|$ は $|A|^{n-1}$ に等しいことを示せ。

5. 次の連立方程式をクラメルの公式を用いて解け。

(1) $\begin{cases} 2x_1 - 3x_2 = 8 \\ 3x_1 + 2x_2 = -1 \end{cases}$ (2) $\begin{cases} x_1 + x_2 + x_3 = 1 \\ x_1 + 2x_2 + 3x_3 = 5 \\ -4x_1 + x_2 + 2x_3 = 6 \end{cases}$

6. 次の連立方程式が $x_1 = x_2 = x_3 = 0$ 以外の解をもつように定数 k の値を定めよ。また，そのときの解を求めよ。

$$\begin{cases} x_1 + 2x_2 + 2x_3 = kx_1 \\ 2x_2 + x_3 = kx_2 \\ -x_1 + 2x_2 + 2x_3 = kx_3 \end{cases}$$

7. 空間内の 4 点 A(1，2，3)，B(2，0，1)，C(−1，1，0)，D(1，−3，5) について，ベクトル $\overrightarrow{\mathrm{AB}}$，$\overrightarrow{\mathrm{AC}}$，$\overrightarrow{\mathrm{AD}}$ の定める平行六面体の体積を求めよ。

8. 次のベクトルの組が 1 次従属になるように，x の値を定めよ。

(1) $\begin{pmatrix} 1 \\ -2 \\ 0 \end{pmatrix}, \begin{pmatrix} -3 \\ 1 \\ 4 \end{pmatrix}, \begin{pmatrix} 1 \\ 5 \\ x \end{pmatrix}$ (2) $\begin{pmatrix} x-1 \\ 1 \\ 1 \\ 0 \end{pmatrix}, \begin{pmatrix} 1 \\ x-1 \\ 0 \\ 1 \end{pmatrix}, \begin{pmatrix} 1 \\ 0 \\ x-1 \\ 1 \end{pmatrix}, \begin{pmatrix} 0 \\ 1 \\ 1 \\ x-1 \end{pmatrix}$

9. 次の 5 つのベクトルについて，次の問いに答えよ。

$$\boldsymbol{a} = \begin{pmatrix} 1 \\ 1 \\ 1 \end{pmatrix}, \ \boldsymbol{b} = \begin{pmatrix} 1 \\ 1 \\ 0 \end{pmatrix}, \ \boldsymbol{c} = \begin{pmatrix} 1 \\ 0 \\ 0 \end{pmatrix}, \ \boldsymbol{p} = \begin{pmatrix} -1 \\ 2 \\ 0 \end{pmatrix}, \ \boldsymbol{q} = \begin{pmatrix} 6 \\ 2 \\ 3 \end{pmatrix}$$

(1) $\boldsymbol{a}$，$\boldsymbol{b}$，$\boldsymbol{c}$ が 1 次独立であることを示せ。

(2) $\boldsymbol{p}$，$\boldsymbol{q}$ を $\boldsymbol{a}$，$\boldsymbol{b}$，$\boldsymbol{c}$ の 1 次結合で表せ。

10. n 次元ベクトル $\boldsymbol{a}$，$\boldsymbol{b}$ について，$\boldsymbol{a} \cdot \boldsymbol{b} = 0$ のとき $\boldsymbol{a}$ と $\boldsymbol{b}$ は直交するという。k 個の零ベクトルでない n 次元ベクトル $\boldsymbol{a}_1$，$\boldsymbol{a}_2$，…，$\boldsymbol{a}_k$ が互いに直交しているとき，これらが 1 次独立であることを示せ。(p. 167 でこの結果を用いる。)

第 4 章

行列の応用

1

1次変換

2

固有値と対角化

この章では，1章および2章で学んだベクトルと行列を用いて，まず2次元，すなわち平面上の点の移動（変換）について学ぶ。そのことで同時に行列そのものの性質も明らかになる。ここでの考え方を3次元ベクトル（空間ベクトル）へとひろげ，さらに4次元，…，n 次元へとひろげていき，図形を超えて抽象的にベクトルや行列を考え，利用していくことで応用へつなげる。その考え方は自然科学を始めとする多くの分野で活用されている。

1 1次変換

1 1次変換の定義

1 1次変換と行列

座標平面上の点の移動を，行列で表現できることがある。このことについて考えてみよう。

たとえば，点 $\mathrm{P}(x,\ y)$ は，x 軸，y 軸，原点，直線 $y=x$ に関する対称移動によって，それぞれ次の点に移される。

(i) x 軸に関する対称移動 : $\mathrm{Q}(x,\ -y)$

(ii) y 軸に関する対称移動 : $\mathrm{R}(-x,\ y)$

(iii) 原点に関する対称移動 : $\mathrm{S}(-x,\ -y)$

(iv) 直線 $y=x$ に関する対称移動 : $\mathrm{T}(y,\ x)$

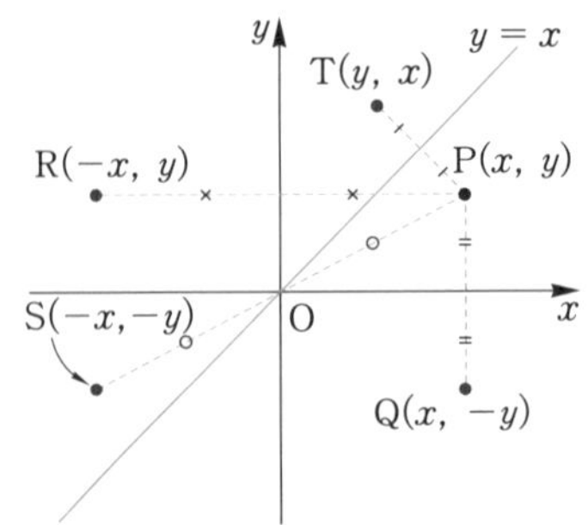

また，次のような移動もある。

(v) x 軸方向に k，y 軸方向に l だけ平行移動 : $\mathrm{U}(x+k,\ y+l)$

(vi) x 軸への射影 : $\mathrm{V}(x,\ 0)$

(vii) x 軸へと y 軸への同時の射影 : $\mathrm{V}(x,\ 0)$，$\mathrm{V}'(0,\ y)$

一般に，座標平面上の各点Pに対応して，同じ平面上の点Qがちょうど1つに定まるとき，この対応を座標平面上の **変換** といい，点Qをこの変換による点Pの **像** という。上の(i)~(vi)は変換であるが，(vii)は各点Pに対応して2つの点が定まるため，変換でない。

平面上の点 $P(x,\ y)$ を点 $P'(x',\ y')$ に移す変換において，とくに x'，y' が a，b，c，d を定数として，定数項のない x，y の1次式

$$\begin{cases} x' = ax + by \\ y' = cx + dy \end{cases} \quad \cdots\cdots①$$

で表されるものを **1次変換**（または **線形変換**）という。1次変換は f，g などの文字で表す。

①で表される1次変換を f とすると，f は行列 $\begin{pmatrix} a & b \\ c & d \end{pmatrix}$ を用いて

$$\begin{pmatrix} x' \\ y' \end{pmatrix} = \begin{pmatrix} a & b \\ c & d \end{pmatrix}\begin{pmatrix} x \\ y \end{pmatrix}$$

と表すことができる。このとき，行列 $\begin{pmatrix} a & b \\ c & d \end{pmatrix}$ を **1次変換 f を表す行列** という。

逆に，行列 $A = \begin{pmatrix} a & b \\ c & d \end{pmatrix}$ が与えられると，$\begin{cases} x' = ax + by \\ y' = cx + dy \end{cases}$ によって1次変換が定まる。

例1 前ページの変換(i)，つまり点 $P(x,\ y)$ を，x 軸に関して対称移動した点 $Q(x',\ y')$ に移す変換 f について考えてみよう。

$$\begin{cases} x' = x \\ y' = -y \end{cases} \quad すなわち \quad \begin{cases} x' = 1 \cdot x + 0 \cdot y \\ y' = 0 \cdot x + (-1) \cdot y \end{cases}$$

したがって，この変換 f は1次変換であり，行列を用いて次のように表すことができる。

$$\begin{pmatrix} x' \\ y' \end{pmatrix} = \begin{pmatrix} 1 & 0 \\ 0 & -1 \end{pmatrix}\begin{pmatrix} x \\ y \end{pmatrix}$$

このとき，変換 f を表す行列は，$\begin{pmatrix} 1 & 0 \\ 0 & -1 \end{pmatrix}$ である。

練習1 次の変換は1次変換かどうかを述べよ。1次変換の場合はその1次変換を表す行列を求めよ。

(1) y 軸に関する対称移動
(2) 原点に関する対称移動
(3) 直線 $y = x$ に関する対称移動
(4) x 軸方向に2だけ平行移動
(5) x 軸への射影

2 相似変換と恒等変換

k を0でない定数とするとき，点 $(x,\ y)$ を点 $(kx,\ ky)$ に移す移動を，原点Oを中心とする相似比 k の **相似変換** という。

この移動により，点 $\mathrm{P}(x,\ y)$ が点 $\mathrm{P}'(x',\ y')$ に移ったとすれば，この変換は

$$\begin{cases} x' = kx = kx + 0y \\ y' = ky = 0x + ky \end{cases} \quad \text{すなわち} \quad \begin{pmatrix} x' \\ y' \end{pmatrix} = \begin{pmatrix} k & 0 \\ 0 & k \end{pmatrix}\begin{pmatrix} x \\ y \end{pmatrix}$$

と表せる1次変換である。つまり相似変換を表す行列は $\begin{pmatrix} k & 0 \\ 0 & k \end{pmatrix}$ である。この変換は $\begin{pmatrix} x' \\ y' \end{pmatrix} = k\begin{pmatrix} x \\ y \end{pmatrix}$ でもあり，ベクトル $\overrightarrow{\mathrm{OP}}$ は k 倍されて $\overrightarrow{\mathrm{OP'}}$ になる。

例2 (i) 1次変換 $\begin{cases} x' = 2x \\ y' = 2y \end{cases}$ ……① により

P(2, 1) は P′(4, 2) に移される。

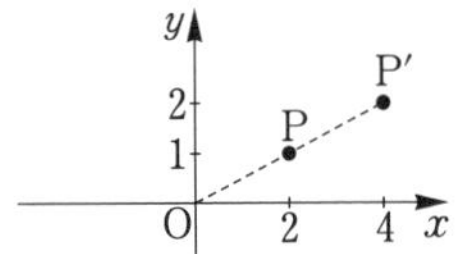

①を $\begin{pmatrix} x' \\ y' \end{pmatrix} = 2\begin{pmatrix} x \\ y \end{pmatrix}$ とみると $\overrightarrow{\mathrm{OP}}$ は2倍されて $\overrightarrow{\mathrm{OP'}}$ になるとみてよい。

(ii) 1次変換 $\begin{cases} x'' = -x \\ y'' = -y \end{cases}$ ……② により

P(2, 1) は P″(−2, −1) に移される。

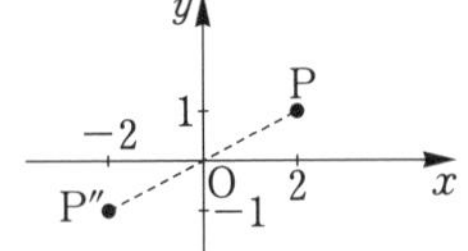

②を $\begin{pmatrix} x'' \\ y'' \end{pmatrix} = (-1)\begin{pmatrix} x \\ y \end{pmatrix}$ とみると $\overrightarrow{\mathrm{OP}}$ は

(-1) 倍されて $\overrightarrow{\mathrm{OP''}}$ になるとみてよい。

上の相似変換で，とくに $k=1$ のときは $x'=x,\ y'=y$ となるから平面上の各点はそれ自身に移される。この1次変換を **恒等変換** という。

参考 1次変換 $\begin{cases} x = x \quad = 1x + 0y \\ y = ky = 0x + ky \end{cases}$ は $k>1$ のとき，x 軸を基準とする y 軸方向への拡大，$0<k<1$ のとき y 軸方向への縮小という。同様に

1次変換 $\begin{cases} x' = kx = kx + 0y \\ y' = y \quad = 0x + 1y \end{cases}$ は $k>1$ のとき，y 軸を基準とする x 軸方向への拡大，$0<k<1$ のとき x 軸方向への縮小という。

3 1次変換による点の像

例3 $\begin{pmatrix} 1 & 2 \\ 3 & 4 \end{pmatrix}$ で表される1次変換による点$(3,\ -1)$の像は

$$\begin{pmatrix} 1 & 2 \\ 3 & 4 \end{pmatrix}\begin{pmatrix} 3 \\ -1 \end{pmatrix}=\begin{pmatrix} 1 \\ 5 \end{pmatrix}$$

であるから，点$(1,\ 5)$である。

練習2 $\begin{pmatrix} 1 & 2 \\ 3 & 4 \end{pmatrix}$ で表される1次変換による，次の点の像を求めよ。

(1) $(-3,\ 2)$　(2) $(0,\ 0)$　(3) $(1,\ 0)$　(4) $(0,\ 1)$

任意の行列 $\begin{pmatrix} a & b \\ c & d \end{pmatrix}$ について

$$\begin{pmatrix} a & b \\ c & d \end{pmatrix}\begin{pmatrix} 0 \\ 0 \end{pmatrix}=\begin{pmatrix} 0 \\ 0 \end{pmatrix} \quad \begin{pmatrix} a & b \\ c & d \end{pmatrix}\begin{pmatrix} 1 \\ 0 \end{pmatrix}=\begin{pmatrix} a \\ c \end{pmatrix} \quad \begin{pmatrix} a & b \\ c & d \end{pmatrix}\begin{pmatrix} 0 \\ 1 \end{pmatrix}=\begin{pmatrix} b \\ d \end{pmatrix}$$

である。よって，次のことが成り立つ。

1次変換の性質

$\begin{pmatrix} a & b \\ c & d \end{pmatrix}$ で表される1次変換によって

原点は，原点に
点$\mathrm{P}(1,\ 0)$は，点$\mathrm{P}'(a,\ c)$に
点$\mathrm{Q}(0,\ 1)$は，点$\mathrm{Q}'(b,\ d)$に

それぞれ移る。

点$\mathrm{P}(1,\ 0)$の像が点$\mathrm{P}'(a,\ c)$，点$\mathrm{Q}(0,\ 1)$の像が点$\mathrm{Q}'(b,\ d)$である1次変換を表す行列は $\begin{pmatrix} a & b \\ c & d \end{pmatrix}$ であることもわかる。すなわち，1次変換は2点$\mathrm{P}(1,\ 0)$，$\mathrm{Q}(0,\ 1)$の像でただ1通りに決定される。

例4 $\mathrm{P}(1,\ 0)$，$\mathrm{Q}(0,\ 1)$のx軸に関する対称移動の像は，それぞれ$\mathrm{P}'(1,\ 0)$，$\mathrm{Q}'(0,\ -1)$であるから，この1次変換を表す行列は，$(a,\ c)=(1,\ 0)$，$(b,\ d)=(0,\ -1)$として $\begin{pmatrix} 1 & 0 \\ 0 & -1 \end{pmatrix}$ である。

4 1次変換の決定

例題 1 2点 P$(-1,\ -2)$，Q$(3,\ 5)$ を，それぞれ P$'(-2,\ 0)$，Q$'(2,\ 4)$ に移す1次変換 f を表す行列を求めよ。

解 1次変換 f を表す行列を $\begin{pmatrix} a & b \\ c & d \end{pmatrix}$ とすると

$$\begin{pmatrix} a & b \\ c & d \end{pmatrix}\begin{pmatrix} -1 \\ -2 \end{pmatrix} = \begin{pmatrix} -2 \\ 0 \end{pmatrix}, \qquad \begin{pmatrix} a & b \\ c & d \end{pmatrix}\begin{pmatrix} 3 \\ 5 \end{pmatrix} = \begin{pmatrix} 2 \\ 4 \end{pmatrix}$$

したがって

$$-a-2b=-2 \qquad 3a+5b=2$$

$$-c-2d=0 \qquad 3c+5d=4$$

これらを解いて

$$a=-6,\ b=4,\ c=8,\ d=-4$$

よって，f を表す行列は $\begin{pmatrix} -6 & 4 \\ 8 & -4 \end{pmatrix}$

例題1の1次変換 f を表す行列を A とすると，A は次のようにしても求められる。

$$A\begin{pmatrix} -1 \\ -2 \end{pmatrix} = \begin{pmatrix} -2 \\ 0 \end{pmatrix}, \quad A\begin{pmatrix} 3 \\ 5 \end{pmatrix} = \begin{pmatrix} 2 \\ 4 \end{pmatrix}$$

であるから，上の2式をまとめると

$$A\begin{pmatrix} -1 & 3 \\ -2 & 5 \end{pmatrix} = \begin{pmatrix} -2 & 2 \\ 0 & 4 \end{pmatrix}$$

この両辺に，$\begin{pmatrix} -1 & 3 \\ -2 & 5 \end{pmatrix}$ の逆行列 $\begin{pmatrix} 5 & -3 \\ 2 & -1 \end{pmatrix}$ を右から掛けて

$$A = \begin{pmatrix} -2 & 2 \\ 0 & 4 \end{pmatrix}\begin{pmatrix} 5 & -3 \\ 2 & -1 \end{pmatrix} = \begin{pmatrix} -6 & 4 \\ 8 & -4 \end{pmatrix}$$

練習3 2点 P$(1,\ 1)$，Q$(1,\ -1)$ を，それぞれ点 P$'(2,\ 2)$，Q$'(2,\ 4)$ に移す1次変換 f を表す行列を求めよ。

2 回転を表す1次変換

座標平面上における点 $\mathrm{P}(x,\ y)$ を，原点Oを中心として角 θ だけ回転した点 $\mathrm{P}'(x',\ y')$ に移す移動を **原点を中心とした角 θ の回転移動** という。このとき，$\mathrm{OP}=r$ とし，OP と x 軸の正の向きとのなす角を α とすると

$$\begin{cases} x = r\cos\alpha \\ y = r\sin\alpha \end{cases} \quad \cdots\cdots①$$

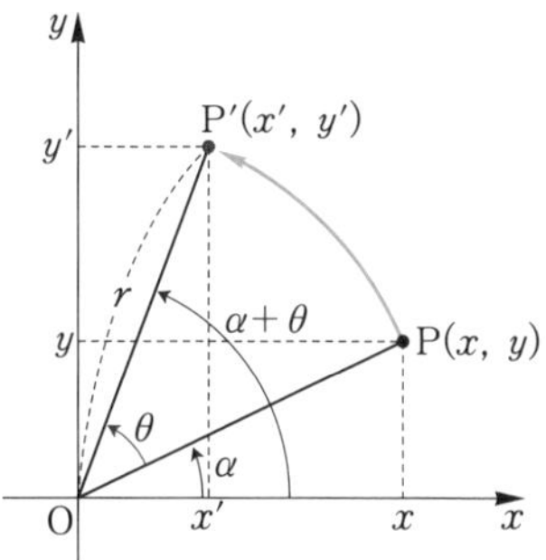

右の図から $\mathrm{OP}'=r$ であり，OP′ と x 軸の正の向きとのなす角は $\alpha+\theta$ であるから

$$\begin{cases} x' = r\cos(\alpha+\theta) \\ y' = r\sin(\alpha+\theta) \end{cases} \quad \cdots\cdots②$$

となる。

②の式を三角関数の加法定理（『新版基礎数学』p. 177）を用いて展開すると

$$x' = r\cos\alpha\cos\theta - r\sin\alpha\sin\theta$$

$$y' = r\sin\alpha\cos\theta + r\cos\alpha\sin\theta$$

これらは，①の式を用いて次のように表せる。

$$x' = x\cos\theta - y\sin\theta = (\cos\theta)x - (\sin\theta)y$$

$$y' = y\cos\theta + x\sin\theta = (\sin\theta)x + (\cos\theta)y$$

よって，行列を用いて表すと，次のようになる。

$$\begin{pmatrix} x' \\ y' \end{pmatrix} = \begin{pmatrix} \cos\theta & -\sin\theta \\ \sin\theta & \cos\theta \end{pmatrix}\begin{pmatrix} x \\ y \end{pmatrix}$$

原点を中心とする角 θ の回転移動

点 $\mathrm{P}(x,\ y)$ を，原点を中心として角 θ だけ回転移動した点を $\mathrm{P}'(x',\ y')$ とすると

$$\begin{pmatrix} x' \\ y' \end{pmatrix} = \begin{pmatrix} \cos\theta & -\sin\theta \\ \sin\theta & \cos\theta \end{pmatrix}\begin{pmatrix} x \\ y \end{pmatrix}$$

例5 原点を中心とする $\frac{\pi}{6}$ の回転移動を，行列を用いて表すと

$$\begin{pmatrix} x' \\ y' \end{pmatrix} = \begin{pmatrix} \cos\frac{\pi}{6} & -\sin\frac{\pi}{6} \\ \sin\frac{\pi}{6} & \cos\frac{\pi}{6} \end{pmatrix}\begin{pmatrix} x \\ y \end{pmatrix}$$

この回転による点 $\mathrm{P}(1,\ \sqrt{3})$ の像は

$$\begin{pmatrix} x' \\ y' \end{pmatrix} = \frac{1}{2}\begin{pmatrix} \sqrt{3} & -1 \\ 1 & \sqrt{3} \end{pmatrix}\begin{pmatrix} 1 \\ \sqrt{3} \end{pmatrix} = \begin{pmatrix} 0 \\ 2 \end{pmatrix}$$

よって，点 $\mathrm{P}'(0,\ 2)$ である。

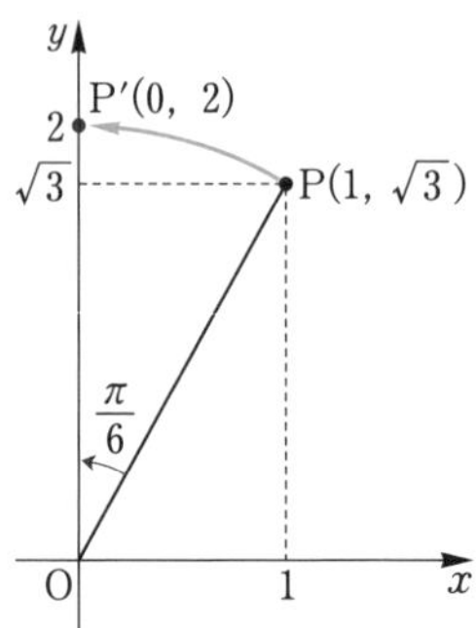

練習4 原点を中心として，次の角だけ回転移動するとき，その回転を表す行列および点 $(\sqrt{3},\ 1)$ の像を求めよ。

(1) $\frac{\pi}{3}$　　(2) $\frac{\pi}{2}$　　(3) $\frac{5}{6}\pi$

例題2 点 P は原点を中心とする $\frac{\pi}{3}$ の回転によって，点 $(-1,\ 3\sqrt{3})$ に移される。このとき，もとの点 P の座標を求めよ。

解 点 $(-1,\ 3\sqrt{3})$ を原点を中心として $-\frac{\pi}{3}$ 回転移動すると，もとの点に一致する。

もとの点 P の座標を $(x,\ y)$ とすると

$$\begin{pmatrix} x \\ y \end{pmatrix} = \begin{pmatrix} \cos\left(-\frac{\pi}{3}\right) & -\sin\left(-\frac{\pi}{3}\right) \\ \sin\left(-\frac{\pi}{3}\right) & \cos\left(-\frac{\pi}{3}\right) \end{pmatrix}\begin{pmatrix} -1 \\ 3\sqrt{3} \end{pmatrix}$$

$$= \frac{1}{2}\begin{pmatrix} 1 & \sqrt{3} \\ -\sqrt{3} & 1 \end{pmatrix}\begin{pmatrix} -1 \\ 3\sqrt{3} \end{pmatrix} = \begin{pmatrix} 4 \\ 2\sqrt{3} \end{pmatrix}$$

よって，点 P の座標は $(4,\ 2\sqrt{3})$

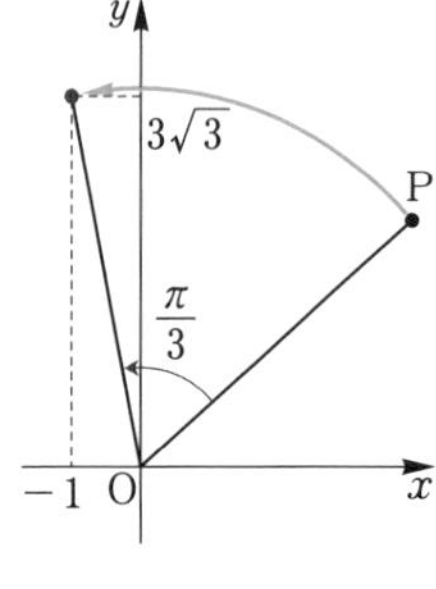

練習5 点 P は原点を中心とする $\frac{3}{4}\pi$ の回転によって，点 $(2\sqrt{2},\ \sqrt{2})$ に移される。このとき，もとの点 P の座標を求めよ。

3 合成変換と逆変換

1 1次変換の合成変換

2つの1次変換 f, g を表す行列をそれぞれ A, B とする。

f により点 $\mathrm{P}(x,\ y)$ が点 $\mathrm{Q}(x',\ y')$ に移り，さらに g により点 $\mathrm{Q}(x',\ y')$ が点 $\mathrm{R}(x'',\ y'')$ に移るとき

$$\begin{pmatrix} x' \\ y' \end{pmatrix} = A\begin{pmatrix} x \\ y \end{pmatrix},\ \begin{pmatrix} x'' \\ y'' \end{pmatrix} = B\begin{pmatrix} x' \\ y' \end{pmatrix}$$

であるから

$$\begin{pmatrix} x'' \\ y'' \end{pmatrix} = B\left\{A\begin{pmatrix} x \\ y \end{pmatrix}\right\} = BA\begin{pmatrix} x \\ y \end{pmatrix}$$

となる。このことから，点 $\mathrm{P}(x,\ y)$ から点 $\mathrm{R}(x'',\ y'')$ への移動は，行列 BA で表される1次変換である。この1次変換を，f と g の **合成変換** といい，$g\circ f$ で表す。

1次変換の合成変換

> 行列 A, B で表される1次変換をそれぞれ f, g とすれば
>
> 合成変換 $g\circ f$ は，行列 BA で表される1次変換である。

例6 2つの行列 $\begin{pmatrix} 2 & 0 \\ 1 & -1 \end{pmatrix}$, $\begin{pmatrix} 1 & 2 \\ 0 & -3 \end{pmatrix}$ で表される1次変換をそれぞれ f, g とするとき，

合成変換 $g\circ f$ を表す行列は $\begin{pmatrix} 1 & 2 \\ 0 & -3 \end{pmatrix}\begin{pmatrix} 2 & 0 \\ 1 & -1 \end{pmatrix} = \begin{pmatrix} 4 & -2 \\ -3 & 3 \end{pmatrix}$

合成変換 $f\circ g$ を表す行列は $\begin{pmatrix} 2 & 0 \\ 1 & -1 \end{pmatrix}\begin{pmatrix} 1 & 2 \\ 0 & -3 \end{pmatrix} = \begin{pmatrix} 2 & 4 \\ 1 & 5 \end{pmatrix}$

上の例でわかるように，一般には $g\circ f \neq f\circ g$ である。

練習6 2つの行列 $\begin{pmatrix} 2 & 5 \\ 0 & -1 \end{pmatrix}$, $\begin{pmatrix} 1 & -2 \\ 3 & 1 \end{pmatrix}$ で表される1次変換をそれぞれ f, g とするとき，合成変換 $g\circ f$, $f\circ g$ を表す行列を求めよ。

例題 3

直線 $y=x$ に関する対称移動を f とし，原点を中心とする $\dfrac{\pi}{4}$ の回転移動を g とする。次の問いに答えよ。

(1) 1次変換 f，g を表す行列を求めよ。

(2) 合成変換 $g\circ f$ による $(1,\ 3)$ の像を求めよ。

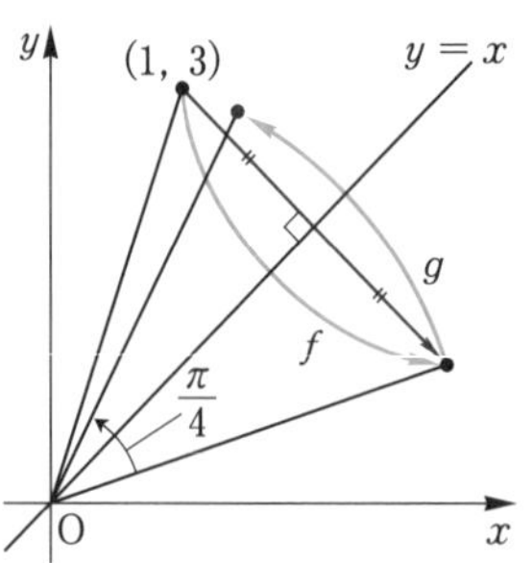

解

(1) f を表す行列を A とすると　$A=\begin{pmatrix} 0 & 1 \\ 1 & 0 \end{pmatrix}$

g を表す行列を B とすると

$$B=\begin{pmatrix} \cos\dfrac{\pi}{4} & -\sin\dfrac{\pi}{4} \\ \sin\dfrac{\pi}{4} & \cos\dfrac{\pi}{4} \end{pmatrix}=\begin{pmatrix} \dfrac{1}{\sqrt{2}} & -\dfrac{1}{\sqrt{2}} \\ \dfrac{1}{\sqrt{2}} & \dfrac{1}{\sqrt{2}} \end{pmatrix}$$

(2) $g\circ f$ を表す行列は BA であるから

$$BA=\begin{pmatrix} \cos\dfrac{\pi}{4} & -\sin\dfrac{\pi}{4} \\ \sin\dfrac{\pi}{4} & \cos\dfrac{\pi}{4} \end{pmatrix}\begin{pmatrix} 0 & 1 \\ 1 & 0 \end{pmatrix}$$

$$=\frac{1}{\sqrt{2}}\begin{pmatrix} 1 & -1 \\ 1 & 1 \end{pmatrix}\begin{pmatrix} 0 & 1 \\ 1 & 0 \end{pmatrix}=\begin{pmatrix} -\dfrac{1}{\sqrt{2}} & \dfrac{1}{\sqrt{2}} \\ \dfrac{1}{\sqrt{2}} & \dfrac{1}{\sqrt{2}} \end{pmatrix}$$

このとき，点 $\mathrm{P}(1,\ 3)$ の像を点 $\mathrm{Q}(x',\ y')$ とすると

$$\begin{pmatrix} x' \\ y' \end{pmatrix}=\begin{pmatrix} -\dfrac{1}{\sqrt{2}} & \dfrac{1}{\sqrt{2}} \\ \dfrac{1}{\sqrt{2}} & \dfrac{1}{\sqrt{2}} \end{pmatrix}\begin{pmatrix} 1 \\ 3 \end{pmatrix}=\begin{pmatrix} \sqrt{2} \\ 2\sqrt{2} \end{pmatrix}$$

よって，点 $\mathrm{P}(1,\ 3)$ の像は，点 $(\sqrt{2},\ 2\sqrt{2})$

練習 7　例題3の1次変換 f，g において，点 $(1,\ 3)$ の合成変換 $f\circ g$ による像を求めよ。

2 1次変換の逆変換

1次変換 f を表す行列 A が逆行列 A^{-1} をもつとする。このとき，この1次変換 f によって，点 $\mathrm{P}(x,\ y)$ が点 $\mathrm{Q}(x',\ y')$ に移るとすれば

$$\begin{pmatrix} x' \\ y' \end{pmatrix} = A\begin{pmatrix} x \\ y \end{pmatrix}$$

この両辺に左から A^{-1} を掛けると

$$A^{-1}\begin{pmatrix} x' \\ y' \end{pmatrix} = A^{-1}A\begin{pmatrix} x \\ y \end{pmatrix} \text{ より } \begin{pmatrix} x \\ y \end{pmatrix} = A^{-1}\begin{pmatrix} x' \\ y' \end{pmatrix}$$

よって，点 $\mathrm{Q}(x',\ y')$ を点 $\mathrm{P}(x,\ y)$ へ移す変換は行列 A^{-1} で表される。この1次変換を f の **逆変換** といい，f^{-1} で表す。

逆変換

1次変換 f を表す行列 A に逆行列 A^{-1} が存在するとき，

f の逆変換 f^{-1} は逆行列 A^{-1} で表される1次変換である。

例題 4 $A=\begin{pmatrix} 3 & 2 \\ 2 & 1 \end{pmatrix}$ で表される1次変換 f によって，点 $\mathrm{P}(x,\ y)$ が点 $\mathrm{Q}(2,\ 1)$ に移されるとき，点Pの座標を求めよ。

解 $A\begin{pmatrix} x \\ y \end{pmatrix} = \begin{pmatrix} 2 \\ 1 \end{pmatrix}$ であり，$A^{-1}=\begin{pmatrix} -1 & 2 \\ 2 & -3 \end{pmatrix}$ であるから，両辺に A^{-1} を左から掛けて

$$\begin{pmatrix} x \\ y \end{pmatrix} = A^{-1}\begin{pmatrix} 2 \\ 1 \end{pmatrix} = \begin{pmatrix} -1 & 2 \\ 2 & -3 \end{pmatrix}\begin{pmatrix} 2 \\ 1 \end{pmatrix} = \begin{pmatrix} 0 \\ 1 \end{pmatrix}$$

よって，点Pの座標は $(0,\ 1)$ である。

練習8 例題4の1次変換 f によって，点 $(1,\ 0)$，$(0,\ 1)$ にそれぞれ移されるもとの点の座標を求めよ。

練習9 原点を中心とする角 θ の回転移動を表す1次変換を f とするとき f^{-1} を表す行列を求め，それが角 $(-\theta)$ の回転移動を表す1次変換であることを確かめよ。

3 合成変換の応用

例7 原点を中心とする角 α, β の回転移動を表す1次変換をそれぞれ f, g とするとき，合成変換 $f\circ g$ は，原点を中心とする角 $\alpha+\beta$ の回転を表す。このことを，行列の積を用いて表すと次のようになる。

$$\begin{pmatrix}\cos\alpha & -\sin\alpha\\ \sin\alpha & \cos\alpha\end{pmatrix}\begin{pmatrix}\cos\beta & -\sin\beta\\ \sin\beta & \cos\beta\end{pmatrix}=\begin{pmatrix}\cos(\alpha+\beta) & -\sin(\alpha+\beta)\\ \sin(\alpha+\beta) & \cos(\alpha+\beta)\end{pmatrix}$$

ここでとくに $\alpha=\beta=\theta$ とすると，原点中心の角 θ の回転移動を2回続けた1次変換を表す行列を得る。

$$\begin{pmatrix}\cos\theta & -\sin\theta\\ \sin\theta & \cos\theta\end{pmatrix}\begin{pmatrix}\cos\theta & -\sin\theta\\ \sin\theta & \cos\theta\end{pmatrix}=\begin{pmatrix}\cos2\theta & -\sin2\theta\\ \sin2\theta & \cos2\theta\end{pmatrix}$$

一般に，角 θ の回転移動を n 回繰り返す1次変換を表す行列を考えると，自然数 n について次のことが成り立つことがわかる。

$$\begin{pmatrix}\cos\theta & -\sin\theta\\ \sin\theta & \cos\theta\end{pmatrix}^n=\begin{pmatrix}\cos n\theta & -\sin n\theta\\ \sin n\theta & \cos n\theta\end{pmatrix}$$

例題 5 $A=\dfrac{1}{2}\begin{pmatrix}1 & -\sqrt{3}\\ \sqrt{3} & 1\end{pmatrix}$ のとき，A^6 を求めよ。

解

$\cos\dfrac{\pi}{3}=\dfrac{1}{2}$, $\sin\dfrac{\pi}{3}=\dfrac{\sqrt{3}}{2}$ より $A=\begin{pmatrix}\cos\dfrac{\pi}{3} & -\sin\dfrac{\pi}{3}\\ \sin\dfrac{\pi}{3} & \cos\dfrac{\pi}{3}\end{pmatrix}$

$$A^6=\begin{pmatrix}\cos\dfrac{\pi}{3} & -\sin\dfrac{\pi}{3}\\ \sin\dfrac{\pi}{3} & \cos\dfrac{\pi}{3}\end{pmatrix}^6=\begin{pmatrix}\cos\left(6\times\dfrac{\pi}{3}\right) & -\sin\left(6\times\dfrac{\pi}{3}\right)\\ \sin\left(6\times\dfrac{\pi}{3}\right) & \cos\left(6\times\dfrac{\pi}{3}\right)\end{pmatrix}$$

$$=\begin{pmatrix}\cos2\pi & -\sin2\pi\\ \sin2\pi & \cos2\pi\end{pmatrix}=\begin{pmatrix}1 & 0\\ 0 & 1\end{pmatrix}$$

練習10 次の行列を計算せよ。

(1) $\begin{pmatrix}\cos\dfrac{\pi}{12} & -\sin\dfrac{\pi}{12}\\ \sin\dfrac{\pi}{12} & \cos\dfrac{\pi}{12}\end{pmatrix}^4$　(2) $\begin{pmatrix}\dfrac{1}{\sqrt{2}} & -\dfrac{1}{\sqrt{2}}\\ \dfrac{1}{\sqrt{2}} & \dfrac{1}{\sqrt{2}}\end{pmatrix}^8$　(3) $\begin{pmatrix}\sqrt{3} & -1\\ 1 & \sqrt{3}\end{pmatrix}^6$

例題 6 座標平面上の点 A(4, 2) に対して，線分 OA を斜辺とする直角二等辺三角形を △OAB とするとき，頂点 B の座標を求めよ。

解 OA：OB $=\sqrt{2}:1$，$\angle \mathrm{AOB}=\dfrac{\pi}{4}$

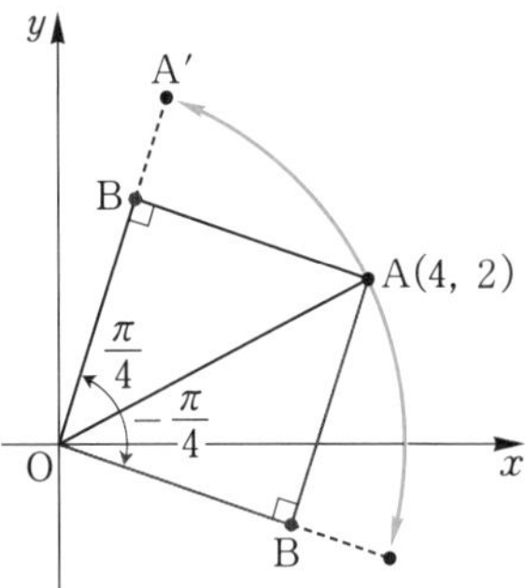

であるから，右の図のように，点 A を原点 O を中心として $\dfrac{\pi}{4}$ または $-\dfrac{\pi}{4}$ 回転移動をし，さらに O を中心として相似比 $\dfrac{1}{\sqrt{2}}$ の相似変換 (p. 146) で移動した点が B である。したがって

$$\begin{pmatrix} \dfrac{1}{\sqrt{2}} & 0 \\ 0 & \dfrac{1}{\sqrt{2}} \end{pmatrix}\begin{pmatrix} \cos\dfrac{\pi}{4} & -\sin\dfrac{\pi}{4} \\ \sin\dfrac{\pi}{4} & \cos\dfrac{\pi}{4} \end{pmatrix}\begin{pmatrix} 4 \\ 2 \end{pmatrix}$$

$$=\begin{pmatrix} \dfrac{1}{2} & -\dfrac{1}{2} \\ \dfrac{1}{2} & \dfrac{1}{2} \end{pmatrix}\begin{pmatrix} 4 \\ 2 \end{pmatrix}=\begin{pmatrix} 1 \\ 3 \end{pmatrix}$$

もう1点は

$$\begin{pmatrix} \dfrac{1}{\sqrt{2}} & 0 \\ 0 & \dfrac{1}{\sqrt{2}} \end{pmatrix}\begin{pmatrix} \cos\left(-\dfrac{\pi}{4}\right) & -\sin\left(-\dfrac{\pi}{4}\right) \\ \sin\left(-\dfrac{\pi}{4}\right) & \cos\left(-\dfrac{\pi}{4}\right) \end{pmatrix}\begin{pmatrix} 4 \\ 2 \end{pmatrix}$$

$$=\begin{pmatrix} \dfrac{1}{2} & \dfrac{1}{2} \\ -\dfrac{1}{2} & \dfrac{1}{2} \end{pmatrix}\begin{pmatrix} 4 \\ 2 \end{pmatrix}=\begin{pmatrix} 3 \\ -1 \end{pmatrix}$$

よって，頂点 B の座標は，(1, 3) または (3, −1)

練習11 座標平面上の点 A($\sqrt{3}$, 1) に対して，OA：OC = 2：1 である長方形 OABC の頂点 C の座標を求めよ。

研究　原点を通る直線に関する対称移動

原点を通り，x 軸の正の方向と $\dfrac{\theta}{2}$ の角をなす直線を l とする。点 $\mathrm{P}(x,\ y)$ を l に関して対称な点 $\mathrm{P}'(x',\ y')$ に移す変換 f を考えてみよう。

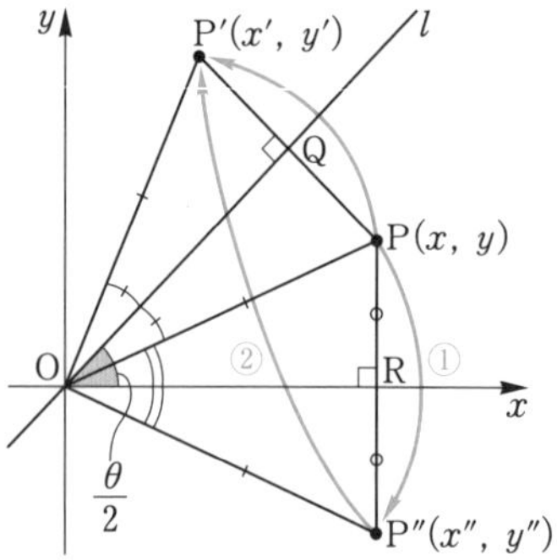

まず，点 P の，x 軸に関して対称な点を $\mathrm{P}''(x'',\ y'')$ とすれば

$$x''=x,\quad y''=-y$$

すなわち，行列を用いると

$$\begin{pmatrix} x'' \\ y'' \end{pmatrix}=\begin{pmatrix} 1 & 0 \\ 0 & -1 \end{pmatrix}\begin{pmatrix} x \\ y \end{pmatrix}\quad\cdots\cdots①$$

また，右の図から

$$\angle\mathrm{P'OQ}=\angle\mathrm{POQ},\ \angle\mathrm{POR}=\angle\mathrm{P''OR}$$

$$\angle\mathrm{POQ}+\angle\mathrm{POR}=\frac{\theta}{2}\quad したがって\quad \angle\mathrm{P'OP''}=2\times\frac{\theta}{2}=\theta$$

また，$\mathrm{OP}=\mathrm{OP'}=\mathrm{OP''}$ であるから，点 P′ は点 P″ を原点 O を中心として θ だけ回転したものである。したがって，行列を用いると

$$\begin{pmatrix} x' \\ y' \end{pmatrix}=\begin{pmatrix} \cos\theta & -\sin\theta \\ \sin\theta & \cos\theta \end{pmatrix}\begin{pmatrix} x'' \\ y'' \end{pmatrix}\quad\cdots\cdots②$$

①と②から

$$\begin{pmatrix} x' \\ y' \end{pmatrix}=\begin{pmatrix} \cos\theta & -\sin\theta \\ \sin\theta & \cos\theta \end{pmatrix}\begin{pmatrix} 1 & 0 \\ 0 & -1 \end{pmatrix}\begin{pmatrix} x \\ y \end{pmatrix}=\begin{pmatrix} \cos\theta & \sin\theta \\ \sin\theta & -\cos\theta \end{pmatrix}\begin{pmatrix} x \\ y \end{pmatrix}$$

以上から，原点を通り x 軸の正の方向と $\dfrac{\theta}{2}$ の角をなす直線 l に関する対称移動を表す行列は $\begin{pmatrix} \cos\theta & \sin\theta \\ \sin\theta & -\cos\theta \end{pmatrix}$ である。

演習　原点を通り，x 軸の正の向きとなす角が $\dfrac{\pi}{3}$ である直線を l とするとき，点 $\mathrm{P}(6,\ 0)$ を直線 l に関して対称移動した点 P′ の座標を求めよ。

（注：直線 l は $y=\sqrt{3}\,x$ なので，p. 162 節末問題 9 を用いても同じ答を得る。）

4 1次変換の線形性

行列 $A=\begin{pmatrix} a & b \\ c & d \end{pmatrix}$ で表される1次変換 $\begin{pmatrix} x' \\ y' \end{pmatrix}=\begin{pmatrix} a & b \\ c & d \end{pmatrix}\begin{pmatrix} x \\ y \end{pmatrix}$ は，ベクトル $\boldsymbol{p}=\begin{pmatrix} x \\ y \end{pmatrix}$ をベクトル $A\boldsymbol{p}$ へ移す変換である。平面上の任意のベクトル $\boldsymbol{p}$，$\boldsymbol{q}$ と実数 k に対して，行列の性質 (p. 77) より，次のことが成り立つ。

$$A(k\boldsymbol{p})=k(A\boldsymbol{p}),\qquad A(\boldsymbol{p}+\boldsymbol{q})=A\boldsymbol{p}+A\boldsymbol{q}$$

一般に次のことが知られている。①，②をあわせて f の **線形性** という。

1次変換の線形性

行列 A の表す1次変換を f とすると

$$f(k\boldsymbol{p})=kf(\boldsymbol{p})\quad\cdots\cdots①\qquad f(\boldsymbol{p}+\boldsymbol{q})=f(\boldsymbol{p})+f(\boldsymbol{q})\quad\cdots\cdots②$$

が成り立つ。逆に，①，②を満たす変換 f に対しては，ある行列 A が存在して，1次変換として $f(\boldsymbol{p})=A\boldsymbol{p}$ と表せる。

例8 点 $(1,\ 0)$ を通り，方向ベクトルが $(1,\ 1)$ の直線 l は，l 上の任意点を $(x,\ y)$ として $\begin{pmatrix} x \\ y \end{pmatrix}=\begin{pmatrix} 1 \\ 0 \end{pmatrix}+t\begin{pmatrix} 1 \\ 1 \end{pmatrix}$ と表される。$A=\begin{pmatrix} 4 & 3 \\ 2 & 1 \end{pmatrix}$ で表される1次変換で直線 l を移してみよう。点 $(x,\ y)$ の像を $(x',\ y')$ とすると

$$\begin{pmatrix} x' \\ y' \end{pmatrix}=A\begin{pmatrix} x \\ y \end{pmatrix}=A\left(\begin{pmatrix} 1 \\ 0 \end{pmatrix}+t\begin{pmatrix} 1 \\ 1 \end{pmatrix}\right)\overset{②}{=}A\begin{pmatrix} 1 \\ 0 \end{pmatrix}+A\left(t\begin{pmatrix} 1 \\ 1 \end{pmatrix}\right)$$

$$\overset{①}{=}\begin{pmatrix} 4 & 3 \\ 2 & 1 \end{pmatrix}\begin{pmatrix} 1 \\ 0 \end{pmatrix}+t\begin{pmatrix} 4 & 3 \\ 2 & 1 \end{pmatrix}\begin{pmatrix} 1 \\ 1 \end{pmatrix}=\begin{pmatrix} 4 \\ 2 \end{pmatrix}+t\begin{pmatrix} 7 \\ 3 \end{pmatrix}$$ であるから

l の像 l' は $(4,\ 2)$ を通り，方向ベクトルが $(7,\ 3)$ の直線である。

例9 点 $(0,\ 1)$ を通り，方向ベクトルが $(1,\ -2)$ の直線を l とする。l の $A=\begin{pmatrix} 2 & 1 \\ -4 & -2 \end{pmatrix}$ で表される1次変換による像 l' は，

$$\begin{pmatrix} x' \\ y' \end{pmatrix}=A\left(\begin{pmatrix} 0 \\ 1 \end{pmatrix}+t\begin{pmatrix} 1 \\ -2 \end{pmatrix}\right)\overset{①,\ ②}{=}\begin{pmatrix} 2 & 1 \\ -4 & -2 \end{pmatrix}\begin{pmatrix} 0 \\ 1 \end{pmatrix}+t\begin{pmatrix} 2 & 1 \\ -4 & -2 \end{pmatrix}\begin{pmatrix} 1 \\ -2 \end{pmatrix}$$

$$=\begin{pmatrix} 1 \\ -2 \end{pmatrix}+t\begin{pmatrix} 0 \\ 0 \end{pmatrix}=\begin{pmatrix} 1 \\ -2 \end{pmatrix}$$ となり，l' は1点 $(1,\ -2)$ である。

5 1次変換と直線

前ページの例 8 において，直線 l の方向ベクトル $(1,\ 1)$ の 1 次変換による像 $(7,\ 3)$ が，像である直線 l' の方向ベクトルになっていることがわかる。一方，例 9 のように，直線 l の方向ベクトルの 1 次変換による像が零ベクトルになる場合は，l の像は 1 点となる。

直線は 1 次変換により，直線または 1 点に移される

例題 7 行列 $\begin{pmatrix} 2 & 1 \\ 3 & 2 \end{pmatrix}$ で表される 1 次変換 f について，直線 $y=-x+2$ の f による像を求めよ。

解 直線 $y=-x+2$ 上の任意の点 $\mathrm{P}(t,\ -t+2)$ の f による像を $\mathrm{P'}(x',\ y')$ とおくと

$$\begin{pmatrix} x' \\ y' \end{pmatrix} = \begin{pmatrix} 2 & 1 \\ 3 & 2 \end{pmatrix}\begin{pmatrix} t \\ -t+2 \end{pmatrix} = \begin{pmatrix} t+2 \\ t+4 \end{pmatrix}$$

よって　$x'=t+2,\ y'=t+4$

これから t を消去すると　$y'=x'+2$

したがって，f による像は

　直線 $y=x+2$

練習 12 上の例題 7 の f による像を，逆変換を用いて求めよ。

練習 13 次の行列で表される 1 次変換を f とするとき，それぞれの直線の f による像を求めよ。

(1) $\begin{pmatrix} 3 & 2 \\ -1 & 2 \end{pmatrix}$ のとき，直線 $y=x+1$

(2) $\begin{pmatrix} 2 & 1 \\ -1 & 2 \end{pmatrix}$ のとき，直線 $3x-y=4$ と直線 $3x-y=8$

練習 14 1 次変換 $\begin{pmatrix} x' \\ y' \end{pmatrix} = \begin{pmatrix} 1 & -2 \\ -2 & 4 \end{pmatrix}\begin{pmatrix} x \\ y \end{pmatrix}$ による，次の直線の像を求めよ。

(1) 直線 $y=-\dfrac{1}{2}x+2$　　(2) 直線 $y=\dfrac{1}{2}x+2$

6 1次変換と2次曲線

点 $\mathrm{P}(x,\ y)$ を原点を中心として角 θ だけ回転移動した点を $\mathrm{P}'(x',\ y')$ とすると，逆に点 $\mathrm{P}'(x',\ y')$ を原点を中心として角 $-\theta$ だけ回転移動した点がもとの $\mathrm{P}(x,\ y)$ に一致するから，この1次変換は次のように表される。

$$\begin{pmatrix} x \\ y \end{pmatrix} = \begin{pmatrix} \cos(-\theta) & -\sin(-\theta) \\ \sin(-\theta) & \cos(-\theta) \end{pmatrix}\begin{pmatrix} x' \\ y' \end{pmatrix}$$

これを利用して，2次曲線（『新版基礎数学』p. 198）の回転移動を考えよう。

例10 曲線 $xy=1$ を，原点Oを中心として $-\dfrac{\pi}{4}$ 回転した曲線の方程式を求めてみよう。曲線 $xy=1$ 上の点 $\mathrm{P}(x,\ y)$ を，原点Oを中心として $-\dfrac{\pi}{4}$ 回転した点を $\mathrm{P}'(x',\ y')$ とすると，P' をOを中心として $\dfrac{\pi}{4}$ 回転した点がPであるから

$$\begin{pmatrix} x \\ y \end{pmatrix} = \begin{pmatrix} \cos\dfrac{\pi}{4} & -\sin\dfrac{\pi}{4} \\ \sin\dfrac{\pi}{4} & \cos\dfrac{\pi}{4} \end{pmatrix}\begin{pmatrix} x' \\ y' \end{pmatrix} = \frac{1}{\sqrt{2}}\begin{pmatrix} 1 & -1 \\ 1 & 1 \end{pmatrix}\begin{pmatrix} x' \\ y' \end{pmatrix}$$

すなわち
$$\begin{cases} x = \dfrac{1}{\sqrt{2}}(x'-y') \\ y = \dfrac{1}{\sqrt{2}}(x'+y') \end{cases}$$

$xy=1$ に代入して

$$\frac{1}{\sqrt{2}}(x'-y')\cdot\frac{1}{\sqrt{2}}(x'+y')=1$$

整理して，$x'^2-y'^2=2$

よって，求める曲線の方程式は　$x^2-y^2=2$

この結果から曲線 $xy=1$ は，直角双曲線であることがわかる。

練習15 放物線 $y^2=x$ を次のように回転した曲線の方程式を求めよ。

(1) 原点Oのまわりに $\dfrac{\pi}{2}$ 回転　　(2) 原点Oのまわりに $\dfrac{\pi}{3}$ 回転

方程式の表す曲線がどんなものであるか，回転移動を利用して調べてみよう。

例題 8　曲線 $x^2+xy+y^2=6$ をCとし，Cを原点Oを中心として $\frac{\pi}{4}$ 回転した曲線を C' とするとき，次の問いに答えよ。

(1)　C' の方程式を求めよ。　　(2)　Cの概形をかけ。

解　(1)　曲線C上の点P$(x,\ y)$を原点Oを中心に $\frac{\pi}{4}$ 回転した点を$\mathrm{P}'(x',\ y')$とすると，P'を原点Oを中心に $-\frac{\pi}{4}$ 回転した点がPであるから

$$\begin{pmatrix} x \\ y \end{pmatrix}=\begin{pmatrix} \cos\left(-\frac{\pi}{4}\right) & -\sin\left(-\frac{\pi}{4}\right) \\ \sin\left(-\frac{\pi}{4}\right) & \cos\left(-\frac{\pi}{4}\right) \end{pmatrix}\begin{pmatrix} x' \\ y' \end{pmatrix}=\frac{1}{\sqrt{2}}\begin{pmatrix} 1 & 1 \\ -1 & 1 \end{pmatrix}\begin{pmatrix} x' \\ y' \end{pmatrix}$$

$$x=\frac{1}{\sqrt{2}}(x'+y'),\quad y=\frac{1}{\sqrt{2}}(-x'+y')$$

$x^2+xy+y^2=6$ に代入して

$$\left(\frac{x'+y'}{\sqrt{2}}\right)^2+\frac{x'+y'}{\sqrt{2}}\cdot\frac{-x'+y'}{\sqrt{2}}+\left(\frac{-x'+y'}{\sqrt{2}}\right)^2=6$$

整理して，$x'^2+3y'^2=12$

よって，曲線 C' の方程式は $\frac{x^2}{12}+\frac{y^2}{4}=1$ である。

(2)　(1)より C' は楕円を表し，右の図の黒線のようになる。曲線 C' を原点Oを中心として $-\frac{\pi}{4}$ 回転させると曲線Cが得られるので，曲線Cは右の青線のようになる。

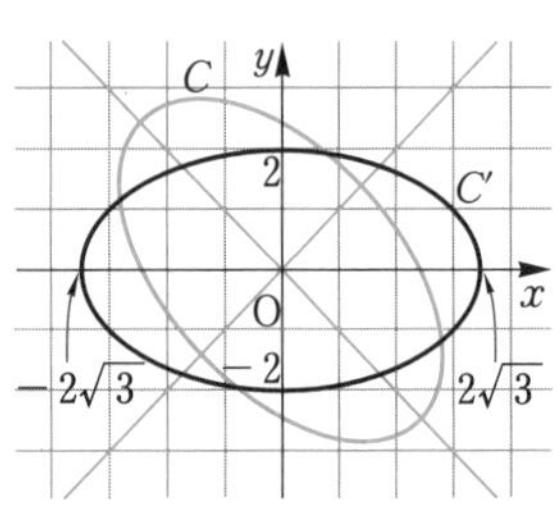

練習16　曲線 $13x^2-6\sqrt{3}xy+7y^2=16$ をCとし，Cを原点Oを中心に $\frac{\pi}{6}$ 回転させた曲線を C' とするとき，次の問いに答えよ。

(1)　C' の方程式を求めよ。　　(2)　Cの概形をかけ。

節末問題

1. 直線 $y=-x$ に関する対称移動を表す1次変換の行列を求めよ。

2. 2点 P(1, −2), Q(2, −3) を，それぞれ P′(−5, −1), Q′(−3, 1) に移す1次変換を表す行列を求めよ。

3. 点Pを，原点を中心として $-\dfrac{2}{3}\pi$ 回転し，さらに直線 $y=x$ に関して対称移動したときの点をQとする。点Pを点Qに移す1次変換を表す行列を求めよ。また，この1次変換による点 P$(1,\ 3\sqrt{3})$ の像を求めよ。

4. 1次変換 $\begin{pmatrix} x' \\ y' \end{pmatrix}=\begin{pmatrix} 2 & 3 \\ 1 & 2 \end{pmatrix}\begin{pmatrix} x \\ y \end{pmatrix}$ を f とするとき，次の問いに答えよ。

(1) f によって，どんな点が点 (2, 1) に移るか。

(2) 合成変換 $f\circ f$ によって，点 (2, −1) はどんな点に移るか。

5. 行列 $\begin{pmatrix} 4 & a \\ b & 2 \end{pmatrix}$ で表される1次変換 f によって，2点 (1, 0), (0, −2) がともに直線 $x-5y=14$ 上の点に移されるように定数 a, b の値を定めよ。

6. 行列 $\begin{pmatrix} 1 & 2 \\ 3 & 4 \end{pmatrix}$ で表される1次変換 f によって，2点 A(2, 0), B(0, 3) が，それぞれ A′, B′ に移るとき，次の問いに答えよ。

(1) 2点 A′, B′ の座標を求めよ。

(2) 線分 AB を $m:n$ に内分する点を P，点 P の f による像を P′ とするとき，点 P′ は線分 A′B′ を $m:n$ に内分することを証明せよ。

(3) △OA′B′ の面積は △OAB の面積の何倍か。

7. 1次変換 f は点 $(1,\ \sqrt{3})$ を点 $(-1,\ \sqrt{3})$ に移し，合成変換 $f\circ f$ は点 $(1,\ \sqrt{3})$ を点 $(-2,\ 0)$ に移す。1次変換 f の表す行列を A とするとき，次の問いに答えよ。

(1) f を表す行列 A を求めよ。

(2) A^3 を求めよ。

(3) $A+A^2+A^3+A^4+A^5+A^6$ を求めよ。

8. 1次変換 f によって，2点 $\mathrm{A}(1,\ -1)$，$\mathrm{B}(-1,\ 3)$ がともに点 $\mathrm{C}(1,\ 3)$ に移るとき，次の問いに答えよ。

(1) 1次変換 f を表す行列を求めよ。

(2) 1次変換 f によって，点 $\mathrm{P}(s,\ t)$ が点 $\mathrm{C}(1,\ 3)$ に移るとき，s，t の間に成り立つ関係式を求めよ。

9. 座標平面上の点 $\mathrm{P}(x,\ y)$ を，直線 $y=mx$ に関して対称移動した点を $\mathrm{Q}(x',\ y')$ とするとき，次の式が成り立つことを証明せよ。

$$\begin{pmatrix} x' \\ y' \end{pmatrix} = \begin{pmatrix} \dfrac{1-m^2}{1+m^2} & \dfrac{2m}{1+m^2} \\ \dfrac{2m}{1+m^2} & -\dfrac{1-m^2}{1+m^2} \end{pmatrix} \begin{pmatrix} x \\ y \end{pmatrix}$$

10. 図形を x 軸方向に2倍，y 軸方向に3倍の比率で拡大する1次変換 f を表す行列を求めよ。この1次変換 f による楕円 $\dfrac{x^2}{9}+\dfrac{y^2}{4}=1$ の像を求めよ。

11. 円 $x^2+y^2=c^2\ \ (c>0)$ は，1次変換 $\begin{pmatrix} x' \\ y' \end{pmatrix} = \begin{pmatrix} a & b \\ b & -a \end{pmatrix} \begin{pmatrix} x \\ y \end{pmatrix}\ \ (a \neq 0)$ によって，1つの円に移されることを示せ。

COLUMN 空間図形への応用

ここでは1次変換を空間図形に応用して，1次変換による空間図形の像を考えてみることにする。

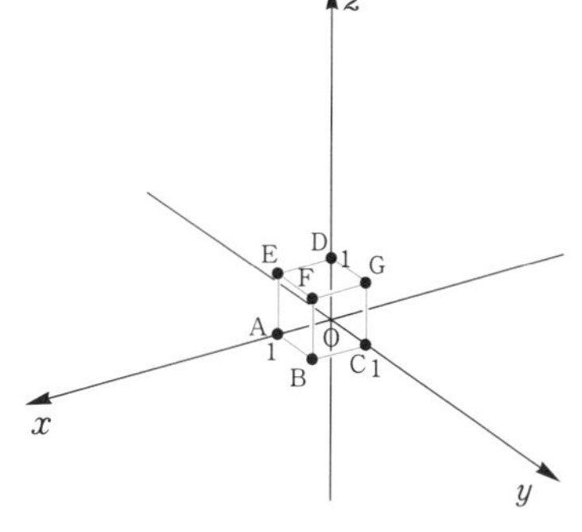

右の図のような，一辺の長さが1である立方体の，行列$\begin{pmatrix} 2 & 1 & 0 \\ -1 & 2 & 2 \\ 1 & 0 & 3 \end{pmatrix}$で表される1次変換$f$による像を考えてみよう。

fによって立方体の頂点はそれぞれ

O(0, 0, 0), A′(2, −1, 1),

B′(3, 1, 1), C′(1, 2, 0),

D′(0, 2, 3), E′(2, 1, 4),

F′(3, 3, 4), G′(1, 4, 3)

に移される。右図で，面OA′B′C′と面D′E′F′G′のように，向かい合った面がすべて互いに平行となるので，1次変換fによって立方体が平行六面体に移されたことがわかる。

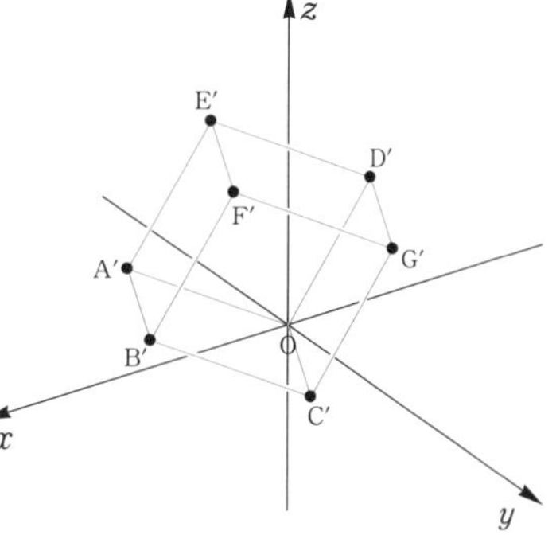

次に，空間上の点P(x, y, z)を，z軸を回転軸として角θだけ回転した点P′(x', y', z')に移す1次変換を考えてみることにする。z軸を回転軸とするため回転後のz座標は変化しない。また，x座標とy座標はxy平面上の回転の場合と同じであるから，p. 149の公式より

$$\begin{cases} x' = (\cos\theta)x - (\sin\theta)y \\ y' = (\sin\theta)x + (\cos\theta)y \\ z' = z \end{cases} \quad \text{つまり} \quad \begin{pmatrix} x' \\ y' \\ z' \end{pmatrix} = \begin{pmatrix} \cos\theta & -\sin\theta & 0 \\ \sin\theta & \cos\theta & 0 \\ 0 & 0 & 1 \end{pmatrix}\begin{pmatrix} x \\ y \\ z \end{pmatrix}$$

となる。同様にして，x軸を回転軸として角θだけ回転する場合や，y軸を回転軸として角θだけ回転する場合の1次変換を求めることができる。

研究 ベクトル空間

実数全体の集合を記号 $\boldsymbol{R}$ で表すと，一般に，以下の性質(I)，(II)を満たすような集合 $\boldsymbol{V}$ を $\boldsymbol{R}$ 上の **ベクトル空間** または $\boldsymbol{R}$ 上の **線形空間** という。

(I) $\boldsymbol{a}$，$\boldsymbol{b} \in \boldsymbol{V}$ に対して，和 $\boldsymbol{a}+\boldsymbol{b} \in \boldsymbol{V}$ が定まり，次の性質を満たす。

[1] $(\boldsymbol{a}+\boldsymbol{b})+\boldsymbol{c}=\boldsymbol{a}+(\boldsymbol{b}+\boldsymbol{c})$ (結合法則)

[2] $\boldsymbol{a}+\boldsymbol{b}=\boldsymbol{b}+\boldsymbol{a}$ (交換法則)

[3] 零ベクトル $\boldsymbol{0}$ があって，任意の $\boldsymbol{a}$ に対し，$\boldsymbol{0}+\boldsymbol{a}=\boldsymbol{a}$ が成り立つ。

[4] 任意の $\boldsymbol{a}$ に対し，ベクトル $\boldsymbol{a}'$ があって，$\boldsymbol{a}+\boldsymbol{a}'=\boldsymbol{0}$ が成り立つ。

(II) $\boldsymbol{a} \in \boldsymbol{V}$ と s，$t \in \boldsymbol{R}$ に対して，実数倍 $t\boldsymbol{a} \in \boldsymbol{V}$ が定まり，次の性質を満たす。

[5] $(s+t)\boldsymbol{a}=s\boldsymbol{a}+t\boldsymbol{a}$ (実数倍の分配法則)

[6] $t(\boldsymbol{a}+\boldsymbol{b})=t\boldsymbol{a}+t\boldsymbol{b}$ (分配法則)

[7] $(st)\boldsymbol{a}=s(t\boldsymbol{a})$

[8] $1\boldsymbol{a}=\boldsymbol{a}$

n 次元の列ベクトル $\boldsymbol{x}$ の全体からなる集合を $\boldsymbol{R}^n$ と書く。$\boldsymbol{R}$ はベクトルの成分が実数であることを，右肩の n は列ベクトルの次元を表している。

注意 [4]により定められる $\boldsymbol{a}'$ を $-\boldsymbol{a}$ と書く。なお，$-\boldsymbol{a}=(-1)\boldsymbol{a}$ であることが(I)(II)から導びかれる。

例 3次元の列ベクトル $\boldsymbol{a}=\begin{pmatrix} a_1 \\ a_2 \\ a_3 \end{pmatrix}$ の全体を $\boldsymbol{R}^3$ と書き，ベクトルの和，実数倍をそれぞれ次のように定めると，$\boldsymbol{R}^3$ は $\boldsymbol{R}$ 上のベクトル空間となる。

$$\begin{pmatrix} a_1 \\ a_2 \\ a_3 \end{pmatrix}+\begin{pmatrix} b_1 \\ b_2 \\ b_3 \end{pmatrix}=\begin{pmatrix} a_1+b_1 \\ a_2+b_2 \\ a_3+b_3 \end{pmatrix}, \qquad t\begin{pmatrix} a_1 \\ a_2 \\ a_3 \end{pmatrix}=\begin{pmatrix} ta_1 \\ ta_2 \\ ta_3 \end{pmatrix}$$

演習1 上の例を確認せよ。

なお，同様にして，一般に n 次元の列ベクトルの全体 $\boldsymbol{R}^n$ も $\boldsymbol{R}$ 上のベクトル空間となることがわかる。

研究　ベクトル部分空間

$\boldsymbol{R}$ 上のベクトル空間 $\boldsymbol{V}$ の空でない部分集合 $\boldsymbol{W}$ において，以下の性質(I)，(II)を満たすような集合を **ベクトル部分空間** または **線形部分空間** という。単に **部分空間** ということもある。

(I)　$\boldsymbol{a},\ \boldsymbol{b} \in \boldsymbol{W}$ ならば $\boldsymbol{a}+\boldsymbol{b} \in \boldsymbol{W}$

(II)　$\boldsymbol{a} \in \boldsymbol{W},\ t \in \boldsymbol{R}$ ならば $t\boldsymbol{a} \in \boldsymbol{W}$

ベクトル部分空間は，それ自身もベクトル空間である。

例題　次の $\boldsymbol{R}^3$ の部分集合は，$\boldsymbol{R}^3$ の部分空間かどうかを述べよ。部分空間の場合は証明し，そうでない場合は反例を挙げよ。

(1)　$\boldsymbol{W}_1 = \left\{ \begin{pmatrix} x_1 \\ x_2 \\ x_3 \end{pmatrix} \in \boldsymbol{R}^3 \,\middle|\, x_1 = x_3 \right\}$　　(2)　$\boldsymbol{W}_2 = \left\{ \begin{pmatrix} x_1 \\ x_2 \\ x_3 \end{pmatrix} \in \boldsymbol{R}^3 \,\middle|\, x_1 = 1 \right\}$

解

(1)　$\boldsymbol{a} = \begin{pmatrix} a_1 \\ a_2 \\ a_3 \end{pmatrix},\ \boldsymbol{b} = \begin{pmatrix} b_1 \\ b_2 \\ b_3 \end{pmatrix} \in \boldsymbol{W}_1$ と $t \in \boldsymbol{R}$ とする。

$a_1 = a_3,\ b_1 = b_3$ であるから，$a_1 + b_1 = a_3 + b_3,\ ta_1 = ta_3$

これより

$$\boldsymbol{a}+\boldsymbol{b} = \begin{pmatrix} a_1+b_1 \\ a_2+b_2 \\ a_3+b_3 \end{pmatrix} \in \boldsymbol{W}_1, \qquad t\boldsymbol{a} = t\begin{pmatrix} a_1 \\ a_2 \\ a_3 \end{pmatrix} = \begin{pmatrix} ta_1 \\ ta_2 \\ ta_3 \end{pmatrix} \in \boldsymbol{W}_1$$

したがって，$\boldsymbol{W}_1$ は $\boldsymbol{R}^3$ の部分空間である。

(2)　$\boldsymbol{a} = \begin{pmatrix} 1 \\ a_2 \\ a_3 \end{pmatrix},\ \boldsymbol{b} = \begin{pmatrix} 1 \\ b_2 \\ b_3 \end{pmatrix} \in \boldsymbol{W}_2$ に対して

$$\boldsymbol{a}+\boldsymbol{b} = \begin{pmatrix} 2 \\ a_2+b_2 \\ a_3+b_3 \end{pmatrix} \notin \boldsymbol{W}_2$$

であるので，$\boldsymbol{W}_2$ は $\boldsymbol{R}^3$ の部分空間ではない。

演習2 次の $\boldsymbol{R}^3$ の部分集合は，$\boldsymbol{R}^3$ の部分空間かどうかを述べよ。部分空間の場合は証明し，そうでない場合は反例を挙げよ。

(1) $\boldsymbol{W}_1=\left\{\begin{pmatrix}x_1\\x_2\\x_3\end{pmatrix}\in\boldsymbol{R}^3 \middle| x_1=0\right\}$ (2) $\boldsymbol{W}_2=\left\{\begin{pmatrix}x_1\\x_2\\x_3\end{pmatrix}\in\boldsymbol{R}^3 \middle| {x_1}^2+{x_2}^2+{x_3}^2=1\right\}$

(3) $\boldsymbol{W}_3=\left\{\begin{pmatrix}x_1\\x_2\\x_3\end{pmatrix}\in\boldsymbol{R}^3 \middle| x_1+x_2+x_3\geqq 0\right\}$

研究 基底

$\boldsymbol{R}$ 上のベクトル空間 $\boldsymbol{V}$ において m 個のベクトル $\boldsymbol{a}_1$，$\boldsymbol{a}_2$，…，$\boldsymbol{a}_m$ の1次結合全体の集合 $\boldsymbol{W}=\{\boldsymbol{w}\,|\,\boldsymbol{w}=\lambda_1\boldsymbol{a}_1+\lambda_2\boldsymbol{a}_2+\cdots+\lambda_m\boldsymbol{a}_m,\ \lambda_i\in\boldsymbol{R}\}$ は $\boldsymbol{V}$ の部分空間となる。このとき，$\boldsymbol{W}$ を $\boldsymbol{a}_1$，$\boldsymbol{a}_2$，…，$\boldsymbol{a}_m$ の生成する部分空間といい，

$$\boldsymbol{W}=\langle\boldsymbol{a}_1,\ \boldsymbol{a}_2,\ \cdots,\ \boldsymbol{a}_m\rangle$$

と表す。また，$\{\boldsymbol{a}_1,\ \boldsymbol{a}_2,\ \cdots,\ \boldsymbol{a}_m\}$ を $\boldsymbol{W}$ の **生成系** という。

また，$\boldsymbol{R}$ 上のベクトル空間 $\boldsymbol{V}$ において n 個のベクトル $\boldsymbol{a}_1$，$\boldsymbol{a}_2$，…，$\boldsymbol{a}_n$ が次の(I)，(II)を満たすとき，$\{\boldsymbol{a}_1,\ \boldsymbol{a}_2,\ \cdots,\ \boldsymbol{a}_n\}$ を $\boldsymbol{V}$ の **基底** という。

(I) $\{\boldsymbol{a}_1,\ \boldsymbol{a}_2,\ \cdots,\ \boldsymbol{a}_n\}$ は1次独立

(II) $\boldsymbol{V}=\langle\boldsymbol{a}_1,\ \boldsymbol{a}_2,\ \cdots,\ \boldsymbol{a}_n\rangle$

基底の選び方はいろいろあるが，基底を構成するベクトルの個数は選び方によらないことが知られている。その数をベクトル空間 $\boldsymbol{V}$ の **次元** といい，$\dim\boldsymbol{V}$ で表す。

例 $\boldsymbol{R}^n$ における基本ベクトルの組 $\{\boldsymbol{e}_1,\ \boldsymbol{e}_2,\ \cdots,\ \boldsymbol{e}_n\}$ は $\boldsymbol{R}^n$ の1組の基底である。したがって $\dim\boldsymbol{R}^n=n$ である。一般に $\boldsymbol{R}^n$ の1次独立なベクトルが n 個あれば，それは $\boldsymbol{R}^n$ の基底となる。ここで，基本ベクトルは次のような n 次元のベクトルである。これはp. 42の基本ベクトルの一般化となっている。

$$\boldsymbol{e}_1=\begin{pmatrix}1\\0\\\vdots\\\vdots\\0\end{pmatrix},\ \boldsymbol{e}_2=\begin{pmatrix}0\\1\\0\\\vdots\\0\end{pmatrix},\ \cdots\cdots,\ \boldsymbol{e}_n=\begin{pmatrix}0\\\vdots\\\vdots\\0\\1\end{pmatrix}$$

例　$\boldsymbol{R}^n$ の n 個のベクトル $\boldsymbol{a}_1, \cdots, \boldsymbol{a}_n$ が互いに直交するとき，これらは 1 次独立であるから（第 3 章 2 節の節末問題 10），$\{\boldsymbol{a}_1, \cdots, \boldsymbol{a}_n\}$ は $\boldsymbol{R}^n$ の 1 組の基底である。

例題　次のベクトルの組は $\boldsymbol{R}^3$ の基底であるかどうか調べよ。

(1)　$\boldsymbol{a}_1 = \begin{pmatrix} 1 \\ 2 \\ 3 \end{pmatrix}$, $\boldsymbol{a}_2 = \begin{pmatrix} -1 \\ -3 \\ 1 \end{pmatrix}$, $\boldsymbol{a}_3 = \begin{pmatrix} 1 \\ 0 \\ -4 \end{pmatrix}$

(2)　$\boldsymbol{a}_1 = \begin{pmatrix} 1 \\ 2 \\ 1 \end{pmatrix}$, $\boldsymbol{a}_2 = \begin{pmatrix} 1 \\ 3 \\ 1 \end{pmatrix}$, $\boldsymbol{a}_3 = \begin{pmatrix} 1 \\ 0 \\ 1 \end{pmatrix}$

解

(1)　$\begin{vmatrix} 1 & -1 & 1 \\ 2 & -3 & 0 \\ 3 & 1 & -4 \end{vmatrix} = 12 + 2 - 8 + 9 = 15 \neq 0$

よって，$\boldsymbol{a}_1$, $\boldsymbol{a}_2$, $\boldsymbol{a}_3$ は 1 次独立であるから基底である。

(2)　$\begin{vmatrix} 1 & 1 & 1 \\ 2 & 3 & 0 \\ 1 & 1 & 1 \end{vmatrix} = 0$　← 第 1 行と第 3 行が一致するから

よって，$\boldsymbol{a}_1$, $\boldsymbol{a}_2$, $\boldsymbol{a}_3$ は 1 次従属であるから基底でない。

演習3　$\boldsymbol{R}^2$ において，次の問いに答えよ。

(1)　$\boldsymbol{a}_1 = \begin{pmatrix} -1 \\ 3 \end{pmatrix}$, $\boldsymbol{a}_2 = \begin{pmatrix} 2 \\ -5 \end{pmatrix}$ は基底であることを示せ。

(2)　$\boldsymbol{x} = \begin{pmatrix} 3 \\ -7 \end{pmatrix}$ を $\boldsymbol{a}_1$ と $\boldsymbol{a}_2$ の 1 次結合で表せ。

演習4　次のベクトルの組は $\boldsymbol{R}^4$ の基底であるかどうか調べよ。

$\boldsymbol{a}_1 = \begin{pmatrix} 1 \\ 2 \\ 3 \\ 4 \end{pmatrix}$, $\boldsymbol{a}_2 = \begin{pmatrix} -1 \\ -3 \\ 1 \\ 3 \end{pmatrix}$, $\boldsymbol{a}_3 = \begin{pmatrix} 1 \\ 0 \\ -4 \\ 0 \end{pmatrix}$, $\boldsymbol{a}_4 = \begin{pmatrix} 2 \\ -1 \\ 3 \\ -1 \end{pmatrix}$

ここで基底を簡単に求めるための準備をしよう。一般に次のことが成り立つ。

1次関係式と行の基本変形の関係

ベクトル$\{\boldsymbol{a}_1, \boldsymbol{a}_2, \cdots, \boldsymbol{a}_n\}$を並べてできる行列$A$が行の基本変形で行列$B$に変形できるとする。

$$A=(\boldsymbol{a}_1\ \ \boldsymbol{a}_2\ \ \cdots\ \ \boldsymbol{a}_n)\longrightarrow\cdots\cdots\longrightarrow(\boldsymbol{b}_1\ \ \boldsymbol{b}_2\ \ \cdots\ \ \boldsymbol{b}_n)=B$$

このとき$\{\boldsymbol{a}_1, \boldsymbol{a}_2, \cdots, \boldsymbol{a}_n\}$が1次関係式

$$c_1\boldsymbol{a}_1+c_2\boldsymbol{a}_2+\cdots+c_n\boldsymbol{a}_n=\boldsymbol{0}\quad\cdots\cdots①$$

を満たすとき，$\{\boldsymbol{b}_1, \boldsymbol{b}_2, \cdots, \boldsymbol{b}_n\}$にも同じ実数の組$c_1, c_2, \cdots, c_n$に対する1次関係式

$$c_1\boldsymbol{b}_1+c_2\boldsymbol{b}_2+\cdots+c_n\boldsymbol{b}_n=\boldsymbol{0}\quad\cdots\cdots②$$

が成り立つ。

なぜなら，①，②はそれぞれ$A\begin{pmatrix}c_1\\ \vdots\\ c_n\end{pmatrix}=\boldsymbol{0}$，$B\begin{pmatrix}c_1\\ \vdots\\ c_n\end{pmatrix}=\boldsymbol{0}$と表せる。つまり，①，②はそれぞれ係数行列が$A$，$B$であるような連立1次方程式である。ところが，係数行列の行の基本変形の前後で連立1次方程式の解は変化しないからである。

例 $\boldsymbol{a}_1=\begin{pmatrix}1\\-1\\-2\end{pmatrix}$，$\boldsymbol{a}_2=\begin{pmatrix}0\\1\\3\end{pmatrix}$，$\boldsymbol{a}_3=\begin{pmatrix}2\\0\\2\end{pmatrix}$の間の1次関係式を求めよう。

$A=\begin{pmatrix}1&0&2\\-1&1&0\\-2&3&2\end{pmatrix}$とおき，行の基本変形を行うと，$\begin{pmatrix}1&0&2\\0&1&2\\0&0&0\end{pmatrix}=B$となり，

Bの列ベクトル$\boldsymbol{b}_1=\begin{pmatrix}1\\0\\0\end{pmatrix}$，$\boldsymbol{b}_2=\begin{pmatrix}0\\1\\0\end{pmatrix}$，$\boldsymbol{b}_3=\begin{pmatrix}2\\2\\0\end{pmatrix}$の間には1次関係式

$\boldsymbol{b}_3=2\boldsymbol{b}_1+2\boldsymbol{b}_2$が成り立つ。したがって，$\boldsymbol{a}_3=2\boldsymbol{a}_1+2\boldsymbol{a}_2$である。

演習5 $\boldsymbol{a}_1=\begin{pmatrix}1\\-1\\2\\1\end{pmatrix}$，$\boldsymbol{a}_2=\begin{pmatrix}1\\0\\1\\2\end{pmatrix}$，$\boldsymbol{a}_3=\begin{pmatrix}0\\1\\1\\1\end{pmatrix}$，$\boldsymbol{a}_4=\begin{pmatrix}2\\-3\\1\\1\end{pmatrix}$

の間の1次関係式を求めよ。

例題 $\boldsymbol{a}_1=\begin{pmatrix}1\\-1\\-2\end{pmatrix}$, $\boldsymbol{a}_2=\begin{pmatrix}0\\1\\3\end{pmatrix}$, $\boldsymbol{a}_3=\begin{pmatrix}2\\0\\2\end{pmatrix}$ によって生成される $\boldsymbol{R}^3$ の部分空間を $\boldsymbol{W}$ とするとき次の問いに答えよ。

(1) $\boldsymbol{W}$ の次元と基底を求めよ。

(2) (1)で求めた基底にいくつかの新しいベクトルを追加して $\boldsymbol{R}^3$ の基底を作れ。

解 (1) 前ページの例より，$\boldsymbol{a}_3=2\boldsymbol{a}_1+2\boldsymbol{a}_2$ である。したがって，$\{\boldsymbol{a}_1, \boldsymbol{a}_2, \boldsymbol{a}_3\}$ は1次独立ではないので，基底ではない。つまり $\dim \boldsymbol{W}$ は3ではない。一方，$\boldsymbol{a}_1$, $\boldsymbol{a}_2$, $\boldsymbol{a}_3$ のうち，どの2つをとっても1次独立であるので $\boldsymbol{W}$ の基底になる。ゆえに，$\dim \boldsymbol{W}=2$ で基底はたとえば $\{\boldsymbol{a}_1, \boldsymbol{a}_2\}$ である。($\{\boldsymbol{a}_2, \boldsymbol{a}_3\}$, $\{\boldsymbol{a}_3, \boldsymbol{a}_1\}$ も基底である。)

(2) たとえば $\mathrm{rank}(\boldsymbol{a}_1\ \ \boldsymbol{a}_2\ \ \boldsymbol{e}_3)=3$ だから，$\{\boldsymbol{a}_1, \boldsymbol{a}_2, \boldsymbol{e}_3\}$ は1次独立で $\boldsymbol{R}^3$ の生成系になる。したがって，$\{\boldsymbol{a}_1, \boldsymbol{a}_2, \boldsymbol{e}_3\}$ は $\boldsymbol{R}^3$ の基底である。

注意 上の(2)において $\boldsymbol{a}_1$, $\boldsymbol{a}_2$ に追加すべき1個のベクトルは，$\langle \boldsymbol{a}_1, \boldsymbol{a}_2\rangle$ に属さないベクトルであれば何でもよいので，無数のとり方がある。

演習6 $\boldsymbol{a}_1=\begin{pmatrix}1\\-1\\2\\1\end{pmatrix}$, $\boldsymbol{a}_2=\begin{pmatrix}1\\0\\1\\2\end{pmatrix}$, $\boldsymbol{a}_3=\begin{pmatrix}0\\1\\1\\1\end{pmatrix}$, $\boldsymbol{a}_4=\begin{pmatrix}2\\-3\\1\\1\end{pmatrix}$

によって生成される $\boldsymbol{R}^4$ の部分空間を $\boldsymbol{W}$ とするとき次の問いに答えよ。

(1) $\boldsymbol{W}$ の次元と基底を求めよ（演習5の結果を利用せよ）。

(2) (1)で求めた基底にいくつかの新しいベクトルを追加して $\boldsymbol{R}^4$ の基底を作れ。

2 固有値と対角化

1 固有値と固有ベクトル

前節では1次変換とよばれる行列の働きについて学んだ。

たとえば，行列 $A=\begin{pmatrix}3 & -2\\2 & -2\end{pmatrix}$ がベクトル $\boldsymbol{u}=\begin{pmatrix}2\\3\end{pmatrix}$ を $\boldsymbol{u}'=\begin{pmatrix}0\\-2\end{pmatrix}$ に移すことは，次の計算から確かめられる。

$$A\boldsymbol{u}=\begin{pmatrix}3 & -2\\2 & -2\end{pmatrix}\begin{pmatrix}2\\3\end{pmatrix}=\begin{pmatrix}3\times2+(-2)\times3\\2\times2+(-2)\times3\end{pmatrix}=\begin{pmatrix}0\\-2\end{pmatrix}$$

このように1次変換によってベクトルは大きさも向きも異なるベクトルに移されるのが普通である。

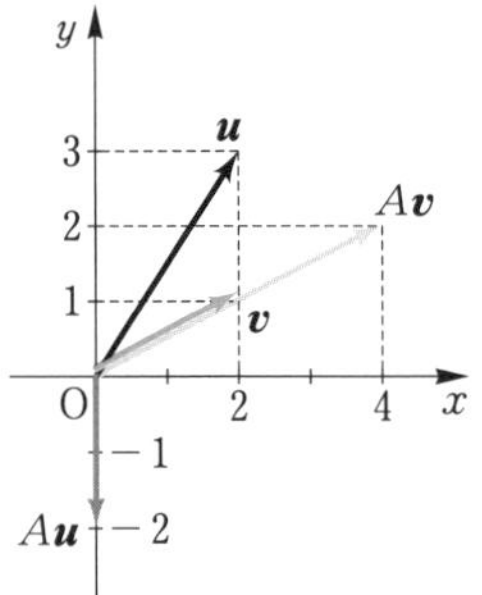

ところが，$\boldsymbol{v}=\begin{pmatrix}2\\1\end{pmatrix}$ とすると

$$A\boldsymbol{v}=\begin{pmatrix}3 & -2\\2 & -2\end{pmatrix}\begin{pmatrix}2\\1\end{pmatrix}=\begin{pmatrix}4\\2\end{pmatrix}$$

となり，$\boldsymbol{v}$ と同じ向きで大きさが2倍のベクトルに移されることがわかる。すなわち

$$A\boldsymbol{v}=2\boldsymbol{v}$$

が成り立つ。

さらに，$\boldsymbol{v}$ に限らず $\boldsymbol{v}$ の実数倍のベクトル $k\boldsymbol{v}$ も，すべて $k\boldsymbol{v}$ と同じ向きで大きさが2倍のベクトルに移されることが次の計算から確かめられる。

$$A(k\boldsymbol{v})=\begin{pmatrix}3 & -2\\2 & -2\end{pmatrix}\begin{pmatrix}2k\\k\end{pmatrix}=\begin{pmatrix}4k\\2k\end{pmatrix}=2\begin{pmatrix}2k\\k\end{pmatrix}=2(k\boldsymbol{v})\quad(k\text{は実数})$$

よって　$A(k\boldsymbol{v})=2(k\boldsymbol{v})$　が成り立つ。

このように，行列 A にとって $\boldsymbol{v}$ の向きは特別な向きであり，A により $\boldsymbol{v}$ が拡大される倍率「2」も特別な大きさである。このとき「2」を A の「固有値」，$\boldsymbol{v}$ を「固有値2に属する A の固有ベクトル」という。

この節では，一般の正方行列 A について，A にとっての特別な方向ベクトル（= 固有ベクトル）と A によってそれが拡大される倍率（= 固有値）を調べてみよう。

固有値・固有ベクトル

A を n 次正方行列とする。n 次元列ベクトル $\boldsymbol{x}\,(\neq \boldsymbol{0})$ に対し，ある数 λ が存在して

$$A\boldsymbol{x} = \lambda\boldsymbol{x}$$

を満たすとき，数 λ を A の **固有値**，ベクトル $\boldsymbol{x}$ を λ に属する A の **固有ベクトル** という。

例 1 $A=\begin{pmatrix} 3 & -2 \\ 2 & -2 \end{pmatrix}$ について，2 は A の固有値であり，$\begin{pmatrix} 2k \\ k \end{pmatrix}$（ただし k は 0 以外の任意の実数）は固有値 2 に属する A の固有ベクトルである。

n 次正方行列 A が与えられたとき，そのすべての固有値・固有ベクトルを求める方法を考えよう。

$A\boldsymbol{x}=\lambda\boldsymbol{x}$ より　　$A\boldsymbol{x}=\lambda E\boldsymbol{x}$　（E は n 次の単位行列）

よって　　$A\boldsymbol{x}-\lambda E\boldsymbol{x}=\boldsymbol{0}$　（$\boldsymbol{0}$ は n 次元の零ベクトル）

したがって　　$(A-\lambda E)\boldsymbol{x}=\boldsymbol{0}$　……①

$n=3$ ならば，$\boldsymbol{x}=\begin{pmatrix} x \\ y \\ z \end{pmatrix}$，$A=\begin{pmatrix} a_{11} & a_{12} & a_{13} \\ a_{21} & a_{22} & a_{23} \\ a_{31} & a_{32} & a_{33} \end{pmatrix}$ とおくと，①は x，y，z に関する連立 1 次方程式になるが，前章で学んだようにこれが $\boldsymbol{x}=\boldsymbol{0}$（つまり $x=0$，$y=0$，$z=0$）以外の解をもつには，連立 1 次方程式①の係数行列 $A-\lambda E$ の行列式が 0 でなければならない。

$$|A-\lambda E|=0 \qquad \cdots\cdots②$$

②を A の **固有方程式**，②の左辺を **固有多項式** という。②は λ の n 次方程式であるから，それを解くことにより，すべての固有値 λ が求められる。さらに求めた λ を $A\boldsymbol{x}=\lambda\boldsymbol{x}$ に代入してそれを解けば，λ に属する固有ベクトル $\boldsymbol{x}$ が求められる。したがって，一般には固有値は複素数であり，固有ベクトルの各成分も複素数になる。

例 2 行列 $A=\begin{pmatrix}3 & -2\\ 2 & -2\end{pmatrix}$ の固有値 λ と固有ベクトル $\boldsymbol{x}$ を求めてみよう。

(I) 固有ベクトルを $\boldsymbol{x}=\begin{pmatrix}x\\ y\end{pmatrix}$ とすると

$$\begin{pmatrix}3 & -2\\ 2 & -2\end{pmatrix}\begin{pmatrix}x\\ y\end{pmatrix}=\lambda\begin{pmatrix}x\\ y\end{pmatrix} \qquad A\boldsymbol{x}=\lambda\boldsymbol{x}$$

$$\begin{pmatrix}3 & -2\\ 2 & -2\end{pmatrix}\begin{pmatrix}x\\ y\end{pmatrix}-\lambda\begin{pmatrix}1 & 0\\ 0 & 1\end{pmatrix}\begin{pmatrix}x\\ y\end{pmatrix}=\begin{pmatrix}0\\ 0\end{pmatrix} \qquad A\boldsymbol{x}-\lambda E\boldsymbol{x}=\boldsymbol{0}$$

$$\left\{\begin{pmatrix}3 & -2\\ 2 & -2\end{pmatrix}-\lambda\begin{pmatrix}1 & 0\\ 0 & 1\end{pmatrix}\right\}\begin{pmatrix}x\\ y\end{pmatrix}=\begin{pmatrix}0\\ 0\end{pmatrix} \qquad (A-\lambda E)\boldsymbol{x}=\boldsymbol{0}$$

つまり

$$\begin{pmatrix}3-\lambda & -2\\ 2 & -2-\lambda\end{pmatrix}\begin{pmatrix}x\\ y\end{pmatrix}=\begin{pmatrix}0\\ 0\end{pmatrix}$$

すなわち x, y に関する連立1次方程式を得る。

$$\begin{cases}(3-\lambda)x-2y=0\\ 2x-(2+\lambda)y=0\end{cases}$$

これが $x=0$, $y=0$ 以外の解をもつには係数行列の行列式が0でなければならない (p. 136)。つまり

$$\begin{vmatrix}3-\lambda & -2\\ 2 & -(2+\lambda)\end{vmatrix}=0 \qquad \text{固有方程式 } |A-\lambda E|=0$$

計算すると

$$(\lambda-3)(\lambda+2)-(-2)\times 2=0$$

$$\lambda^2-\lambda-2=(\lambda-2)(\lambda+1)=0$$

よって $\lambda=-1$, 2 が固有値である。

(II) 次に，これらの固有値それぞれに属する固有ベクトルを求める。

(i) $\lambda=-1$ に属する固有ベクトルを求める。

$$\begin{pmatrix}3 & -2\\ 2 & -2\end{pmatrix}\begin{pmatrix}x\\ y\end{pmatrix}=(-1)\begin{pmatrix}x\\ y\end{pmatrix} \qquad A\boldsymbol{x}=(-1)\boldsymbol{x}$$

より

$$\begin{cases}3x-2y=-x\\ 2x-2y=-y\end{cases}$$

つまり

$$\begin{cases} 4x-2y=0 \\ 2x-y=0 \end{cases}$$

この連立方程式を解けばよい。ゆえに　$2x=y$

したがって，α を任意の数とすると $x=\alpha$，$y=2\alpha$

よって，固有ベクトルは $\begin{pmatrix} x \\ y \end{pmatrix}=\begin{pmatrix} \alpha \\ 2\alpha \end{pmatrix}$ （α は 0 以外の任意数）

(ii)　$\lambda=2$ に属する固有ベクトルを求める。

$$\begin{pmatrix} 3 & -2 \\ 2 & -2 \end{pmatrix}\begin{pmatrix} x \\ y \end{pmatrix}=2\begin{pmatrix} x \\ y \end{pmatrix}$$

より

$$\begin{cases} 3x-2y=2x \\ 2x-2y=2y \end{cases}$$

つまり

$$\begin{cases} x-2y=0 \\ 2x-4y=0 \end{cases}$$

ゆえに　$x=2y$

したがって，β を任意の数とすると $y=\beta$，$x=2\beta$

よって，固有ベクトルは $\begin{pmatrix} x \\ y \end{pmatrix}=\begin{pmatrix} 2\beta \\ \beta \end{pmatrix}$ （β は 0 以外の任意数）

注意　とくに $\beta=1$ としたときのベクトルが p. 170 の $\boldsymbol{v}$ である。$\boldsymbol{v}$ は 1 次変換を表す変換 A により 2 倍に拡大される。

固有値・固有ベクトルの求め方

(I)　n 次正方行列 A の固有方程式（λ の n 次方程式）

$$|A-\lambda E|=0 \quad (E \text{ は } n \text{ 次の単位行列})$$

を解いて固有値 λ を求める。

(II)　(I)で求めた λ を

$$A\boldsymbol{x}=\lambda\boldsymbol{x} \quad (\boldsymbol{x} \text{ は } n \text{ 次元ベクトル})$$

に代入して固有ベクトル $\boldsymbol{x}$ を求める。

例題 1 $A=\begin{pmatrix}1&2&3\\0&1&-3\\0&-3&1\end{pmatrix}$ の固有値，固有ベクトルを求めよ。

解 (I) 固有値を求める。固有多項式 $|A-\lambda E|$ は，

$$|A-\lambda E|$$

$$=\left|\begin{pmatrix}1&2&3\\0&1&-3\\0&-3&1\end{pmatrix}-\lambda\begin{pmatrix}1&0&0\\0&1&0\\0&0&1\end{pmatrix}\right|=\begin{vmatrix}1-\lambda&2&3\\0&1-\lambda&-3\\0&-3&1-\lambda\end{vmatrix}$$

第1列余因子展開

$$=(1-\lambda)\begin{vmatrix}1-\lambda&-3\\-3&1-\lambda\end{vmatrix}=(1-\lambda)\{(1-\lambda)^2-(-3)^2\}$$

$$=(1-\lambda)(\lambda-4)(\lambda+2)$$

したがって固有方程式 $|A-\lambda E|=0$ は $(\lambda-1)(\lambda-4)(\lambda+2)=0$

よって，固有値 λ は $\lambda=-2,\ 1,\ 4$

(II) (i) $\lambda=-2$ に属する固有ベクトルを求める。$A\boldsymbol{x}=\lambda\boldsymbol{x}$ より

$$\begin{pmatrix}1&2&3\\0&1&-3\\0&-3&1\end{pmatrix}\begin{pmatrix}x\\y\\z\end{pmatrix}=(-2)\begin{pmatrix}x\\y\\z\end{pmatrix}$$

つまり

$$\begin{cases}3x+2y+3z=0\\ \quad 3y-3z=0\\ -3y+3z=0\end{cases}$$

これを解いて　$y=z,\ x=-\dfrac{5}{3}z$

したがって，α を任意の数とすると $y=z=\alpha,\ x=-\dfrac{5}{3}\alpha$

よって，固有ベクトルは $\begin{pmatrix}x\\y\\z\end{pmatrix}=\begin{pmatrix}-\dfrac{5}{3}\alpha\\ \alpha\\ \alpha\end{pmatrix}$ （α は0以外の任意数）

(ii) $\lambda=1$ に属する固有ベクトルを求める。

$$\begin{pmatrix}1&2&3\\0&1&-3\\0&-3&1\end{pmatrix}\begin{pmatrix}x\\y\\z\end{pmatrix}=1\begin{pmatrix}x\\y\\z\end{pmatrix}$$

つまり

$$\begin{cases} 2y+3z=0 \\ -3z=0 \\ -3y=0 \end{cases}$$

これを解いて　$y=0,\ z=0$

また，x は任意の数としてよいので，$x=\beta$（任意の数）とおくと，固有ベクトルは

$$\begin{pmatrix} x \\ y \\ z \end{pmatrix}=\begin{pmatrix} \beta \\ 0 \\ 0 \end{pmatrix}\quad（\beta \text{ は } 0 \text{ 以外の任意数}）$$

(iii)　$\lambda=4$ に属する固有ベクトルを求める。

$$\begin{pmatrix} 1 & 2 & 3 \\ 0 & 1 & -3 \\ 0 & -3 & 1 \end{pmatrix}\begin{pmatrix} x \\ y \\ z \end{pmatrix}=4\begin{pmatrix} x \\ y \\ z \end{pmatrix}$$

つまり

$$\begin{cases} -3x+2y+3z=0 \\ -3y-3z=0 \\ -3y-3z=0 \end{cases}$$

これを解いて　$y=-z,\ x=\dfrac{1}{3}z$

したがって，γ を任意の数として $z=\gamma,\ y=-\gamma,\ x=\dfrac{1}{3}\gamma$

よって，固有ベクトルは $\begin{pmatrix} x \\ y \\ z \end{pmatrix}=\begin{pmatrix} \frac{1}{3}\gamma \\ -\gamma \\ \gamma \end{pmatrix}$（$\gamma$ は 0 以外の任意数）

練習1　次の行列の固有値，固有ベクトルを求めよ。

(1) $\begin{pmatrix} 1 & 1 \\ 0 & 2 \end{pmatrix}$　(2) $\begin{pmatrix} 1 & 4 \\ 2 & 3 \end{pmatrix}$　(3) $\begin{pmatrix} 4 & -1 & -2 \\ 2 & 1 & -2 \\ 1 & -1 & 1 \end{pmatrix}$

(4) $\begin{pmatrix} 9 & 12 \\ 12 & 16 \end{pmatrix}$　(5) $\begin{pmatrix} 2 & 1 & 0 \\ -4 & -2 & 0 \\ 2 & 1 & 0 \end{pmatrix}$

2 正方行列の対角化

A を n 次正方行列とする。A に対して正則行列 P を適当に選ぶと $P^{-1}AP$ が対角行列になるとき，A は対角化可能であるという。また対角行列を求めることを A を **対角化** するといい，P を **対角化行列** という。

どのような正方行列も対角化可能というわけではないが，たとえばp. 172 例 2の行列 A は次のようにして対角化可能である。

例3 例 2 の行列 $A=\begin{pmatrix}3 & -2\\ 2 & -2\end{pmatrix}$ に対し，固有値 $\lambda=-1,\ 2$ に属する固有ベクトルを，それぞれ 1 つずつ用意して，行列 P をつくる。(i)，(ii)は，固有ベクトルの選び方の異なる 2 つの例である。

(i) たとえば $\alpha=1,\ \beta=1$ として並べた行列を $P=\begin{pmatrix}1 & 2\\ 2 & 1\end{pmatrix}$ とすると

$$AP=\begin{pmatrix}3 & -2\\ 2 & -2\end{pmatrix}\begin{pmatrix}1 & 2\\ 2 & 1\end{pmatrix}=\begin{pmatrix}3\times1+(-2)\times2 & 3\times2+(-2)\times1\\ 2\times1+(-2)\times2 & 2\times2+(-2)\times1\end{pmatrix}$$

$$=\left(\begin{pmatrix}3 & -2\\ 2 & -2\end{pmatrix}\begin{pmatrix}1\\ 2\end{pmatrix}\ \ \begin{pmatrix}3 & -2\\ 2 & -2\end{pmatrix}\begin{pmatrix}2\\ 1\end{pmatrix}\right)=\left((-1)\begin{pmatrix}1\\ 2\end{pmatrix}\ \ 2\begin{pmatrix}2\\ 1\end{pmatrix}\right)$$

$$=\begin{pmatrix}1 & 2\\ 2 & 1\end{pmatrix}\begin{pmatrix}-1 & 0\\ 0 & 2\end{pmatrix}=P\begin{pmatrix}-1 & 0\\ 0 & 2\end{pmatrix}\ \cdots\cdots①$$

$A\boldsymbol{x}_1=(-1)\boldsymbol{x}_1$
$A\boldsymbol{x}_2=2\boldsymbol{x}_2$

$|P|\neq0$ より逆行列 P^{-1} が存在し，①の両辺に左から P^{-1} を掛けると

$$P^{-1}AP=P^{-1}P\begin{pmatrix}-1 & 0\\ 0 & 2\end{pmatrix}=\begin{pmatrix}-1 & 0\\ 0 & 2\end{pmatrix}$$

したがって $P^{-1}AP=\begin{pmatrix}-1 & 0\\ 0 & 2\end{pmatrix}$ となり A は P によって対角化された。

(ii) たとえば $\alpha=2,\ \beta=1$ として並べた行列を $P=\begin{pmatrix}2 & 2\\ 4 & 1\end{pmatrix}$ とすると

$$AP=\begin{pmatrix}3 & -2\\ 2 & -2\end{pmatrix}\begin{pmatrix}2 & 2\\ 4 & 1\end{pmatrix}$$

$$=\left(\begin{pmatrix}3 & -2\\ 2 & -2\end{pmatrix}\begin{pmatrix}2\\ 4\end{pmatrix}\ \ \begin{pmatrix}3 & -2\\ 2 & -2\end{pmatrix}\begin{pmatrix}2\\ 1\end{pmatrix}\right)=\left((-1)\begin{pmatrix}2\\ 4\end{pmatrix}\ \ 2\begin{pmatrix}2\\ 1\end{pmatrix}\right)$$

$$=\begin{pmatrix}2 & 2\\ 4 & 1\end{pmatrix}\begin{pmatrix}-1 & 0\\ 0 & 2\end{pmatrix}=P\begin{pmatrix}-1 & 0\\ 0 & 2\end{pmatrix}\ \text{より}\ \ P^{-1}AP=\begin{pmatrix}-1 & 0\\ 0 & 2\end{pmatrix}$$

例3のように，対角化行列 P は A の固有ベクトルを並べたものであり，対角化の結果は同じ固有値に対する固有ベクトルの選び方によらない。P に逆行列が存在するための条件は，P の列ベクトルが1次独立であること (p. 139) から，次が成り立つ。

対角化可能（必要十分条件）

定理1　A が対角化可能であるための必要十分条件は，n 次正方行列 A が n 個の1次独立な固有ベクトルをもつことである。

［$n=3$ のときの証明］（一般の場合も同様に証明される）

3次正方行列 A が固有値 λ_1, λ_2, λ_3 をもち，これらに属する固有ベクトルがそれぞれ $\boldsymbol{x}_1$, $\boldsymbol{x}_2$, $\boldsymbol{x}_3$ であり，これらは1次独立であったとする。

ここで $\boldsymbol{x}_1=\begin{pmatrix}x_{11}\\x_{21}\\x_{31}\end{pmatrix}$, $\boldsymbol{x}_2=\begin{pmatrix}x_{12}\\x_{22}\\x_{32}\end{pmatrix}$, $\boldsymbol{x}_3=\begin{pmatrix}x_{13}\\x_{23}\\x_{33}\end{pmatrix}$ とする。

これらを並べて $P=(\boldsymbol{x}_1\ \ \boldsymbol{x}_2\ \ \boldsymbol{x}_3)$ をつくると

$$\begin{aligned}AP&=A(\boldsymbol{x}_1\ \ \boldsymbol{x}_2\ \ \boldsymbol{x}_3)=(A\boldsymbol{x}_1\ \ A\boldsymbol{x}_2\ \ A\boldsymbol{x}_3)=(\lambda_1\boldsymbol{x}_1\ \ \lambda_2\boldsymbol{x}_2\ \ \lambda_3\boldsymbol{x}_3)\\&=\begin{pmatrix}\lambda_1x_{11}&\lambda_2x_{12}&\lambda_3x_{13}\\\lambda_1x_{21}&\lambda_2x_{22}&\lambda_3x_{23}\\\lambda_1x_{31}&\lambda_2x_{32}&\lambda_3x_{33}\end{pmatrix}=\begin{pmatrix}x_{11}&x_{12}&x_{13}\\x_{21}&x_{22}&x_{23}\\x_{31}&x_{32}&x_{33}\end{pmatrix}\begin{pmatrix}\lambda_1&0&0\\0&\lambda_2&0\\0&0&\lambda_3\end{pmatrix}\\&=P\begin{pmatrix}\lambda_1&0&0\\0&\lambda_2&0\\0&0&\lambda_3\end{pmatrix}\end{aligned}$$

$\boldsymbol{x}_1$, $\boldsymbol{x}_2$, $\boldsymbol{x}_3$ の1次独立性から $|P|\neq 0$ であり P は逆行列 P^{-1} をもつので，

この式の両辺に左から P^{-1} を掛けて次式を得る。$P^{-1}AP=\begin{pmatrix}\lambda_1&0&0\\0&\lambda_2&0\\0&0&\lambda_3\end{pmatrix}$

逆に，この式が成立するとき P^{-1} が存在しているので $|P|\neq 0$ より P の列ベクトル $\boldsymbol{x}_1$, $\boldsymbol{x}_2$, $\boldsymbol{x}_3$ は1次独立であり，

$$AP=P\begin{pmatrix}\lambda_1&0&0\\0&\lambda_2&0\\0&0&\lambda_3\end{pmatrix}\ \text{が成立するので}\quad A\boldsymbol{x}_i=\lambda_i\boldsymbol{x}_i\quad(i=1,2,3)$$

終

これまでみてきた対角化の手順をまとめると，次のようになる。

対角化の方法

n 次正方行列 A が固有値 λ_1, λ_2, …, λ_n をもつとき，そのそれぞれに属する固有ベクトルを $\boldsymbol{x}_1$, $\boldsymbol{x}_2$, …, $\boldsymbol{x}_n$ とする。これらが1次独立ならば，これらを列ベクトルとして並べてつくった行列 P により A は対角化される。つまり，

$P = (\boldsymbol{x}_1 \quad \boldsymbol{x}_2 \quad \cdots \quad \boldsymbol{x}_n)$ とすると

$$P^{-1}AP = \begin{pmatrix} \lambda_1 & 0 & \cdots & 0 \\ 0 & \lambda_2 & \cdots & 0 \\ \vdots & & \ddots & \vdots \\ 0 & 0 & \cdots & \lambda_n \end{pmatrix} \quad \text{(対角成分でない成分はすべて 0)}$$

注意　定理1の証明からわかるように，P をつくるときに並べたベクトルの順にしたがってそれぞれに対応する固有値が左上から右下へ並ぶことになる。したがって対角化行列 P のつくり方も，対角行列 $P^{-1}AP$ も1通りではない。

例4　例題1（p. 174）の行列 $A = \begin{pmatrix} 1 & 2 & 3 \\ 0 & 1 & -3 \\ 0 & -3 & 1 \end{pmatrix}$ を対角化してみよう。

(I)　固有値を求める。$\lambda = -2$, 1, 4

(II)　各固有値に属する固有ベクトルを求め，その代表を各1つ挙げる。

(i)　$\lambda = -2$ に属する固有ベクトルで $\alpha = 3$ のものを $\boldsymbol{x}_1$

(ii)　$\lambda = 1$ に属する固有ベクトルで $\beta = 1$ のものを $\boldsymbol{x}_2$

(iii)　$\lambda = 4$ に属する固有ベクトルで $\gamma = 3$ のものを $\boldsymbol{x}_3$

(III)　$P = (\boldsymbol{x}_1 \quad \boldsymbol{x}_2 \quad \boldsymbol{x}_3)$ とおく。行列式の値を求めると

$$|P| = \begin{vmatrix} -5 & 1 & 1 \\ 3 & 0 & -3 \\ 3 & 0 & 3 \end{vmatrix} \overset{\text{第2列余因子展開}}{=} 1 \cdot (-1)^{1+2} \cdot \begin{vmatrix} 3 & -3 \\ 3 & 3 \end{vmatrix}$$

$$= -\{3 \times 3 - (-3) \times 3\} = -18 \neq 0$$

より $\boldsymbol{x}_1$, $\boldsymbol{x}_2$, $\boldsymbol{x}_3$ は1次独立なので，定理1より A は対角化可能で，

$$P = \begin{pmatrix} -5 & 1 & 1 \\ 3 & 0 & -3 \\ 3 & 0 & 3 \end{pmatrix} \text{ を用いて } P^{-1}AP = \begin{pmatrix} -2 & 0 & 0 \\ 0 & 1 & 0 \\ 0 & 0 & 4 \end{pmatrix} \text{ となる。}$$

注意　上の「対角化の方法」により，$P^{-1}AP=\begin{pmatrix} -2 & 0 & 0 \\ 0 & 1 & 0 \\ 0 & 0 & 4 \end{pmatrix}$ が成り立つことは保証されているので，実際に $P^{-1}AP$ の計算をしてみる必要はない。

注意　前ページの注意にあるように，もし固有ベクトルの順序を変えて，たとえば

$$P=(\boldsymbol{x}_2\ \ \boldsymbol{x}_1\ \ \boldsymbol{x}_3)=\begin{pmatrix} 1 & -5 & 1 \\ 0 & 3 & -3 \\ 0 & 3 & 3 \end{pmatrix} \text{ とおくと } P^{-1}AP=\begin{pmatrix} 1 & 0 & 0 \\ 0 & -2 & 0 \\ 0 & 0 & 4 \end{pmatrix} \text{ となる。}$$

練習2　次の行列を対角化せよ。またそのときに使った対角化行列 P を示せ。

(1) $\begin{pmatrix} 3 & 2 \\ 1 & 4 \end{pmatrix}$　　(2) $\begin{pmatrix} 3 & -1 & -1 \\ -1 & 3 & 1 \\ 2 & -1 & 0 \end{pmatrix}$　　(3) $\begin{pmatrix} -1 & 1 & 1 \\ 7 & 2 & 1 \\ -2 & 1 & 2 \end{pmatrix}$

ここまでの例，練習にでてきた行列はすべて，固有値が相異なる実数であるものばかりであった。実は，次の定理が成り立つ。

固有ベクトルの1次独立性

定理2　n 次正方行列 A の相異なる固有値を λ_1, λ_2, $\cdots$, λ_r $(r \leqq n)$ とする。そのそれぞれに属する固有ベクトルを $\boldsymbol{x}_1$, $\boldsymbol{x}_2$, $\cdots$, $\boldsymbol{x}_r$ とするとこれらは1次独立である。

練習3　$r=2$, 3 の場合について定理2を証明せよ。

定理2を認めれば，例3における $|P|\neq 0$ を確かめる作業は不要となる。
定理1，定理2より，次の定理の成り立つことがわかる。

対角化可能（十分条件）

定理3　n 次正方行列 A が n 個の相異なる固有値 λ_1, λ_2, $\cdots$, λ_n をもつならば，適当な正則行列 P により A は対角化可能である。

練習4　次の行列を対角化せよ。またそのときに使った対角化行列 P を示せ。

(1) $\begin{pmatrix} 1 & 1 \\ 0 & 2 \end{pmatrix}$　　(2) $\begin{pmatrix} 1 & 4 \\ 2 & 3 \end{pmatrix}$　　(3) $\begin{pmatrix} 4 & -1 & -2 \\ 2 & 1 & -2 \\ 1 & -1 & 1 \end{pmatrix}$

n 次正方行列が対角化可能であるためには，定理3の条件は必ずしも必要ではない。実際，固有方程式が重解をもっていても対角化可能な行列は無限に存在する。次の行列 A はそのような例の1つである。

例題 2 $A=\begin{pmatrix}1&-3&3\\3&-5&3\\6&-6&4\end{pmatrix}$ を対角化せよ。

解 (I) 固有値を求める。固有多項式 $|A-\lambda E|$ は，

$$|A-\lambda E|=\begin{vmatrix}1-\lambda&-3&3\\3&-5-\lambda&3\\6&-6&4-\lambda\end{vmatrix}=\begin{vmatrix}1-\lambda&0&3\\3&-2-\lambda&3\\6&-2-\lambda&4-\lambda\end{vmatrix}$$

$$=(-2-\lambda)\begin{vmatrix}1-\lambda&0&3\\3&1&3\\6&1&4-\lambda\end{vmatrix}=-(\lambda+2)\begin{vmatrix}1-\lambda&0&3\\3&1&3\\3&0&1-\lambda\end{vmatrix}$$

$$=-(\lambda+2)\cdot(-1)^{2+2}\begin{vmatrix}1-\lambda&3\\3&1-\lambda\end{vmatrix}=-(\lambda+2)\{(1-\lambda)^2-9\}$$

$$=-(\lambda+2)^2(\lambda-4),$$

固有方程式 $|A-\lambda E|=0$ は $(\lambda+2)^2(\lambda-4)=0$ となる。

よって，固有値は　$\lambda=-2$ (重解)，4

(II) (i) $\lambda=4$ に属する固有ベクトル $\boldsymbol{x}$ を求める。

$A\boldsymbol{x}=4\boldsymbol{x}$ より

$$\begin{pmatrix}1&-3&3\\3&-5&3\\6&-6&4\end{pmatrix}\begin{pmatrix}x\\y\\z\end{pmatrix}=4\begin{pmatrix}x\\y\\z\end{pmatrix}$$

つまり

$$\begin{cases}-3x-3y+3z=0\\3x-9y+3z=0\\6x-6y\qquad=0\end{cases}$$

これを解いて　$y=x$，$z=2x$

したがって，α を任意の数として　$x=\alpha$，$y=\alpha$，$z=2\alpha$

よって，$\lambda=4$ に属する固有ベクトルは

$$\begin{pmatrix} x \\ y \\ z \end{pmatrix} = \begin{pmatrix} \alpha \\ \alpha \\ 2\alpha \end{pmatrix} \quad (\alpha \text{は0以外の任意数})$$

(ii) $\lambda = -2$ に属する固有ベクトル $\boldsymbol{x}$ を求める。

$A\boldsymbol{x} = -2\boldsymbol{x}$ より

$$\begin{pmatrix} 1 & -3 & 3 \\ 3 & -5 & 3 \\ 6 & -6 & 4 \end{pmatrix}\begin{pmatrix} x \\ y \\ z \end{pmatrix} = (-2)\begin{pmatrix} x \\ y \\ z \end{pmatrix}$$

つまり

$$\begin{cases} 3x - 3y + 3z = 0 \\ 3x - 3y + 3z = 0 \\ 6x - 6y + 6z = 0 \end{cases}$$

これを解いて　$x - y + z = 0$　つまり　$x = y - z$

したがって，β，γ を任意の数として　$y = \beta$，$z = \gamma$，$x = \beta - \gamma$

よって $\lambda = -2$ に属する固有ベクトルは

$$\begin{pmatrix} x \\ y \\ z \end{pmatrix} = \begin{pmatrix} \beta - \gamma \\ \beta \\ \gamma \end{pmatrix} \quad (\beta,\ \gamma \text{は同時に0でない任意数})$$

(Ⅲ) (Ⅱ)の(i)で $\alpha = 1$ とした固有ベクトルを $\boldsymbol{x}_1$,

(ii)で $\beta = 1$，$\gamma = 0$ とした固有ベクトルを $\boldsymbol{x}_2$,

(ii)で $\beta = 0$，$\gamma = 1$ とした固有ベクトルを $\boldsymbol{x}_3$

とし，$P = (\boldsymbol{x}_1\ \ \boldsymbol{x}_2\ \ \boldsymbol{x}_3)$ とおくと

$$P = \begin{pmatrix} 1 & 1 & -1 \\ 1 & 1 & 0 \\ 2 & 0 & 1 \end{pmatrix}, \qquad |P| = 2 \neq 0$$

である。したがって，$\boldsymbol{x}_1$，$\boldsymbol{x}_2$，$\boldsymbol{x}_3$ は1次独立である。

よって，定理1より A は対角化でき

$$P^{-1}AP = \begin{pmatrix} 4 & 0 & 0 \\ 0 & -2 & 0 \\ 0 & 0 & -2 \end{pmatrix}$$

例題2の行列 A は，固有方程式が重解をもつが対角化可能な例であった。一方，固有方程式が重解をもつときは対角化不可能なことがある。

例題 3　$A=\begin{pmatrix}1&1\\0&1\end{pmatrix}$ は対角化できるかどうかを調べよ。

解　固有方程式は

$$|A-\lambda E|=\left|\begin{pmatrix}1&1\\0&1\end{pmatrix}-\lambda\begin{pmatrix}1&0\\0&1\end{pmatrix}\right|=\begin{vmatrix}1-\lambda&1\\0&1-\lambda\end{vmatrix}=(1-\lambda)^2=0$$

よって $\lambda=1$（重解）

固有値 $\lambda=1$ に属する固有ベクトルを $\boldsymbol{x}$ とすると $A\boldsymbol{x}=1\boldsymbol{x}$ より

$$\begin{pmatrix}1&1\\0&1\end{pmatrix}\begin{pmatrix}x\\y\end{pmatrix}=\begin{pmatrix}x\\y\end{pmatrix}\quad \text{つまり}\quad y=0$$

したがって　$\begin{pmatrix}x\\y\end{pmatrix}=\begin{pmatrix}\alpha\\0\end{pmatrix}$　（α は0以外の任意数）

つまり，A は2個の1次独立な固有ベクトルをもたない。よって，定理1より A は対角化不可能である。

以上，対角化可能性と固有方程式の解の種類との関係をまとめると次のようになる。

対角化の可能性

n 次正方行列 A の固有方程式が n 個の異なる実数解をもつとき，A は対角化可能　（定理3）

n 次正方行列 A の固有方程式が k 重解をもつとき（$k \geqq 2$）

(i)　1次独立な n 個の固有ベクトルがあれば，対角化可能

(ii)　1次独立な n 個の固有ベクトルがなければ対角化不可能

（定理1）

練習5　次の行列は対角化できるか。できるときは対角化行列 P を求めて対角化せよ。できないときはその理由を述べよ。

(1) $\begin{pmatrix}3&-1\\1&1\end{pmatrix}$　(2) $\begin{pmatrix}0&-1&-1\\1&2&1\\-1&-1&0\end{pmatrix}$　(3) $\begin{pmatrix}-2&2&1\\-2&1&2\\-1&2&0\end{pmatrix}$

3 対称行列の対角化

この項ではとくに対称行列 (p. 87) について対角化を考えよう。p. 171 で述べたように，一般には固有値や固有ベクトルの各成分は実数とは限らないが，対称行列の固有値・固有ベクトルについて以下のことが証明できる。

対称行列の固有値

定理 4　対称行列の固有値は実数である。

また，定理 2 (p. 179) によれば異なる固有値に属する固有ベクトルは 1 次独立であった。対称行列の固有ベクトルにはさらに直交性が備わる。

対称行列の固有ベクトル

定理 5　n 次対称行列 A の相異なる固有値を λ_1, λ_2, $\cdots$, λ_r $(r \leqq n)$，それぞれに属する固有ベクトルを $\boldsymbol{x}_1$, $\boldsymbol{x}_2$, $\cdots$, $\boldsymbol{x}_r$ とすると，これらは互いに直交する。

[$n=3$ のときの証明]　(一般の場合も同様に証明できる)

まず，$\boldsymbol{x}_1$ と $\boldsymbol{x}_2$ が垂直つまり $\boldsymbol{x}_1$ と $\boldsymbol{x}_2$ の内積 $\boldsymbol{x}_1 \cdot \boldsymbol{x}_2$ が 0 であることを示す。

$$A = \begin{pmatrix} a_{11} & a_{12} & a_{13} \\ a_{21} & a_{22} & a_{23} \\ a_{31} & a_{32} & a_{33} \end{pmatrix},\ \boldsymbol{x}_1 = \begin{pmatrix} x_1 \\ y_1 \\ z_1 \end{pmatrix},\ \boldsymbol{x}_2 = \begin{pmatrix} x_2 \\ y_2 \\ z_2 \end{pmatrix} \text{ とおき } \begin{cases} a_{12} = a_{21} \\ a_{13} = a_{31} \\ a_{23} = a_{32} \end{cases}$$

に注意すると

$$\begin{aligned} \lambda_1(\boldsymbol{x}_1 \cdot \boldsymbol{x}_2) &= (\lambda_1 \boldsymbol{x}_1) \cdot \boldsymbol{x}_2 = (A\boldsymbol{x}_1) \cdot \boldsymbol{x}_2 \\ &= (a_{11}x_1 + a_{12}y_1 + a_{13}z_1)x_2 + (a_{21}x_1 + a_{22}y_1 + a_{23}z_1)y_2 \\ &\qquad + (a_{31}x_1 + a_{32}y_1 + a_{33}z_1)z_2 \\ &= x_1(a_{11}x_2 + a_{12}y_2 + a_{13}z_2) + y_1(a_{21}x_2 + a_{22}y_2 + a_{23}z_2) \\ &\qquad + z_1(a_{31}x_2 + a_{32}y_2 + a_{33}z_2) \\ &= \boldsymbol{x}_1 \cdot (A\boldsymbol{x}_2) = \boldsymbol{x}_1 \cdot (\lambda_2 \boldsymbol{x}_2) = \lambda_2(\boldsymbol{x}_1 \cdot \boldsymbol{x}_2) \end{aligned}$$

よって　$(\lambda_1 - \lambda_2)(\boldsymbol{x}_1 \cdot \boldsymbol{x}_2) = 0$

したがって $\lambda_1 \neq \lambda_2$ より　$\boldsymbol{x}_1 \cdot \boldsymbol{x}_2 = 0$

同様にして他の固有ベクトルどうしの内積も 0 となる。　終

直交行列 (p. 88) の各列ベクトルは大きさが1で互いに直交するが，大きさが1で互いに直交するベクトルを並べて正方行列をつくると直交行列になることが知られている。よって定理5を用いると次の定理が示せる。

対角化可能（十分条件・対称行列の場合）

定理 3′ n 次対称行列 A が n 個の相異なる固有値 $\lambda_1, \lambda_2, \cdots, \lambda_n$ をもつならば，適当な直交行列 P により A は対角化可能である。

例題 4 対称行列 $A=\begin{pmatrix}1&0&3\\0&1&0\\3&0&1\end{pmatrix}$ に対し，対角化行列 P として直交行列であるものを選び，A を対角化せよ。

解 (I) 固有値を求める。

$$|A-\lambda E|=\left|\begin{pmatrix}1&0&3\\0&1&0\\3&0&1\end{pmatrix}-\lambda\begin{pmatrix}1&0&0\\0&1&0\\0&0&1\end{pmatrix}\right|=\begin{vmatrix}1-\lambda&0&3\\0&1-\lambda&0\\3&0&1-\lambda\end{vmatrix}$$

$$=(1-\lambda)\cdot(-1)^{2+2}\begin{vmatrix}1-\lambda&3\\3&1-\lambda\end{vmatrix}=(1-\lambda)\{(1-\lambda)^2-3^2\}$$

$$=-(\lambda-1)(\lambda+2)(\lambda-4)$$

固有方程式 $(\lambda-1)(\lambda+2)(\lambda-4)=0$ より，固有値は $\lambda=-2,\ 1,\ 4$

(II) (i) $\lambda=-2$ に属する固有ベクトルを求める。

$$\begin{pmatrix}1&0&3\\0&1&0\\3&0&1\end{pmatrix}\begin{pmatrix}x\\y\\z\end{pmatrix}=-2\begin{pmatrix}x\\y\\z\end{pmatrix} \quad \text{より} \quad \begin{cases}3x+3z=0\\3y=0\\3x+3z=0\end{cases}$$

これを解くと

$$\begin{cases}x+z=0\\y=0\end{cases} \quad \text{であり} \quad \begin{pmatrix}x\\y\\z\end{pmatrix}=\begin{pmatrix}-\alpha\\0\\\alpha\end{pmatrix}$$

(ii) $\lambda=1$ に属する固有ベクトルを求めると

$$\begin{pmatrix}1&0&3\\0&1&0\\3&0&1\end{pmatrix}\begin{pmatrix}x\\y\\z\end{pmatrix}=1\begin{pmatrix}x\\y\\z\end{pmatrix} \quad \text{より} \quad \begin{cases}3z=0\\3x=0\end{cases} \quad \text{であり} \quad \begin{pmatrix}x\\y\\z\end{pmatrix}=\begin{pmatrix}0\\\beta\\0\end{pmatrix}$$

(iii) $\lambda=4$ に属する固有ベクトルを求めると

$$\begin{pmatrix}1&0&3\\0&1&0\\3&0&1\end{pmatrix}\begin{pmatrix}x\\y\\z\end{pmatrix}=4\begin{pmatrix}x\\y\\z\end{pmatrix} \quad \text{より} \quad \begin{cases}x-z=0\\ y=0\end{cases} \quad \text{であり} \quad \begin{pmatrix}x\\y\\z\end{pmatrix}=\begin{pmatrix}\gamma\\0\\\gamma\end{pmatrix}$$

(ここで，α，β，γ は 0 以外の任意数)

(Ⅲ) とくに $\alpha=1$ としたとき(i)の固有ベクトルは大きさが $\sqrt{2}$ となるので $\boldsymbol{x}_1=\dfrac{1}{\sqrt{2}}\begin{pmatrix}-1\\0\\1\end{pmatrix}$ とする。同様に，$\boldsymbol{x}_2=\begin{pmatrix}0\\1\\0\end{pmatrix}$，$\boldsymbol{x}_3=\dfrac{1}{\sqrt{2}}\begin{pmatrix}1\\0\\1\end{pmatrix}$ とすると，これらはそれぞれ λ_1，λ_2，λ_3 に属する大きさ 1 の固有ベクトルである。

また，$\boldsymbol{x}_1$，$\boldsymbol{x}_2$，$\boldsymbol{x}_3$ が互いに直交することは定理 5 より保証されている。したがって $P=(\boldsymbol{x}_1\ \ \boldsymbol{x}_2\ \ \boldsymbol{x}_3)$ とおくとこれは直交行列である。つまり ${}^tPP=E$ となる。A は次のように対角化される。

$$P=\begin{pmatrix}-\frac{1}{\sqrt{2}}&0&\frac{1}{\sqrt{2}}\\0&1&0\\\frac{1}{\sqrt{2}}&0&\frac{1}{\sqrt{2}}\end{pmatrix} \quad \text{により} \quad P^{-1}AP={}^tPAP=\begin{pmatrix}-2&0&0\\0&1&0\\0&0&4\end{pmatrix}$$

練習6 次の対称行列に対し，対角化行列 P として直交行列であるものを選び対角化せよ。

(1) $\begin{pmatrix}2&1\\1&2\end{pmatrix}$ (2) $\begin{pmatrix}1&1&0\\1&0&1\\0&1&1\end{pmatrix}$ (3) $\begin{pmatrix}1&2&0\\2&2&2\\0&2&3\end{pmatrix}$

一般には固有方程式が k 重解 $(k\geqq 2)$ をもつとき対角化できるかどうかわからないが，n 次正方行列 A が対称行列のときには，k 重解となる固有方程式の解に属する固有ベクトルの中から，互いに直交し，かつそれぞれの大きさが 1 であるものを k 個選ぶことができる。そのような例を次のページで与える。

対角化可能（対称行列の場合）

定理 6　n 次対称行列 A は適当な直交行列 P により対角化可能である。

すなわち A の固有値を λ_1, λ_2, …, λ_n とするとき，それらに重複があるなしにかかわらず，それぞれに属する固有ベクトル $\boldsymbol{x}_1$, $\boldsymbol{x}_2$, …, $\boldsymbol{x}_n$ を，互いに直交しそれぞれの大きさが 1 であるようにとれて，$P=(\boldsymbol{x}_1\ \ \boldsymbol{x}_2\ \ \cdots\ \ \boldsymbol{x}_n)$ とすると

$$P^{-1}AP={}^tPAP=\begin{pmatrix}\lambda_1 & 0 & \cdots & 0\\ 0 & \lambda_2 & \cdots & 0\\ \vdots & & \ddots & \\ 0 & 0 & \cdots & \lambda_n\end{pmatrix}\quad\text{（対角成分以外はすべて 0）}$$

例題 5　対称行列 $A=\begin{pmatrix}1 & -1 & 1\\ -1 & 1 & 1\\ 1 & 1 & 1\end{pmatrix}$ に対し，対角化行列として直交行列であるものを選び，A を対角化せよ。

解　(I)　固有値を求める。固有方程式は

$$|A-\lambda E|=\begin{vmatrix}1-\lambda & -1 & 1\\ -1 & 1-\lambda & 1\\ 1 & 1 & 1-\lambda\end{vmatrix}=\begin{vmatrix}1-\lambda & -1 & 1\\ -2+\lambda & 2-\lambda & 0\\ 1 & 1 & 1-\lambda\end{vmatrix}$$

$$=(2-\lambda)\begin{vmatrix}1-\lambda & -1 & 1\\ -1 & 1 & 0\\ 1 & 1 & 1-\lambda\end{vmatrix}=(2-\lambda)\begin{vmatrix}-\lambda & -1 & 1\\ 0 & 1 & 0\\ 2 & 1 & 1-\lambda\end{vmatrix}$$

$$=(2-\lambda)\cdot(-1)^{2+2}\begin{vmatrix}-\lambda & 1\\ 2 & 1-\lambda\end{vmatrix}=(2-\lambda)\{(-\lambda)(1-\lambda)-1\cdot 2\}$$

$$=(2-\lambda)(\lambda^2-\lambda-2)=-(\lambda-2)^2(\lambda+1)=0$$

よって　$\lambda=-1$，2（重解）が固有値である。

(II)　$\lambda=-1$，2 に属する固有ベクトルをそれぞれ求めると

$$\begin{pmatrix}1 & -1 & 1\\ -1 & 1 & 1\\ 1 & 1 & 1\end{pmatrix}\begin{pmatrix}x\\ y\\ z\end{pmatrix}=(-1)\begin{pmatrix}x\\ y\\ z\end{pmatrix}\quad\text{より}\quad\begin{cases}2x-y+z=0\\ -x+2y+z=0\\ x+y+2z=0\end{cases}$$

これを解くと $\begin{cases}x+z=0\\ y+z=0\end{cases}$ より $z=\alpha$ とおいて $\begin{pmatrix}x\\ y\\ z\end{pmatrix}=\begin{pmatrix}-\alpha\\ -\alpha\\ \alpha\end{pmatrix}$

$$\begin{pmatrix} 1 & -1 & 1 \\ -1 & 1 & 1 \\ 1 & 1 & 1 \end{pmatrix}\begin{pmatrix} x \\ y \\ z \end{pmatrix}=2\begin{pmatrix} x \\ y \\ z \end{pmatrix} \text{ つまり } x+y-z=0$$

$x=-y+z$ より $y=\beta$，$z=\gamma$ とおくと $\begin{pmatrix} x \\ y \\ z \end{pmatrix}=\begin{pmatrix} -\beta+\gamma \\ \beta \\ \gamma \end{pmatrix}$

（ここで，α は0以外の任意数；β，γ は同時に0でない任意数）

(Ⅲ) 大きさが1で互いに直交する3つの固有ベクトルを求める。

(Ⅱ)で $\alpha=1$，$\beta=\gamma=1$ とすると，大きさがそれぞれ $\sqrt{3}$，$\sqrt{2}$ なので

$\boldsymbol{x}_1=\dfrac{1}{\sqrt{3}}\begin{pmatrix} -1 \\ -1 \\ 1 \end{pmatrix}$，$\boldsymbol{x}_2=\dfrac{1}{\sqrt{2}}\begin{pmatrix} 0 \\ 1 \\ 1 \end{pmatrix}$ とする。

さらに $\lambda=2$ に属して $\boldsymbol{x}_2$ と直交する固有ベクトル $\boldsymbol{x}_3$ を求める。

$\boldsymbol{x}_2\cdot\boldsymbol{x}_3=\dfrac{1}{\sqrt{2}}\begin{pmatrix} 0 \\ 1 \\ 1 \end{pmatrix}\cdot\begin{pmatrix} -\beta+\gamma \\ \beta \\ \gamma \end{pmatrix}=\dfrac{1}{\sqrt{2}}(\beta+\gamma)=0$ を満たせばよい。

ここで $\beta=1$，$\gamma=-1$ とおけば $\boldsymbol{x}_3$ の大きさは $\sqrt{6}$ であるから，改めて $\boldsymbol{x}_3=\dfrac{1}{\sqrt{6}}\begin{pmatrix} -2 \\ 1 \\ -1 \end{pmatrix}$ とおくと，これは大きさ1で $\boldsymbol{x}_2$ に直交している。

また，異なる固有値に属する固有ベクトルは直交する（定理5）ので $\boldsymbol{x}_1$ は $\boldsymbol{x}_2$，$\boldsymbol{x}_3$ と直交する。

以上より，$\boldsymbol{x}_1$，$\boldsymbol{x}_2$，$\boldsymbol{x}_3$ は互いに直交する大きさ1のベクトルであるから，$P=(\boldsymbol{x}_1\ \ \boldsymbol{x}_2\ \ \boldsymbol{x}_3)$ は直交行列で

$${}^tPAP=\begin{pmatrix} -1 & 0 & 0 \\ 0 & 2 & 0 \\ 0 & 0 & 2 \end{pmatrix} \text{ ただし，} P=\begin{pmatrix} -\frac{1}{\sqrt{3}} & 0 & -\frac{2}{\sqrt{6}} \\ -\frac{1}{\sqrt{3}} & \frac{1}{\sqrt{2}} & \frac{1}{\sqrt{6}} \\ \frac{1}{\sqrt{3}} & \frac{1}{\sqrt{2}} & -\frac{1}{\sqrt{6}} \end{pmatrix}$$

練習7 次の対称行列に対し，直交行列 P を選び，P により対角化せよ。

(1) $\begin{pmatrix} 0 & 1 & 1 \\ 1 & 0 & 1 \\ 1 & 1 & 0 \end{pmatrix}$　(2) $\begin{pmatrix} 2 & 1 & 1 \\ 1 & 2 & 1 \\ 1 & 1 & 2 \end{pmatrix}$　(3) $\begin{pmatrix} 2 & -1 & 1 \\ -1 & 2 & -1 \\ 1 & -1 & 2 \end{pmatrix}$

4 対角化の応用

1 行列の n 乗の計算

2章で学んだように，行列のべき乗，つまり A^{10} などの計算は一般には大変であるが，A が対角行列の場合は簡単に求められる（2章1節例題5，p. 84）。そこで，対角化可能な行列 A について，対角化行列 P を利用して対角行列 $P^{-1}AP$ を求め，これを n 乗することで A^n を求めてみよう。

例題 6　$A=\begin{pmatrix}1 & 1\\0 & 2\end{pmatrix}$ のとき A^n を求めよ。

解　A の固有方程式 $|A-\lambda E|=(\lambda-1)(\lambda-2)=0$ より $\lambda=1,\ 2$ が固有値で，それらに属する固有ベクトルは

$\lambda=1$ のとき $\begin{pmatrix}1 & 1\\0 & 2\end{pmatrix}\begin{pmatrix}x\\y\end{pmatrix}=\begin{pmatrix}x\\y\end{pmatrix}$ より $\begin{pmatrix}x\\y\end{pmatrix}=\begin{pmatrix}\alpha\\0\end{pmatrix}$

$\lambda=2$ のとき $\begin{pmatrix}1 & 1\\0 & 2\end{pmatrix}\begin{pmatrix}x\\y\end{pmatrix}=2\begin{pmatrix}x\\y\end{pmatrix}$ より $\begin{pmatrix}x\\y\end{pmatrix}=\begin{pmatrix}\beta\\\beta\end{pmatrix}$

ここで $\alpha=\beta=1$ としたベクトルを並べて $P=\begin{pmatrix}1 & 1\\0 & 1\end{pmatrix}$ とおくと，

$P^{-1}=\begin{pmatrix}1 & -1\\0 & 1\end{pmatrix}$ であり $P^{-1}AP=\begin{pmatrix}1 & 0\\0 & 2\end{pmatrix}$ と対角化できる。

$$(P^{-1}AP)^n=\underbrace{(P^{-1}AP)(P^{-1}AP)\cdots\cdots(P^{-1}AP)}_{n\text{ 個}}=P^{-1}A^nP$$

$\begin{pmatrix}1 & 0\\0 & 2\end{pmatrix}^n=\begin{pmatrix}1 & 0\\0 & 2^n\end{pmatrix}$ であるから　$P^{-1}A^nP=\begin{pmatrix}1 & 0\\0 & 2^n\end{pmatrix}$ となり，両辺に左から P，右から P^{-1} を掛けると

$$A^n=P\begin{pmatrix}1 & 0\\0 & 2^n\end{pmatrix}P^{-1}=\begin{pmatrix}1 & -1+2^n\\0 & 2^n\end{pmatrix}$$

練習 8　次の行列を A とするとき A^n を求めよ。

(1) $\begin{pmatrix}2 & -3\\-1 & 4\end{pmatrix}$　　(2) $\begin{pmatrix}2 & 1\\1 & 2\end{pmatrix}$

2 2次形式の標準形

xy 平面上の曲線で，次の形の方程式で表される曲線を **2次曲線** という。

$$ax^2+by^2+cxy+ex+fy=g \quad (a,\ b,\ c,\ e,\ f,\ g \text{ は実数})$$

とくにp. 159，160 では

$$ax^2+by^2+cxy=g \quad \cdots\cdots ①$$

の形で表される2次曲線を，与えられた角度だけ回転させて

$$a'x^2+b'y^2=g' \quad \cdots\cdots ②$$

の形で表される2次曲線を求めた。

以下ではもう少し一般的に，①の形で表される2次曲線について，どのような1次変換を用いれば②の形で表される2次曲線が得られるかについて考える。

ここで①の左辺の形の式を変数 x，y に関する **2次形式** という。その中でもとくに②の左辺の形の式を変数 x，y に関する **2次形式の標準形** という。

式変形が容易なように，2次形式を改めて ax^2+by^2+2hxy で表し，$F(x,\ y)$ とおく。これを標準形に変形してみよう。まずは行列で表すと

$$\begin{aligned} F(x,\ y) &= ax^2+by^2+2hxy = ax^2+hyx+hxy+by^2 \quad \cdots\cdots ③ \\ &= (ax+hy)x+(hx+by)y \\ &= (ax+hy \quad hx+by)\begin{pmatrix} x \\ y \end{pmatrix} = (x \quad y)\begin{pmatrix} a & h \\ h & b \end{pmatrix}\begin{pmatrix} x \\ y \end{pmatrix} \end{aligned}$$

ここで $A=\begin{pmatrix} a & h \\ h & b \end{pmatrix}$，$\boldsymbol{x}=\begin{pmatrix} x \\ y \end{pmatrix}$ とおくと　$F(x,\ y)={}^t\boldsymbol{x}A\boldsymbol{x}$ $\cdots\cdots ④$

一方，A は対称行列なので適当な直交行列 P により対角化可能であり(p. 186)，A の固有値を λ，μ として ${}^tPAP=\begin{pmatrix} \lambda & 0 \\ 0 & \mu \end{pmatrix}$ である。両辺の左から $({}^tP)^{-1}$，右から P^{-1} を掛けると　$A=({}^tP)^{-1}\begin{pmatrix} \lambda & 0 \\ 0 & \mu \end{pmatrix}P^{-1}=P\begin{pmatrix} \lambda & 0 \\ 0 & \mu \end{pmatrix}{}^tP$ $\cdots\cdots ⑤$

← 直交行列 P は ${}^tP=P^{-1}$ (p. 88)

④に代入して　$F(x,\ y)={}^t\boldsymbol{x}P\begin{pmatrix} \lambda & 0 \\ 0 & \mu \end{pmatrix}{}^tP\boldsymbol{x}={}^t({}^tP\boldsymbol{x})\begin{pmatrix} \lambda & 0 \\ 0 & \mu \end{pmatrix}({}^tP\boldsymbol{x})$ $\cdots\cdots ⑥$

← 転置行列の性質 (p. 85)

ここで ${}^tP\boldsymbol{x}=\boldsymbol{x}'=\begin{pmatrix} x' \\ y' \end{pmatrix}$ とおくと（つまり $\boldsymbol{x}$ を ${}^tP$ で変換すると）

$$F(x,\ y)={}^t\boldsymbol{x}'\begin{pmatrix} \lambda & 0 \\ 0 & \mu \end{pmatrix}\boldsymbol{x}'=(x' \quad y')\begin{pmatrix} \lambda & 0 \\ 0 & \mu \end{pmatrix}\begin{pmatrix} x' \\ y' \end{pmatrix}=\lambda x'^2+\mu y'^2 \quad \cdots\cdots ⑦$$

↑ 2次形式の標準形

例5 前ページの③から⑦にしたがって次の2次形式を標準形に変形してみよう。

$$F(x,\ y)=3x^2+2xy+3y^2 \qquad \cdots\cdots ③'$$

③から④を求めた方法により $F(x,\ y)=(x\ \ y)\begin{pmatrix}3&1\\1&3\end{pmatrix}\begin{pmatrix}x\\y\end{pmatrix}$ ……④′

ここで $A=\begin{pmatrix}3&1\\1&3\end{pmatrix}$ の固有値は，固有方程式

$$\left|\begin{pmatrix}3&1\\1&3\end{pmatrix}-\lambda\begin{pmatrix}1&0\\0&1\end{pmatrix}\right|=(3-\lambda)^2-1^2=0 \qquad \leftarrow |A-\lambda E|=0$$

より $\lambda=4,\ 2$ であり，それぞれに属する固有ベクトルを求めると

$$\begin{pmatrix}\alpha\\\alpha\end{pmatrix},\ \begin{pmatrix}-\beta\\\beta\end{pmatrix} \quad (\alpha,\ \beta は0以外の任意数)$$

$\alpha=\dfrac{1}{\sqrt{2}},\ \beta=\dfrac{1}{\sqrt{2}}$ としたものを並べて A の対角化行列 P をつくると

(p. 185) $P=\dfrac{1}{\sqrt{2}}\begin{pmatrix}1&-1\\1&1\end{pmatrix}$ であり，これを用いると④から⑤を求めた方法によって次の式を得る。

$$\begin{pmatrix}3&1\\1&3\end{pmatrix}=\begin{pmatrix}\frac{1}{\sqrt{2}}&\frac{-1}{\sqrt{2}}\\\frac{1}{\sqrt{2}}&\frac{1}{\sqrt{2}}\end{pmatrix}\begin{pmatrix}4&0\\0&2\end{pmatrix}{}^t\!\begin{pmatrix}\frac{1}{\sqrt{2}}&\frac{-1}{\sqrt{2}}\\\frac{1}{\sqrt{2}}&\frac{1}{\sqrt{2}}\end{pmatrix} \qquad \cdots\cdots ⑤'$$

これを④′に代入すると

$$F(x,\ y)=(x\ \ y)\begin{pmatrix}\frac{1}{\sqrt{2}}&\frac{-1}{\sqrt{2}}\\\frac{1}{\sqrt{2}}&\frac{1}{\sqrt{2}}\end{pmatrix}\begin{pmatrix}4&0\\0&2\end{pmatrix}{}^t\!\begin{pmatrix}\frac{1}{\sqrt{2}}&\frac{-1}{\sqrt{2}}\\\frac{1}{\sqrt{2}}&\frac{1}{\sqrt{2}}\end{pmatrix}\begin{pmatrix}x\\y\end{pmatrix} \qquad \cdots\cdots ⑥'$$

ここで ${}^t\!\begin{pmatrix}\frac{1}{\sqrt{2}}&\frac{-1}{\sqrt{2}}\\\frac{1}{\sqrt{2}}&\frac{1}{\sqrt{2}}\end{pmatrix}\begin{pmatrix}x\\y\end{pmatrix}=\begin{pmatrix}\frac{1}{\sqrt{2}}&\frac{1}{\sqrt{2}}\\\frac{-1}{\sqrt{2}}&\frac{1}{\sqrt{2}}\end{pmatrix}\begin{pmatrix}x\\y\end{pmatrix}=\begin{pmatrix}x'\\y'\end{pmatrix}$ とおくと

$$F(x,\ y)=(x'\ \ y')\begin{pmatrix}4&0\\0&2\end{pmatrix}\begin{pmatrix}x'\\y'\end{pmatrix}=4x'^2+2y'^2 \qquad \cdots\cdots ⑦'$$

例題 7　(1)　2次形式 x^2+xy+y^2 を標準形に直せ。

(2)　2次曲線 $C: x^2+xy+y^2=6$ はどんな図形かを調べよ。

解

(1)　与式 $=(x \quad y)\begin{pmatrix} 1 & \frac{1}{2} \\ \frac{1}{2} & 1 \end{pmatrix}\begin{pmatrix} x \\ y \end{pmatrix} = {}^t\boldsymbol{x}A\boldsymbol{x}$　……①

とおく。A の固有値は $|A-\lambda E|=(\lambda-1)^2-\frac{1}{4}=0$ より $\lambda=\frac{1}{2},\ \frac{3}{2}$

それぞれに属する固有ベクトル $\begin{pmatrix} \alpha \\ -\alpha \end{pmatrix}$，$\begin{pmatrix} \beta \\ \beta \end{pmatrix}$ で $\alpha=\frac{1}{\sqrt{2}}$，$\beta=\frac{1}{\sqrt{2}}$

としたものをそれぞれ $\boldsymbol{x}_1$，$\boldsymbol{x}_2$ とすると $P=(\boldsymbol{x}_1 \quad \boldsymbol{x}_2)$ は直交行列で

$${}^tPAP=\begin{pmatrix} \frac{1}{2} & 0 \\ 0 & \frac{3}{2} \end{pmatrix} \quad \text{すなわち} \quad A=P\begin{pmatrix} \frac{1}{2} & 0 \\ 0 & \frac{3}{2} \end{pmatrix}{}^tP$$

これを①に代入し，${}^tP\boldsymbol{x}=\boldsymbol{x}'$ とおくと，

$$\text{与式}={}^t({}^tP\boldsymbol{x})\begin{pmatrix} \frac{1}{2} & 0 \\ 0 & \frac{3}{2} \end{pmatrix}{}^tP\boldsymbol{x}={}^t\boldsymbol{x}'\begin{pmatrix} \frac{1}{2} & 0 \\ 0 & \frac{3}{2} \end{pmatrix}\boldsymbol{x}'=\frac{1}{2}x'^2+\frac{3}{2}y'^2$$

(2)　(1)より，C は ${}^tP$ の表す1次変換で $C': \frac{1}{2}x'^2+\frac{3}{2}y'^2=6$ に移る。

${}^tP=\frac{1}{\sqrt{2}}\begin{pmatrix} 1 & -1 \\ 1 & 1 \end{pmatrix}=\begin{pmatrix} \cos\frac{\pi}{4} & -\sin\frac{\pi}{4} \\ \sin\frac{\pi}{4} & \cos\frac{\pi}{4} \end{pmatrix}$ は原点のまわりの $\frac{\pi}{4}$ 回転

を表すから，曲線 C' すなわち $x'^2+3y'^2=12$ (p. 160 図の黒色楕円) を原点のまわりに $-\frac{\pi}{4}$ 回転した曲線が C である (p. 160 図の青色楕円)。

注意　$P=(\boldsymbol{x}_2,\ \boldsymbol{x}_1)$ なら $\frac{\pi}{4}$ 回転の1次変換を表すので C' は $3x'^2+y'^2=12$

練習 9　次の2次曲線はどんな図形であるかを調べよ。

(1)　$5x^2-2xy+5y^2=12$　　　(2)　$5x^2-6xy+5y^2=8$

節末問題

1. $A=\begin{pmatrix}1+a & -a & a\\ 0 & 1 & -1\\ 0 & -1 & 1\end{pmatrix}$ の固有値，固有ベクトルを求めよ。また，対角化可能な場合については対角化を行え。

2. A を n 次正方行列，P を n 次正則行列とするとき，A と $P^{-1}AP$ の固有値が一致することを示せ。

3. $A=\begin{pmatrix}0 & 2\\ 2 & 3\end{pmatrix}$ と $B=\begin{pmatrix}-1 & 2\\ 2 & 2\end{pmatrix}$ について，次の問いに答えよ。

(1) $AB=BA$ が成り立つことを示せ。

(2) $P^{-1}AP$ が対角行列になるような P に対して $P^{-1}BP$ を求めよ。

4. $A=\begin{pmatrix}a & b\\ b & d\end{pmatrix}$ に対して $\begin{cases}a+d>0\\ ad-b^2>0\end{cases}$ が成り立つとき，A の固有値がすべて正であることを示せ。

5. 直交行列の固有値は 1 または -1 であることを示せ。

6. 次の 2 次曲線を原点中心に何度回転すれば 3 つの方程式 $y^2=4px$，$\dfrac{x^2}{a^2}+\dfrac{y^2}{b^2}=1$，$\dfrac{x^2}{a^2}-\dfrac{y^2}{b^2}=1$ のいずれかの形にできるかを答えよ。

ただし，回転角 θ は $-\dfrac{\pi}{2}\leqq\theta\leqq\dfrac{\pi}{2}$ とする。

(1) $xy=1$

(2) $13x^2-6\sqrt{3}\,xy+7y^2=16$

7. $A=\begin{pmatrix}0 & 1 & 0\\ 0 & 0 & 1\\ 0 & 2 & -1\end{pmatrix}$ のとき A^n を求めよ。

研究 正方行列の三角化およびジョルダン標準形化

p. 182 でまとめたように，実数成分をもつ n 次正方行列 A は固有方程式が n 個の実数解をもつときでも，それらに重複があれば対角化できるとは限らない。しかし，次のことは示せる。

三角化

定理 1　A を n 次正方行列とし，その固有値 λ_1，λ_2，…，λ_n（重複していてもよい）がすべて実数であるとする。このとき適当な正則行列 P をとれば，

$$P^{-1}AP=\begin{pmatrix}\lambda_1 & & * \\ & \ddots & \\ 0 & & \lambda_n\end{pmatrix}$$

とできる。ただし，$*$ は対角成分の右上の成分が P によって定まる成分であること，0 は対角成分の左下の成分がすべて 0 であることを意味する。

この変形ができることを，A は P により三角化できるという。さらに，より詳しい次のジョルダン標準形という形に変形することを考えよう。

ジョルダン標準形　自然数 r と実数 λ に対して次の r 次正方行列を考える。

$$J_r(\lambda)=\begin{cases}\begin{pmatrix}\lambda & 1 & 0 & \cdots & 0 \\ 0 & \lambda & 1 & \ddots & \vdots \\ 0 & 0 & \lambda & \ddots & 0 \\ \vdots & & \ddots & \ddots & 1 \\ 0 & 0 & \cdots & 0 & \lambda\end{pmatrix} & (r \geqq 2 \text{ のとき}) \\ (\lambda) & (r=1 \text{ のとき})\end{cases}$$

この r 次正方行列 $J_r(\lambda)$ を **r 次ジョルダン細胞** という。たとえば

$$J_2(\lambda)=\begin{pmatrix}\lambda & 1 \\ 0 & \lambda\end{pmatrix},\quad J_3(\lambda)=\begin{pmatrix}\lambda & 1 & 0 \\ 0 & \lambda & 1 \\ 0 & 0 & \lambda\end{pmatrix}$$

である。いくつかのジョルダン細胞を対角線状に並べた n 次正方行列を n 次の **ジョルダン標準形** という。つまり次の形の行列である。

$$\begin{pmatrix}J_{r_1}(\lambda_1) & & & \\ & J_{r_2}(\lambda_2) & & \\ & & \ddots & \\ & & & J_{r_m}(\lambda_m)\end{pmatrix}$$

ただし，$n=r_1+r_2+\cdots+r_m$ であり
λ_1，λ_2，…，λ_m は重複していてもよい。
（空白部分の成分はすべて 0）

たとえば，$n=5$ のとき $\begin{pmatrix} \lambda_1 & 1 & & & \\ 0 & \lambda_1 & & & \\ & & \lambda_2 & & \\ & & & \lambda_2 & 1 \\ & & & 0 & \lambda_2 \end{pmatrix}$

はジョルダン行列の1つである。これは3つのジョルダン細胞からなり，$r_1=2$，$r_2=1$，$r_3=2$ となっている例である（空白部分の成分はすべて0）。

ジョルダン標準形については次のことが知られている。

ジョルダン標準形化

定理2　実数成分の n 次正方行列 A に対し，その固有多項式が実数係数の1次の因数の積に因数分解できるならば，適当な n 次正則行列 P により，$P^{-1}AP$ がジョルダン標準形になる。

以下では，対角化不可能であったp. 182練習5の(1)と(3)の正方行列について三角化とジョルダン標準形化ができることをそれぞれ確かめてみよう。ここで示す方法は他の正方行列にも適用できる一般的な方法である。

例題　$A=\begin{pmatrix} 3 & -1 \\ 1 & 1 \end{pmatrix}$ を三角化せよ。また，ジョルダン標準形を求めよ。またそのときに使った変換行列 P をそれぞれ示せ。

解　A の固有値は $\lambda=2$（重解），固有ベクトルは $\boldsymbol{x}_1=\begin{pmatrix} 1 \\ 1 \end{pmatrix}$ を選ぶ。

［三角化］　$P^{-1}AP$ が三角行列になるような P をつくるには，第1列は $\boldsymbol{x}_1$ とし第2列は P が正則になるものを選んで $\boldsymbol{x}_1'$ とすればよい。それには $\boldsymbol{x}_1$ と $\boldsymbol{x}_1'$ が1次独立であるように $\boldsymbol{x}_1'$ を選べばよいから，たとえば $\boldsymbol{x}_1'=\begin{pmatrix} 0 \\ 1 \end{pmatrix}$ とおく。よって $P=\begin{pmatrix} 1 & 0 \\ 1 & 1 \end{pmatrix}$ となり $P^{-1}=\begin{pmatrix} 1 & 0 \\ -1 & 1 \end{pmatrix}$ なので

$$P^{-1}AP=\begin{pmatrix} 1 & 0 \\ -1 & 1 \end{pmatrix}\begin{pmatrix} 3 & -1 \\ 1 & 1 \end{pmatrix}\begin{pmatrix} 1 & 0 \\ 1 & 1 \end{pmatrix}=\begin{pmatrix} 2 & -1 \\ 0 & 2 \end{pmatrix}$$

と三角化される。

［ジョルダン標準形化］ $P^{-1}AP$ がジョルダン行列になるように，

$$P^{-1}AP=\begin{pmatrix}2&1\\0&2\end{pmatrix} \quad\cdots\cdots①$$

となる P をつくればよい。なぜなら，A と $P^{-1}AP$ の固有方程式は同じ（p. 192 節末問題 2）なので，ともに $(\lambda-2)^2=0$ であり，$P^{-1}AP$ の対角成分は 2，2 となる。またジョルダン標準形になるには (1，2) 成分，(2，1) 成分がそれぞれ 1，0 でないといけないことに注意しよう。

P の第 1 列として固有ベクトル $\boldsymbol{x}_1$ を選ぶと $P^{-1}AP$ の第 1 列は，固有値 2 を第 1 成分とする $\begin{pmatrix}2\\0\end{pmatrix}$ になるので，$P=(\boldsymbol{x}_1\ \ \boldsymbol{x}_1{}')$ とおき，$\boldsymbol{x}_1{}'$ を求めることにする。いま，①の両辺に左から P を掛けると

$$A(\boldsymbol{x}_1\ \ \boldsymbol{x}_1{}')=(\boldsymbol{x}_1\ \ \boldsymbol{x}_1{}')\begin{pmatrix}2&1\\0&2\end{pmatrix} \quad\cdots\cdots②$$

となる。②の第 1 列，第 2 列はそれぞれ

$$A\boldsymbol{x}_1=(\boldsymbol{x}_1\ \ \boldsymbol{x}_1{}')\begin{pmatrix}2\\0\end{pmatrix}=2\boldsymbol{x}_1$$ ← $\boldsymbol{x}_1$ が固有ベクトルであることを確認できた

$$A\boldsymbol{x}_1{}'=(\boldsymbol{x}_1\ \ \boldsymbol{x}_1{}')\begin{pmatrix}1\\2\end{pmatrix}=\boldsymbol{x}_1+2\boldsymbol{x}_1{}' \quad\cdots\cdots③$$

である。ここで③は $A\boldsymbol{x}_1{}'-2\boldsymbol{x}_1{}'=\boldsymbol{x}_1$，つまり $(A-2E)\boldsymbol{x}_1{}'=\boldsymbol{x}_1$ と変形できる。ゆえに，$\boldsymbol{x}_1{}'=\begin{pmatrix}x'\\y'\end{pmatrix}$ とおくと

$$\left(\begin{pmatrix}3&-1\\1&1\end{pmatrix}-\begin{pmatrix}2&0\\0&2\end{pmatrix}\right)\begin{pmatrix}x'\\y'\end{pmatrix}=\begin{pmatrix}1\\1\end{pmatrix} \quad \text{より} \quad \begin{cases}x'-y'=1\\x'-y'=1\end{cases}$$

となる。よって，たとえば，$x'=1$，$y'=0$ とすればよい。

すなわち $P=(\boldsymbol{x}_1\ \ \boldsymbol{x}_1{}')=\begin{pmatrix}1&1\\1&0\end{pmatrix}$ により

$$P^{-1}AP=\begin{pmatrix}0&1\\1&-1\end{pmatrix}\begin{pmatrix}3&-1\\1&1\end{pmatrix}\begin{pmatrix}1&1\\1&0\end{pmatrix}=\begin{pmatrix}2&1\\0&2\end{pmatrix}$$

とジョルダン標準形を得る。この行列は 1 つの 2 次ジョルダン細胞 $J_2(2)$ だけからなる 2 次ジョルダン標準形で，$J_2(2)$ は A の固有値 $\lambda=2$（重解）に対応するジョルダン細胞である。

例題 $\begin{pmatrix} -2 & 2 & 1 \\ -2 & 1 & 2 \\ -1 & 2 & 0 \end{pmatrix}$ を三角化せよ。また，ジョルダン標準形を求めよ。またそのときに使った変換行列 P をそれぞれ示せ。

解 A の固有値は $\lambda=1,\ -1$ (重解)，それぞれの固有ベクトルとして

$\boldsymbol{x}_1=\begin{pmatrix} 1 \\ 1 \\ 1 \end{pmatrix}$，$\boldsymbol{x}_2=\begin{pmatrix} 1 \\ 0 \\ 1 \end{pmatrix}$ を選ぶ。

［三角化］ $P^{-1}AP$ が三角行列になるような P をつくるには，第1列，第2列をそれぞれ $\boldsymbol{x}_1$，$\boldsymbol{x}_2$ とし，第3列は P が正則になるものを選んで $\boldsymbol{x}_2'$ とすればよい。それには $\boldsymbol{x}_1$，$\boldsymbol{x}_2$，$\boldsymbol{x}_2'$ が1次独立であるように $\boldsymbol{x}_2'$ を選べばよいから，たとえば $\boldsymbol{x}_2'=\begin{pmatrix} 1 \\ 0 \\ 0 \end{pmatrix}$ として $P=\begin{pmatrix} 1 & 1 & 1 \\ 1 & 0 & 0 \\ 1 & 1 & 0 \end{pmatrix}$ とおくと $|P|=1\neq 0$ であり P は正則となる。この P を使うと

$$P^{-1}AP=\begin{pmatrix} 0 & 1 & 0 \\ 0 & -1 & 1 \\ 1 & 0 & -1 \end{pmatrix}\begin{pmatrix} -2 & 2 & 1 \\ -2 & 1 & 2 \\ -1 & 2 & 0 \end{pmatrix}\begin{pmatrix} 1 & 1 & 1 \\ 1 & 0 & 0 \\ 1 & 1 & 0 \end{pmatrix}=\begin{pmatrix} 1 & 0 & -2 \\ 0 & -1 & 1 \\ 0 & 0 & -1 \end{pmatrix}$$

と三角化される。

［ジョルダン標準形化］ $P^{-1}AP$ がジョルダン標準形となるには

$$P^{-1}AP=\begin{pmatrix} 1 & 0 & 0 \\ 0 & -1 & 1 \\ 0 & 0 & -1 \end{pmatrix} \quad \cdots\cdots①'$$

となる P をつくればよい。これは，2つのジョルダン細胞からなり，$r_1=1$，$r_2=2$ となっている例である。P と $P^{-1}AP$ の固有方程式は同じなので，①′ の対角成分は，重複を含めて固有値が並ばなければいけない。

P の第1列，第2列としてそれぞれ固有ベクトル $\boldsymbol{x}_1$，$\boldsymbol{x}_2$ を選ぶと，$P^{-1}AP$ の第1列，第2列はそれぞれ固有値1，-1 を成分にもつ

$\begin{pmatrix} 1 \\ 0 \\ 0 \end{pmatrix}$，$\begin{pmatrix} 0 \\ -1 \\ 0 \end{pmatrix}$ になることがわかるので $P=(\boldsymbol{x}_1\ \ \boldsymbol{x}_2\ \ \boldsymbol{x}_2')$ とおき $\boldsymbol{x}_2'$

を求めることにする。①′の両辺に左からPを掛けると

$$A(\boldsymbol{x}_1\ \ \boldsymbol{x}_2\ \ \boldsymbol{x}_2{}')=(\boldsymbol{x}_1\ \ \boldsymbol{x}_2\ \ \boldsymbol{x}_2{}')\begin{pmatrix}1&0&0\\0&-1&1\\0&0&-1\end{pmatrix}\quad\cdots\cdots②'$$

より，各列は

$$A\boldsymbol{x}_1=\boldsymbol{x}_1$$

$$A\boldsymbol{x}_2=-\boldsymbol{x}_2$$

$$A\boldsymbol{x}_2{}'=\boldsymbol{x}_2-\boldsymbol{x}_2{}'\quad\cdots\cdots③'$$

である。ここで③′は，$A\boldsymbol{x}_2{}'+\boldsymbol{x}_2{}'=\boldsymbol{x}_2$ より$(A+E)\boldsymbol{x}_2{}'=\boldsymbol{x}_2$ と変形できて

$$\begin{pmatrix}-1&2&1\\-2&2&2\\-1&2&1\end{pmatrix}\begin{pmatrix}x'\\y'\\z'\end{pmatrix}=\begin{pmatrix}1\\0\\1\end{pmatrix}\ \text{つまり}\ \begin{cases}x'-z'=1\\y'=1\end{cases}$$

を得る。よって，たとえば $x'=1$，$y'=1$，$z'=0$ とすればよい。

すなわち $P=(\boldsymbol{x}_1\ \ \boldsymbol{x}_2\ \ \boldsymbol{x}_2{}')=\begin{pmatrix}1&1&1\\1&0&1\\1&1&0\end{pmatrix}$ により

$$P^{-1}AP=\begin{pmatrix}1&0&0\\0&-1&1\\0&0&-1\end{pmatrix}$$

となりジョルダン標準形を得る。この行列は1次ジョルダン細胞$J_1(1)$，2次ジョルダン細胞$J_2(-1)$が並ぶ形になっている。$J_1(1)$，$J_2(-1)$はそれぞれAの固有値1，-1（重解）に対応する。

演習 次の行列のジョルダン標準形を求めよ。またそのときに使った変換行列Pを示せ。

(1) $\begin{pmatrix}4&-1\\1&2\end{pmatrix}$　　(2) $\begin{pmatrix}3&-2&-1\\0&1&0\\1&-1&1\end{pmatrix}$

解答

詳しい解答や図・証明は，弊社 Web サイト（https://www.jikkyo.co.jp）の本書の紹介からダウンロードできます。

1章　ベクトル

1. 平面ベクトル（P.8～36）

練習1　略

練習2　(1)　$-\vec{a}-5\vec{b}$
(2)　$4\vec{a}-7\vec{b}$

練習3　(1)　$\vec{x}=\vec{a}+3\vec{b}$
(2)　$\vec{x}=-3\vec{a}+4\vec{b}$

練習4　(1)　$\overrightarrow{DE}=-\vec{a}$
(2)　$\overrightarrow{BE}=2\vec{b}$
(3)　$\overrightarrow{AD}=2\vec{a}+2\vec{b}$

練習5　(1)　$\pm\frac{1}{5}\overrightarrow{OA}$
(2)　$\pm\frac{1}{13}\left(\overrightarrow{OA}+\overrightarrow{OB}\right)$

練習6　(1)　$(-3,\ 4),\ 5$
(2)　$(8,\ 1),\ \sqrt{65}$
(3)　$(-7,\ 1),\ 5\sqrt{2}$

練習7　(1)　$\overrightarrow{OA}=(3,\ 4)$
$|\overrightarrow{OA}|=5$
(2)　$\overrightarrow{AB}=(-2,\ -6)$
$|\overrightarrow{AB}|=2\sqrt{10}$
(3)　$\overrightarrow{BC}=(-6,\ -2)$
$|\overrightarrow{BC}|=2\sqrt{10}$
(4)　$\overrightarrow{CA}=(8,\ 8)$
$|\overrightarrow{CA}|=8\sqrt{2}$

練習8　$x=5,\ y=2$

練習9　略

練習10　$t=4$

練習11　(1)　$\vec{c}=\vec{a}+2\vec{b}$
(2)　$\vec{d}=3\vec{a}-6\vec{b}$

練習12　(1)　$x=2,\ y=4$
(2)　$x=3,\ y=-1$

練習13　(1)　$x=5,\ y=13$
(2)　$x=-10,\ y=3$

練習14　(1)　$6\sqrt{2}$
(2)　-3

練習15　(1)　2　(2)　-2　(3)　2
(4)　3

練習16　(1)　-2　(2)　4　(3)　-8
(4)　-6　(5)　-6　(6)　8

練習17　(1)　26　(2)　0

練習18　(1)　$\frac{5}{6}\pi$　(2)　$\frac{1}{4}\pi$

練習19　(1)　$\frac{3}{4}\pi$　(2)　$\frac{\pi}{2}$　(3)　$\frac{\pi}{3}$
(4)　$\frac{2}{3}\pi$　(5)　0　(6)　π

練習20　(1)　$x=-\frac{3}{4}$
(2)　$x=\pm2\sqrt{2}$

練習21　$\left(\frac{2}{\sqrt{5}},\ \frac{1}{\sqrt{5}}\right)$ または
$\left(-\frac{2}{\sqrt{5}},\ -\frac{1}{\sqrt{5}}\right)$

練習22　略

練習23　(1)　$\sqrt{21}$　(2)　-24

練習24　(1)　-3　(2)　$\frac{2}{3}\pi$

演習（P.27）

(1)　5　(2)　8

練習25　$\vec{p}=\frac{\vec{a}+2\vec{b}}{3},\ \vec{q}=-2\vec{a}+3\vec{b}$
$P\left(1,\ \frac{10}{3}\right),\ Q(-13,\ 8)$

練習26　$\vec{g}=\frac{\vec{a}+\vec{b}+\vec{c}}{3},\ G(2,\ 3)$

練習27　$\overrightarrow{OP}=\frac{1}{3}\vec{a}+\frac{4}{9}\vec{b}$

練習28　証明略。OL：OM＝2：3

練習29　$\begin{cases} x=-2+4t \\ y=5+3t \end{cases},\ \frac{x+2}{4}=\frac{y-5}{3}$
または $3x-4y+26=0$

練習30　$\begin{cases} x=4+2t \\ y=1-3t \end{cases},\ \frac{x-4}{2}=\frac{y-1}{-3}$
または $3x+2y-14=0$

練習31　$\begin{cases} x=-2+9t \\ y=6-t \end{cases},\ \frac{x+2}{9}=\frac{y-6}{-1}$
または $x+9y-52=0$

練習32　$2x-y-5=0$

練習33　略

練習34　$4x-3y-6=0$
練習35　略

節末問題（P.37）

1. (1) $\overrightarrow{BC}=\vec{a}+\vec{b}$
(2) $\overrightarrow{CE}=-\vec{a}+\vec{b}$
(3) $\overrightarrow{CM}=-\frac{1}{2}\vec{a}+\vec{b}$
(4) $\overrightarrow{AM}=\frac{3}{2}\vec{a}+2\vec{b}$

2. (1) $2\vec{a}+3\vec{b}=(1,\ 4+3x)$
$\vec{a}-2\vec{b}=(-3,\ 2-2x)$
(2) $x=-2$

3. (1) $\overrightarrow{AM}=\vec{b}+\frac{1}{2}\vec{d}$
$\overrightarrow{AN}=\frac{1}{2}\vec{b}+\vec{d}$
$\overrightarrow{MN}=-\frac{1}{2}\vec{b}+\frac{1}{2}\vec{d}$
$\overrightarrow{DM}=\vec{b}-\frac{1}{2}\vec{d}$
(2) $\frac{5}{2}$
(3) $-\frac{9}{4}$

4. (1) $\vec{a}\cdot\vec{b}=\frac{3}{2}$　(2) $\frac{\pi}{3}$

5. 略

6. (1) $\sqrt{5t^2+8t+13}$
(2) 最小値 $\frac{7}{\sqrt{5}}$，$t=-\frac{4}{5}$ のとき
(3) 略

7. $t=\frac{2}{7}$

8. (1) $\overrightarrow{OP}=\frac{2}{9}\vec{a}+\frac{1}{3}\vec{b}$
(2) OP：PQ＝5：4

9. 略

10. 略

2. 空間ベクトル（P.39〜59）

練習1　(1) $3\sqrt{5}$
(2) 7
練習2　(1) 正三角形
(2) BC＝CA，∠C＝90° の直角二等辺三角形
練習3　$\overrightarrow{CE}=-\vec{a}-\vec{b}+\vec{c}$
$\overrightarrow{DF}=\vec{a}-\vec{b}+\vec{c}$
練習4　$\overrightarrow{OP}=\vec{e_1}-2\vec{e_2}+2\vec{e_3}$
$\overrightarrow{OP}=(1,\ -2,\ 2)$
$|\overrightarrow{OP}|=3$
練習5　(1) $(3,\ -5,\ 2)$
(2) $(5,\ -8,\ 1)$
(3) $(0,\ -1,\ 7)$
練習6　$x=2,\ y=-1,\ z=1$
練習7　(1) $\overrightarrow{AB}=(1,\ -1,\ 0)$
$|\overrightarrow{AB}|=\sqrt{2}$
(2) $\overrightarrow{BC}=(1,\ 1,\ -1)$
$|\overrightarrow{BC}|=\sqrt{3}$
(3) $\overrightarrow{CD}=(-2,\ -1,\ 0)$
$|\overrightarrow{CD}|=\sqrt{5}$
練習8　D$(2,\ -4,\ -6)$
練習9　$l=2,\ m=-8$
練習10　同じ向きの単位ベクトルは
$\left(\frac{2}{3},\ \frac{1}{3},\ -\frac{2}{3}\right)$
逆の向きの単位ベクトルは
$\left(-\frac{2}{3},\ -\frac{1}{3},\ \frac{2}{3}\right)$
練習11　$\vec{q}=-5\vec{a}+3\vec{b}+4\vec{c}$
練習12　(1) 1
(2) 0
(3) 1
(4) -1
練習13　(1) 4
(2) 0
練習14　(1) $\vec{a}\cdot\vec{b}=-3$
$\theta=\frac{3}{4}\pi$
(2) $\vec{a}\cdot\vec{b}=0$
$\theta=\frac{\pi}{2}$
練習15　$\left(\frac{1}{\sqrt{2}},\ 0,\ \frac{1}{\sqrt{2}}\right)$ または
$\left(-\frac{1}{\sqrt{2}},\ 0,\ -\frac{1}{\sqrt{2}}\right)$
練習16　略
練習17　(1) $\frac{\vec{a}+2\vec{b}}{3}$，P$(-3,\ 5,\ 3)$
(2) $\frac{\vec{a}+\vec{b}}{2}$，M$(-2,\ 3,\ 4)$

(3) $-\vec{a}+2\vec{b}$, Q$(-11, 21, -5)$

練習18 $\dfrac{\vec{a}+\vec{b}+\vec{c}}{3}$, G$\left(-1, 0, \dfrac{7}{3}\right)$

練習19 略

練習20 略

練習21 (1) $\begin{cases} x=1+2t \\ y=3+t \\ z=-1+3t \end{cases}$

$\dfrac{x-1}{2}=y-3=\dfrac{z+1}{3}$

(2) $\begin{cases} x=3+t \\ y=-7-t \\ z=2+4t \end{cases}$

$x-3=-y-7=\dfrac{z-2}{4}$

練習22 (1) $\begin{cases} x=1+2t \\ y=2-6t \\ z=4-3t \end{cases}$ または

$\begin{cases} x=3+2t \\ y=-4-6t \\ z=1-3t \end{cases}$

$\dfrac{x-1}{2}=\dfrac{y-2}{-6}=\dfrac{z-4}{-3}$ または

$\dfrac{x-3}{2}=\dfrac{y+4}{-6}=\dfrac{z-1}{-3}$

(2) $\begin{cases} x=-2+t \\ y=3t \\ z=5-3t \end{cases}$ または

$\begin{cases} x=-1+t \\ y=3+3t \\ z=2-3t \end{cases}$

$x+2=\dfrac{y}{3}=\dfrac{z-5}{-3}$ または

$x+1=\dfrac{y-3}{3}=\dfrac{z-2}{-3}$

(3) $\begin{cases} x=4-t \\ y=5-4t \\ z=2 \end{cases}$ または

$\begin{cases} x=3-t \\ y=1-4t \\ z=2 \end{cases}$

$x-4=\dfrac{y-5}{4}$, $z=2$ または

$x-3=\dfrac{y-1}{4}$, $z=2$

練習23 (1) $\vec{u_1}=(3, -4, -5)$

(2) $\vec{u_2}=\pm\dfrac{1}{5\sqrt{6}}(1, 7, 10)$

(3) $\theta=\dfrac{\pi}{6}$

練習24 (1) $(2, 3, 5)$

(2) $(1, -2, 4)$

練習25 (1) $x+2y-3z+6=0$

(2) $x+y-2z+3=0$

練習26 (1) $(x-2)^2+(y+3)^2+(z-1)^2=16$

(2) $x^2+y^2+z^2=5$

練習27 (1) $x^2+y^2+z^2=9$

(2) $(x+1)^2+(y-4)^2+(z-2)^2=4$

(3) $(x-3)^2+(y+1)^2+(z-5)^2=2$

節末問題 (P.60)

1. C$(5, 3, 1)$
2. $x=-1$, $y=-10$
3. $\vec{p}=3\vec{a}-4\vec{b}+5\vec{c}$
4. $\vec{a}\cdot\vec{b}=-15$, $\theta=\dfrac{5}{6}\pi$
5. $(1, 2, 2)$, $(-1, -2, -2)$
6. 略
7. 略
8. $x=5$
9. (1) $\dfrac{1}{2}l^2$ (2) 略
   (3) $|\overrightarrow{\mathrm{MN}}|=\dfrac{1}{\sqrt{2}}l$ (4) $\dfrac{\pi}{4}$
10. (1) $\overrightarrow{\mathrm{CA}}=(1, 3, 0)$
    $\overrightarrow{\mathrm{CB}}=(1, -2, \sqrt{5})$
    (2) $\dfrac{2}{3}\pi$
    (3) $\dfrac{5\sqrt{3}}{2}$
11. (1) $(6, 9, 0)$
    (2) $(2, 1, 4)$
12. 略
13. (1) $-2t+2$
    (2) $-1\pm\sqrt{2}$

演習1 (P.62) $\sqrt{5}$

演習2 (p.63) $\sqrt{14}$

2章　行列と連立1次方程式

1. 行列（P.68〜89）

練習1　(1)　4　(2)　−7　(3)　3

練習2　(1)　$a=4$，$b=5$，$c=3$，$d=-1$
(2)　$a=2$，$b=-1$，$c=4$

練習3　(1)　$\begin{pmatrix} -1 & 2 \\ 1 & 5 \end{pmatrix}$
(2)　$\begin{pmatrix} 7 & -6 & -2 \\ 4 & 0 & 8 \end{pmatrix}$

練習4　(1)　$\begin{pmatrix} 1 & 4 \\ -4 & 1 \end{pmatrix}$
(2)　$\begin{pmatrix} 2 & -5 & -4 \\ 1 & 1 & -3 \end{pmatrix}$

練習5　$X=\begin{pmatrix} 3 & -1 \\ -2 & 2 \end{pmatrix}$

練習6　(1)　$\begin{pmatrix} 0 & 5 \\ 5 & 0 \end{pmatrix}$　(2)　$\begin{pmatrix} 1 & -2 \\ 0 & 1 \end{pmatrix}$
(3)　$\begin{pmatrix} -1 & 0 \\ -7 & 1 \end{pmatrix}$
(4)　$\begin{pmatrix} -3 & 11 \\ 10 & -5 \end{pmatrix}$
(5)　$\begin{pmatrix} -3 & 6 \\ -5 & -1 \end{pmatrix}$

練習7　(1)　$X=\begin{pmatrix} 3 & -5 \\ -1 & -3 \end{pmatrix}$
(2)　$X=\begin{pmatrix} 2 & -2 \\ 2 & 2 \end{pmatrix}$，
$Y=\begin{pmatrix} -1 & 2 \\ 1 & 2 \end{pmatrix}$

練習8　(1)　−8　(2)　1

練習9　(1)　$\begin{pmatrix} -6 \\ -4 \end{pmatrix}$　(2)　$\begin{pmatrix} -2 \\ 3 \end{pmatrix}$
(3)　$\begin{pmatrix} 0 \\ 5 \end{pmatrix}$

練習10　(1)　$\begin{pmatrix} 10 & 5 \\ 25 & 10 \end{pmatrix}$
(2)　$\begin{pmatrix} 2 & 10 \\ -12 & 15 \end{pmatrix}$
(3)　$\begin{pmatrix} -14 & 18 \\ 28 & -38 \end{pmatrix}$
(4)　$\begin{pmatrix} 1 & a+b \\ 0 & 1 \end{pmatrix}$

練習11　(1)　$\begin{pmatrix} 3 & 2 & 1 \\ 7 & 5 & 0 \\ 5 & 3 & -2 \end{pmatrix}$
(2)　$\begin{pmatrix} 3 & 1 & 2 \\ 0 & -2 & 1 \\ 3 & -1 & 1 \end{pmatrix}$

練習12　(1)　0　(2)　$(-9 \quad 5)$
(3)　$(1 \quad 4 \quad -5)$　(4)　$\begin{pmatrix} 0 \\ 0 \\ 0 \end{pmatrix}$

練習13　略

練習14　略

練習15　略

練習16　(1)　$A^2=\begin{pmatrix} 15 & 30 \\ 5 & 10 \end{pmatrix}$，
$A^3=\begin{pmatrix} 75 & 150 \\ 25 & 50 \end{pmatrix}$，
$A^4=\begin{pmatrix} 375 & 750 \\ 125 & 250 \end{pmatrix}$
(2)　$A^2=\begin{pmatrix} 2 & -7 \\ 1 & -3 \end{pmatrix}$，　$A^3=\begin{pmatrix} 1 & 0 \\ 0 & 1 \end{pmatrix}$，
$A^4=\begin{pmatrix} -3 & 7 \\ -1 & 2 \end{pmatrix}$
(3)　$A^2=\begin{pmatrix} 4 & 0 \\ 0 & 1 \end{pmatrix}$，　$A^3=\begin{pmatrix} 8 & 0 \\ 0 & -1 \end{pmatrix}$，
$A^4=\begin{pmatrix} 16 & 0 \\ 0 & 1 \end{pmatrix}$

練習17　略

練習18　$c=ab=0$

練習19　(1)　$\dfrac{1}{5}\begin{pmatrix} 1 & 2 \\ -1 & 3 \end{pmatrix}$
(2)　逆行列は存在しない
(3)　$\begin{pmatrix} 4 & -3 \\ 5 & -4 \end{pmatrix}$
(4)　$\begin{pmatrix} \cos\theta & \sin\theta \\ -\sin\theta & \cos\theta \end{pmatrix}$
(5)　$\begin{pmatrix} -a+1 & a^2 \\ 1 & -a-1 \end{pmatrix}$
(6)　$a=-\dfrac{1}{4}$ のとき，逆行列は存在しない
$a \neq -\dfrac{1}{4}$ のとき，逆行列は
$\dfrac{1}{4a+1}\begin{pmatrix} a+1 & -a+2 \\ -a & a+1 \end{pmatrix}$

練習20　(1)　$x=3$，$y=-4$
(2)　$x=1$，$y=-2$

練習21　(1)　$\begin{pmatrix} 3 & -5 \\ -1 & 2 \end{pmatrix}$

(2) $\begin{pmatrix} 1 & -1 \\ -2 & 3 \end{pmatrix}$

(3) $\begin{pmatrix} 13 & -18 \\ -5 & 7 \end{pmatrix}$

(4) $\begin{pmatrix} 4 & -7 \\ -9 & 16 \end{pmatrix}$

練習22 (1) $X=\begin{pmatrix} 2 & -4 \\ -1 & 3 \end{pmatrix}$

(2) $X=\begin{pmatrix} -3 & \frac{5}{2} \\ -6 & 5 \end{pmatrix}$

練習23 $\begin{pmatrix} 3\cdot 2^n-2 & 2^{n+1}-2 \\ -3\cdot 2^n+3 & -2^{n+1}+3 \end{pmatrix}$

練習24 (1) $\begin{pmatrix} 3 & -1 \\ 2 & -4 \end{pmatrix}$ (2) $\begin{pmatrix} 2 & 3 \\ 0 & -1 \\ 1 & 2 \end{pmatrix}$

(3) $\begin{pmatrix} 2 & 3 & 0 \\ 1 & 1 & 2 \\ 4 & 0 & 5 \end{pmatrix}$

(4) $\begin{pmatrix} 4 & -1 & 3 \\ 0 & 1 & -2 \end{pmatrix}$

(5) $(5 \quad 2 \quad -3)$ (6) $\begin{pmatrix} 1 \\ 0 \\ 7 \end{pmatrix}$

練習25 (1) ${}^t(AB)=\begin{pmatrix} 6 & 4 \\ -5 & 0 \end{pmatrix}$,

${}^t(BA)=\begin{pmatrix} 8 & 4 \\ -9 & -2 \end{pmatrix}$,

${}^tA\,{}^tB=\begin{pmatrix} 8 & 4 \\ -9 & -2 \end{pmatrix}$,

${}^tB\,{}^tA=\begin{pmatrix} 6 & 4 \\ -5 & 0 \end{pmatrix}$

(2) ${}^t(AB)=\begin{pmatrix} 6 & 3 \\ 7 & 2 \end{pmatrix}$,

${}^t(BA)=\begin{pmatrix} 3 & 0 & 9 \\ 5 & 2 & 3 \\ 3 & 1 & 3 \end{pmatrix}$,

${}^tA\,{}^tB=\begin{pmatrix} 3 & 0 & 9 \\ 5 & 2 & 3 \\ 3 & 1 & 3 \end{pmatrix}$,

${}^tB\,{}^tA=\begin{pmatrix} 6 & 3 \\ 7 & 2 \end{pmatrix}$

練習26 略

練習27 略

練習28 略

練習29 略

練習30 略

節末問題（P.90）

1. (1) $\begin{pmatrix} 0 & -1 & 9 \\ -5 & 3 & 2 \\ 0 & -5 & 11 \end{pmatrix}$

(2) $\begin{pmatrix} -1 & 1 & -9 \\ -2 & 8 & -15 \\ -1 & 5 & -23 \end{pmatrix}$

(3) $\begin{pmatrix} 1 & -2 & 3 \\ -1 & 8 & -10 \\ 5 & 11 & 1 \end{pmatrix}$

2. (1) $\begin{pmatrix} 19 & 9 \\ 26 & 12 \end{pmatrix}$ (2) $\begin{pmatrix} 31 & -17 \\ 38 & -20 \end{pmatrix}$

(3) $\begin{pmatrix} 13 & -26 \\ 27 & -52 \end{pmatrix}$ (4) $\begin{pmatrix} 26 & -16 \\ 34 & -21 \end{pmatrix}$

3. (1) $A^1=\begin{pmatrix} 0 & 1 & 2 \\ 0 & 0 & 3 \\ 0 & 0 & 0 \end{pmatrix}$, $A^2=\begin{pmatrix} 0 & 0 & 3 \\ 0 & 0 & 0 \\ 0 & 0 & 0 \end{pmatrix}$,

$n \geqq 3$ のとき $A^n=O$

(2) $A^1=\begin{pmatrix} 1 & 2 & 3 \\ 0 & 0 & 1 \\ 0 & 0 & 0 \end{pmatrix}$,

$n \geqq 2$ のとき $A^n=\begin{pmatrix} 1 & 2 & 5 \\ 0 & 0 & 0 \\ 0 & 0 & 0 \end{pmatrix}$

4. (1) $k=\dfrac{3}{2}$ (2) $k=\pm 3$

(3) $k=-\dfrac{1}{2}$, -2

5. 略

6. 略

2. 連立1次方程式と行列（P.91～100）

練習1 (1) $x=3$, $y=2$, $z=1$

(2) $x=-1$, $y=2$, $z=2$

練習2 (1) $x=\dfrac{28}{9}$, $y=-\dfrac{2}{9}$

(2) $x=2$, $y=1$, $z=-1$, $w=-2$

練習3 (1) $x=t+1$, $y=-t$, $z=t$ （t は任意の実数）

(2) $x=-2t$, $y=2$, $z=t$ （t は任意の実数）

練習4 (1) $\begin{pmatrix} 7 & -2 \\ -3 & 1 \end{pmatrix}$ (2) $\begin{pmatrix} -5 & 8 \\ -2 & 3 \end{pmatrix}$

(3) $\begin{pmatrix} -2 & 1 \\ \frac{3}{2} & -\frac{1}{2} \end{pmatrix}$

練習5 (1) $\begin{pmatrix}1 & 2 & -2\\0 & -1 & 1\\0 & 2 & -1\end{pmatrix}$

(2) $\begin{pmatrix}-2 & 1 & 1\\3 & -1 & -1\\-4 & 1 & 2\end{pmatrix}$

(3) $\begin{pmatrix}16 & -18 & 7\\-4 & 5 & -2\\-3 & 3 & -1\end{pmatrix}$

練習6 (1) $\begin{pmatrix}2 & 3 & -3 & -1\\-2 & -4 & 3 & 2\\0 & -1 & 1 & 0\\1 & 3 & -2 & -1\end{pmatrix}$

(2) $\begin{pmatrix}1 & 2 & 1 & 1\\1 & 1 & 1 & 0\\1 & 0 & 0 & 0\\1 & 1 & 1 & 1\end{pmatrix}$

練習7 (1) 2　(2) 2　(3) 2

練習8 解をもたない

節末問題（P.101）

1. (1) $x=2,\ y=-1,\ z=1$

(2) $x=\dfrac{1}{2},\ y=-\dfrac{1}{2},\ z=-1$

2. (1) $x=-t+1,\ y=t+1,\ z=t$（t は任意の実数）

(2) $x=-2t+1,\ \ y=t+2,\ \ z=t$（$t$ は任意の実数）

3. (1) 2　(2) 3　(3) 2

4. (1) $\begin{pmatrix}0 & 1 & 1\\1 & 0 & 1\\1 & 1 & 1\end{pmatrix}$

(2) $\begin{pmatrix}-\dfrac{1}{2} & 1 & -\dfrac{3}{2}\\2 & -2 & 3\\-1 & 1 & -1\end{pmatrix}$

(3) $\begin{pmatrix}1 & 1 & 0 & 0\\0 & 1 & 1 & 0\\0 & 0 & 1 & 0\\0 & 0 & 0 & -1\end{pmatrix}$

5. 略

6. 略

3章　行列式

1. 行列式の定義と性質（P.104～123）

練習1 (1) $A^{-1}=\begin{pmatrix}\dfrac{1}{4} & \dfrac{1}{4}\\-\dfrac{1}{2} & \dfrac{1}{2}\end{pmatrix}$

(2) $A^{-1}=\begin{pmatrix}1 & 0\\0 & 1\end{pmatrix}$

(3) $A^{-1}=\begin{pmatrix}\dfrac{2}{13} & \dfrac{5}{13}\\-\dfrac{1}{13} & \dfrac{4}{13}\end{pmatrix}$

(4) A は正則でない

練習2 (1) -6　(2) -12
(3) -1　(4) -120

練習3 (1) -6　(2) 6
(3) -24　(4) 30

練習4 (1) -1　(2) 3
(3) -145　(4) 67

練習5 $D_{21}=-6,\ \tilde{b}_{21}=6,\ D_{13}=-3,\ \tilde{b}_{13}=-3$

練習6 (1) -41
(2) 155

練習7 (1) 2
(2) 2
(3) abc

練習8 (1) $-(a-b)(b-c)(c-a)\cdot(a+b+c)$
(2) $(a-b)(b-1)(a+b+1)$

練習9 (1) $x=1,\ -2$
(2) $x=\pm 2,\ 5$
(3) $x=1,\ -1,\ 3$

練習10 略

練習11 略

節末問題（P.124）

1. (1) -5，逆行列は $\begin{pmatrix}-\dfrac{1}{5} & \dfrac{2}{5}\\\dfrac{3}{5} & -\dfrac{1}{5}\end{pmatrix}$

(2) 12，逆行列は $\begin{pmatrix}\dfrac{5}{6} & \dfrac{1}{6}\\-\dfrac{1}{2} & 0\end{pmatrix}$

(3) 0，正則でない

(4) 0，正則でない

2. -1，計算略

3. (1) -110　(2) -160

(3) -292

4. $2(a-b)(b-c)(c-a)(a+b+c)$

5. $x=\pm 1$

6. 略

演習 1 (P.126) (1) 偶順列

(2) 偶順列

演習 2 (P.126) 略

演習 3 (P.127) 図は略。偶順列

2. 行列式の応用（P.128～141）

練習 1 (1) $\begin{pmatrix} \frac{5}{13} & \frac{3}{13} \\ \frac{1}{13} & -\frac{2}{13} \end{pmatrix}$

(2) $\begin{pmatrix} \frac{6}{35} & \frac{9}{35} & \frac{8}{35} \\ \frac{1}{7} & -\frac{2}{7} & -\frac{1}{7} \\ \frac{1}{5} & -\frac{1}{5} & -\frac{2}{5} \end{pmatrix}$

(3) 逆行列は存在しない

練習 2 (1) $x_1=-1$，$x_2=2$

(2) $x_1=\frac{33}{19}$，$x_2=\frac{16}{19}$

練習 3 (1) $x_1=\frac{22}{35}$，$x_2=\frac{107}{35}$，$x_3=\frac{3}{5}$

(2) $x_1=\frac{1}{6}$，$x_2=\frac{1}{6}$，$x_3=\frac{1}{6}$

練習 4 略

練習 5 $k=5$

$x_1=t$，$x_2=5t$，$x_3=3t$ $(t\neq 0)$

練習 6 $\frac{41}{2}$

練習 7 (1) 6　(2) 12

練習 8 略

練習 9 (1) 1次独立

(2) 1次従属

(3) 1次独立

練習 10 (1) $x=1$，-2

(2) $x=\pm 2$，5

節末問題（P.141）

1. $\tilde{a}_{31}=3$，$\tilde{a}_{32}=6$，$\tilde{a}_{33}=0$

2. (1) $\tilde{A}=\begin{pmatrix} -7 & 2 & 3 \\ -1 & 2 & -3 \\ 3 & -6 & -3 \end{pmatrix}$

$A^{-1}=\frac{1}{-12}\begin{pmatrix} -7 & 2 & 3 \\ -1 & 2 & -3 \\ 3 & -6 & -3 \end{pmatrix}$

(2) $\tilde{A}=A^{-1}=\begin{pmatrix} 0 & 1 & 1 \\ 1 & 0 & 1 \\ 1 & 1 & 1 \end{pmatrix}$

(3) $\tilde{A}=\begin{pmatrix} 1 & -2 & 3 \\ -4 & 4 & -6 \\ 2 & -2 & 2 \end{pmatrix}$

$A^{-1}=\begin{pmatrix} -\frac{1}{2} & 1 & -\frac{3}{2} \\ 2 & -2 & 3 \\ -1 & 1 & -1 \end{pmatrix}$

(4) $\tilde{A}=\begin{pmatrix} -1 & -1 & 0 & 0 \\ 0 & -1 & -1 & 0 \\ 0 & 0 & -1 & 0 \\ 0 & 0 & 0 & 1 \end{pmatrix}$

$A^{-1}=\begin{pmatrix} 1 & 1 & 0 & 0 \\ 0 & 1 & 1 & 0 \\ 0 & 0 & 1 & 0 \\ 0 & 0 & 0 & -1 \end{pmatrix}$

(5) $\tilde{A}=A^{-1}=\begin{pmatrix} 1 & -a & ac-b \\ 0 & 1 & -c \\ 0 & 0 & 1 \end{pmatrix}$

3. 略

4. 略

5. (1) $x_1=1$，$x_2=-2$

(2) $x_1=-\frac{1}{2}$，$x_2=-1$，$x_3=\frac{5}{2}$

6. $k=1$，2

$k=1$ のとき $x_1=t$，$x_2=t$，$x_3=-t$

$k=2$ のとき $x_1=2t$，$x_2=t$，$x_3=0$

7. 45

8. (1) $x=-\frac{28}{5}$

(2) $x=1$，-1，3

9. (1) 略

(2) $\boldsymbol{p}=2\boldsymbol{b}-3\boldsymbol{c}$，$\boldsymbol{q}=3\boldsymbol{a}-\boldsymbol{b}+4\boldsymbol{c}$

10. 略

4章　行列の応用

1. 1次変換（P.144～160）

練習1 (1) $\begin{pmatrix} -1 & 0 \\ 0 & 1 \end{pmatrix}$

(2) $\begin{pmatrix} -1 & 0 \\ 0 & -1 \end{pmatrix}$

(3) $\begin{pmatrix} 0 & 1 \\ 1 & 0 \end{pmatrix}$

(4) 1次変換でない

(5) $\begin{pmatrix} 1 & 0 \\ 0 & 0 \end{pmatrix}$

練習2 (1) 点$(1,\ -1)$

(2) 点$(0,\ 0)$

(3) 点$(1,\ 3)$

(4) 点$(2,\ 4)$

練習3 $\begin{pmatrix} 2 & 0 \\ 3 & -1 \end{pmatrix}$

練習4 (1) $\begin{pmatrix} \frac{1}{2} & -\frac{\sqrt{3}}{2} \\ \frac{\sqrt{3}}{2} & \frac{1}{2} \end{pmatrix}$

点$(0,\ 2)$

(2) $\begin{pmatrix} 0 & -1 \\ 1 & 0 \end{pmatrix}$

点$(-1,\ \sqrt{3})$

(3) $\begin{pmatrix} -\frac{\sqrt{3}}{2} & -\frac{1}{2} \\ \frac{1}{2} & -\frac{\sqrt{3}}{2} \end{pmatrix}$

点$(-2,\ 0)$

練習5 $(-1,\ -3)$

練習6 $g\circ f$ を表す行列は$\begin{pmatrix} 2 & 7 \\ 6 & 14 \end{pmatrix}$

$f\circ g$ を表す行列は$\begin{pmatrix} 17 & 1 \\ -3 & -1 \end{pmatrix}$

練習7 点$(2\sqrt{2},\ -\sqrt{2})$

練習8 点$(1,\ 0)$に移されるもとの点は
$(-1,\ 2)$
点$(0,\ 1)$に移されるもとの点は
$(2,\ -3)$

練習9 f^{-1}を表す行列は

$\begin{pmatrix} \cos\theta & \sin\theta \\ -\sin\theta & \cos\theta \end{pmatrix}$

練習10 (1) $\frac{1}{2}\begin{pmatrix} 1 & -\sqrt{3} \\ \sqrt{3} & 1 \end{pmatrix}$

(2) $\begin{pmatrix} 1 & 0 \\ 0 & 1 \end{pmatrix}$

(3) $\begin{pmatrix} -64 & 0 \\ 0 & -64 \end{pmatrix}$

練習11 $\left(-\frac{1}{2},\ \frac{\sqrt{3}}{2}\right)$ または

$\left(\frac{1}{2},\ -\frac{\sqrt{3}}{2}\right)$

演習（P.156） $(-3,\ 3\sqrt{3})$

練習12 略

練習13 (1) 直線 $y=\frac{1}{5}x+\frac{8}{5}$

(2) $3x-y=4$ の f による像は
直線 $y=x-4$
$3x-y=8$ の f による像は
直線 $y=x-8$

練習14 (1) 直線 $y=-2x$

(2) 点$(-4,\ 8)$

練習15 (1) $y=x^2$

(2) $3x^2-2\sqrt{3}\,xy+y^2-2x$
$-2\sqrt{3}\,y=0$

練習16 (1) $x^2+\frac{y^2}{4}=1$

(2) 略

節末問題（P.161）

1. $\begin{pmatrix} 0 & -1 \\ -1 & 0 \end{pmatrix}$

2. $\begin{pmatrix} 9 & 7 \\ 5 & 3 \end{pmatrix}$

3. $\begin{pmatrix} -\frac{\sqrt{3}}{2} & -\frac{1}{2} \\ -\frac{1}{2} & \frac{\sqrt{3}}{2} \end{pmatrix}$

点 Q$(-2\sqrt{3},\ 4)$

4. (1) 点$(1,\ 0)$

(2) 点$(2,\ 1)$

5. $a=3$, $b=-2$

6. (1) A$'(2,\ 6)$, B$'(6,\ 12)$

(2) 略

(3) 2倍

7. (1) $\begin{pmatrix} \frac{1}{2} & -\frac{\sqrt{3}}{2} \\ \frac{\sqrt{3}}{2} & \frac{1}{2} \end{pmatrix}$

(2) $\begin{pmatrix} -1 & 0 \\ 0 & -1 \end{pmatrix}$

(3) $\begin{pmatrix} 0 & 0 \\ 0 & 0 \end{pmatrix}$

8. (1) $\begin{pmatrix} 2 & 1 \\ 6 & 3 \end{pmatrix}$

(2) $2s+t=1$

9. 略

10. 1次変換 f を表す行列は $\begin{pmatrix} 2 & 0 \\ 0 & 3 \end{pmatrix}$

f による像は　円 $x^2+y^2=36$

11. 略

演習1 (P.164)　略

演習2 (P.166)　証明，反例は略

(1) $\boldsymbol{R}^3$ の部分空間

(2) $\boldsymbol{R}^3$ の部分空間でない

(3) $\boldsymbol{R}^3$ の部分空間でない

演習3 (P.167) (1)　略

(2) $\boldsymbol{x}=\boldsymbol{a}_1+2\boldsymbol{a}_2$

演習4 (P.167)　基底である

演習5 (P.168)

$\boldsymbol{a}_4=\boldsymbol{a}_1+\boldsymbol{a}_2-2\boldsymbol{a}_3$

演習6 (P.169)

(1) 基底は $\{\boldsymbol{a}_1, \boldsymbol{a}_2, \boldsymbol{a}_3\}$

$\dim W=3$

(2) たとえば $\{\boldsymbol{a}_1, \boldsymbol{a}_2, \boldsymbol{a}_3, \boldsymbol{e}_4\}$

2. 固有値と対角化 (P.170〜191)

練習1　(固有値ごとに，それに属する固有ベクトルを示す。α, β, γ は0以外の任意数)

(1) $\lambda=1$, $\begin{pmatrix} \alpha \\ 0 \end{pmatrix}$; $\lambda=2$, $\begin{pmatrix} \beta \\ \beta \end{pmatrix}$

(2) $\lambda=5$, $\begin{pmatrix} \alpha \\ \alpha \end{pmatrix}$;

$\lambda=-1$, $\begin{pmatrix} -2\beta \\ \beta \end{pmatrix}$

(3) $\lambda=1$, $\begin{pmatrix} \alpha \\ \alpha \\ \alpha \end{pmatrix}$; $\lambda=2$, $\begin{pmatrix} \beta \\ 0 \\ \beta \end{pmatrix}$;

$\lambda=3$, $\begin{pmatrix} \gamma \\ \gamma \\ 0 \end{pmatrix}$

(4) $\lambda=0$, $\begin{pmatrix} -\frac{4}{3}\alpha \\ \alpha \end{pmatrix}$;

$\lambda=25$, $\begin{pmatrix} \frac{3}{4}\alpha \\ \alpha \end{pmatrix}$

(5) $\lambda=0$, $\begin{pmatrix} -\frac{1}{2}\alpha \\ \alpha \\ \beta \end{pmatrix}$

練習2　P はそれぞれ一列である。

(1) $P=\begin{pmatrix} -2 & 1 \\ 1 & 1 \end{pmatrix}$,

$P^{-1}AP=\begin{pmatrix} 2 & 0 \\ 0 & 5 \end{pmatrix}$

(2) $P=\begin{pmatrix} 1 & 1 & 1 \\ -1 & 0 & -1 \\ 3 & 1 & 1 \end{pmatrix}$,

$P^{-1}AP=\begin{pmatrix} 1 & 0 & 0 \\ 0 & 2 & 0 \\ 0 & 0 & 3 \end{pmatrix}$

(3) $P=\begin{pmatrix} 0 & 1 & 1 \\ 1 & 4 & -2 \\ -1 & 1 & 1 \end{pmatrix}$,

$P^{-1}AP=\begin{pmatrix} 1 & 0 & 0 \\ 0 & 4 & 0 \\ 0 & 0 & -2 \end{pmatrix}$

練習3　略

練習4　P はそれぞれ一例である。

(1) $P=\begin{pmatrix} 1 & 1 \\ 0 & 1 \end{pmatrix}$,

$P^{-1}AP=\begin{pmatrix} 1 & 0 \\ 0 & 2 \end{pmatrix}$

(2) $P=\begin{pmatrix} 1 & -2 \\ 1 & 1 \end{pmatrix}$,

$P^{-1}AP=\begin{pmatrix} 5 & 0 \\ 0 & -1 \end{pmatrix}$

(3) $P=\begin{pmatrix} 1 & 1 & 1 \\ 1 & 0 & 1 \\ 1 & 1 & 0 \end{pmatrix}$,

$P^{-1}AP=\begin{pmatrix} 1 & 0 & 0 \\ 0 & 2 & 0 \\ 0 & 0 & 3 \end{pmatrix}$

練習5　(α, β は任意)

(1) $\lambda=2$ に属する固有ベクトルは $\begin{pmatrix} \alpha \\ \alpha \end{pmatrix}$ であり，2個の1次独

立なベクトルをもたないので対角化不可能。

(2) $P=\begin{pmatrix} 1 & -1 & -1 \\ -1 & 1 & 0 \\ 1 & 0 & 1 \end{pmatrix}$により

$\begin{pmatrix} 0 & 0 & 0 \\ 0 & 1 & 0 \\ 0 & 0 & 1 \end{pmatrix}$と対角化できる。

(3) $\lambda=1$, -1に属する固有ベクトルはそれぞれ$\begin{pmatrix} \beta \\ \beta \\ \beta \end{pmatrix}$, $\begin{pmatrix} \alpha \\ 0 \\ \alpha \end{pmatrix}$

3個の1次独立なベクトルをもたないので対角化不可能。

練習6 (1) $P=\dfrac{1}{\sqrt{2}}\begin{pmatrix} 1 & 1 \\ 1 & -1 \end{pmatrix}$,

${}^tPAP=\begin{pmatrix} 3 & 0 \\ 0 & 1 \end{pmatrix}$

(2) $P=\dfrac{1}{\sqrt{6}}\begin{pmatrix} -\sqrt{3} & 1 & \sqrt{2} \\ 0 & -2 & \sqrt{2} \\ \sqrt{3} & 1 & \sqrt{2} \end{pmatrix}$,

${}^tPAP=\begin{pmatrix} 1 & 0 & 0 \\ 0 & -1 & 0 \\ 0 & 0 & 2 \end{pmatrix}$

(3) $P=\dfrac{1}{3}\begin{pmatrix} 2 & -2 & 1 \\ -2 & -1 & 2 \\ 1 & 2 & 2 \end{pmatrix}$,

${}^tPAP=\begin{pmatrix} -1 & 0 & 0 \\ 0 & 2 & 0 \\ 0 & 0 & 5 \end{pmatrix}$

練習7 (1) $P=\dfrac{1}{\sqrt{6}}\begin{pmatrix} \sqrt{2} & -\sqrt{3} & -1 \\ \sqrt{2} & \sqrt{3} & -1 \\ \sqrt{2} & 0 & 2 \end{pmatrix}$,

${}^tPAP=\begin{pmatrix} 2 & 0 & 0 \\ 0 & -1 & 0 \\ 0 & 0 & -1 \end{pmatrix}$

(2) $P=\dfrac{1}{\sqrt{6}}\begin{pmatrix} \sqrt{2} & -\sqrt{3} & -1 \\ \sqrt{2} & \sqrt{3} & -1 \\ \sqrt{2} & 0 & 2 \end{pmatrix}$,

${}^tPAP=\begin{pmatrix} 4 & 0 & 0 \\ 0 & 1 & 0 \\ 0 & 0 & 1 \end{pmatrix}$

(3) $P=\dfrac{1}{\sqrt{6}}\begin{pmatrix} \sqrt{3} & -1 & \sqrt{2} \\ \sqrt{3} & 1 & -\sqrt{2} \\ 0 & 2 & \sqrt{2} \end{pmatrix}$,

${}^tPAP=\begin{pmatrix} 1 & 0 & 0 \\ 0 & 1 & 0 \\ 0 & 0 & 4 \end{pmatrix}$

練習8 (1) A^n

$=\dfrac{1}{4}\begin{pmatrix} 5^n+3 & -3\cdot5^n+3 \\ -5^n+1 & 3\cdot5^n+1 \end{pmatrix}$

(2) $A^n=\dfrac{1}{2}\begin{pmatrix} 3^n+1 & 3^n-1 \\ 3^n-1 & 3^n+1 \end{pmatrix}$

練習9 (1) 楕円$\dfrac{x^2}{3}+\dfrac{y^2}{2}=1$を原点中心に$\dfrac{\pi}{4}$回転させた曲線

(2) 楕円$\dfrac{x^2}{4}+y^2=1$を原点中心に$\dfrac{\pi}{4}$回転させた曲線

節末問題 (P.192)

1. $\lambda=0$, $\begin{pmatrix} 0 \\ \alpha \\ \alpha \end{pmatrix}$; $\lambda=2$, $\begin{pmatrix} \dfrac{2a}{a-1}\beta \\ \beta \\ -\beta \end{pmatrix}$;

$\lambda=a+1$, $\begin{pmatrix} \gamma \\ 0 \\ 0 \end{pmatrix}$ (α, β, γは任意)

$P^{-1}AP=\begin{pmatrix} 0 & 0 & 0 \\ 0 & 2 & 0 \\ 0 & 0 & a+1 \end{pmatrix}$

2. 略

3. (1) 略

(2) $\begin{pmatrix} -2 & 0 \\ 0 & 3 \end{pmatrix}$

4. 略

5. 略

6. (1) $\theta=-\dfrac{\pi}{4}$で$x^2-y^2=2$

(2) $\theta=\dfrac{\pi}{6}$で$x^2+\dfrac{y^2}{4}=1$

7. $\dfrac{1}{6}\begin{pmatrix} 0 & -(-2)^n+4 & (-2)^n+2 \\ 0 & -(-2)^{n+1}+4 & (-2)^{n+1}+2 \\ 0 & -(-2)^{n+2}+4 & (-2)^{n+2}+2 \end{pmatrix}$

演習 (P.197)

(1) $\begin{pmatrix} 3 & 1 \\ 0 & 3 \end{pmatrix}$, $P=\begin{pmatrix} 1 & 1 \\ 1 & 0 \end{pmatrix}$

(2) $\begin{pmatrix} 1 & 0 & 0 \\ 0 & 2 & 1 \\ 0 & 0 & 2 \end{pmatrix}$, $P=\begin{pmatrix} 1 & 1 & 1 \\ 1 & 0 & 0 \\ 0 & 1 & 0 \end{pmatrix}$

索引

●本書の関連データがwebサイトからダウンロードできます。
https://www.jikkyo.co.jp/download/ で
「新版線形代数　改訂版」を検索してください。
提供データ：問題の解説

■監修

岡本和夫（おかもとかずお）　東京大学名誉教授

■協力

亀山統胤（かめやまのりつぐ）　サレジオ工業高等専門学校講師

■編修

安田智之（やすだともゆき）　元奈良工業高等専門学校教授
橋口秀子（はしぐちひでこ）　千葉工業大学教授
佐藤尊文（さとうたかふみ）　秋田工業高等専門学校准教授
佐伯昭彦（さえきあきひこ）　金沢工業大学教授
鈴木正樹（すずきまさき）　沼津工業高等専門学校准教授
中谷亮子（なかたにあきこ）　元金沢工業高等専門学校准教授
福島國光（ふくしまくにみつ）　元栃木県立田沼高等学校教頭
星野慶介（ほしのけいすけ）　千葉工業大学准教授

●表紙・本文基本デザイン――エッジ・デザインオフィス
●組版データ作成――㈱四国写研

新版数学シリーズ
新版線形代数　改訂版

2011年10月31日　初版第1刷発行
2021年7月10日　改訂版第1刷発行
2024年9月10日　第4刷発行

●著作者　岡本和夫　ほか
●発行者　小田良次
●印刷所　株式会社広済堂ネクスト

●発行所　実教出版株式会社
〒102-8377
東京都千代田区五番町5番地
電話［営　　業］(03) 3238-7765
　　［企画開発］(03) 3238-7751
　　［総　　務］(03) 3238-7700
https://www.jikkyo.co.jp/

ISBN　978-4-407-34948-1　C3041　　Printed in Japan